心理咨询进阶丛书
精神分析系列·拉康派专著

精神分析技术的基础

FUNDAMENTALS OF PSYCHOANALYTIC TECHNIQUE

拉康派实践者指南

A LACANIAN APPROACH FOR PRACTITIONERS

[美] 布鲁斯·芬克(Bruce Fink) 著
张慧强 徐雅珺 译

上海社会科学院出版社
SHANGHAI ACADEMY OF SOCIAL SCIENCES PRESS

图书在版编目(CIP)数据

精神分析技术的基础 ：拉康派实践者指南 / （美）布鲁斯·芬克著 ；张慧强，徐雅珺译 .— 上海 ：上海社会科学院出版社，2022

书名原文 ：Fundamentals of Psychoanalytic Technique ：A Lacanian Approach for Practitioners

ISBN 978 - 7 - 5520 - 3057 - 0

Ⅰ.①精… Ⅱ.①布… ②张… ③徐… Ⅲ.①精神分析 Ⅳ.①B84 - 065

中国版本图书馆 CIP 数据核字(2022)第 136880 号

精神分析技术的基础：拉康派实践者指南

著　　者：[美] 布鲁斯·芬克
译　　者：张慧强　徐雅珺
责任编辑：杜颖颖
封面设计：裘幼华
出版发行：上海社会科学院出版社
　　　　　上海顺昌路 622 号　邮编 200025
　　　　　电话总机 021 - 63315947　销售热线 021 - 53063735
　　　　　https://cbs.sass.org.cn　E-mail:sassp@sassp.cn
排　　版：南京展望文化发展有限公司
印　　刷：上海市崇明县裕安印刷厂
开　　本：710 毫米×1000 毫米　1/16
印　　张：20.25
字　　数：319 千
版　　次：2022 年 7 月第 1 版　　2025 年 9 月第 5 次印刷

ISBN 978 - 7 - 5520 - 3057 - 0/B · 320　　定价：82.90 元

献给过去与现在的分析者和受督导者们

Preface 前言

我所学到的一切都源于我的分析者，包括我对精神分析的了解。 ix

——拉康(Lacan，1976，p. 34)

在我看来，在很大程度上分析关乎的并非技术，而是分析家在分析过程中推动分析者所做那类工作。我的推测是，不同的分析家可能会用到很不一样的技术来推动差不多类似的工作。但是我和美国的不同精神分析团体的对话越多，我就越是确信如今在协会与研究所教授的那种技术不仅仅是未能推动我所说的分析工作，而且是在设置障碍。在我看来，当代的精神分析治疗方法已经丢失了弗洛伊德、拉康和其他先驱者们的诸多基本洞见，而且采纳了源自心理学，尤其是发展心理学的观点——这些观点否认了精神分析的基本原则，如无意识、压抑、重复冲动等基本的原则。

因此我斗胆准备了一本技术入门书，旨在牢靠地保留那些基本原则的洞见。在这里我关注的是我所认为的基本技术(尽管这可能和很多临床工作者认为的并不一样)，而不是对基本原则的冗长的理论上说明。出于这种考虑，这本书是写给那些毫不了解拉康以及大体上对精神分析所知甚少的读者。我希望这本入门书对初学者以及更老练的临床工作者来说都是有用的，虽然是出于不同的缘由。

应该在开头说清楚的是，本书列举的一些技术对我来说很有用——我发现我能够获得我相信是精神分析家通过采用这些技术而试图获得的——不过 x
它们不太可能适用于其他人，或者说对他们来说不是那么有用。我们也得记住，一般来说，没有什么是对每一个人都行之有效的。然而，基于我十多年来对非常之多的临床工作者(临床心理学毕业生、社会工作者、精神病医生、心理学家以及精神分析家)的督导经历,我有理由相信,那些技术可以帮到很多实践者,常常能够在短短几个月内相当彻底地转变他们的实践方式。这就是我决定以这种形式呈现这些技术的原因。

这里提到的大多数技术都是用于和神经症患者而非精神病患者的工作。我不打算在这里讨论神经症和精神病的区别,因为我已经在其他地方做了很多了(Fink,1995,1997,2005b),但是在我看来处理精神病需要用到一种很不一样的技术,这个我会在第十章中简要描述。如我所言,如果压抑应该作为分析家处理神经症的指路明灯的话,那么在精神病中压抑的缺失暗示了我们需要用不同的方式处理精神病。但是,许多当代分析家似乎相信,我们这个时代的多数患者并未遭受"神经症水平的问题"带来的痛苦,我想主张说,大多数分析家不再能识别"神经症水平的问题"了,这恰好是因为压抑以及无意识不再是他们的指路明灯了(另一方面,拉康主张分析家必须听信'dupes'无意识,这是说他们必须跟随无意识,无论它指向何方,即使这意味着让自己被牵着鼻子走;见拉康[1973—1974,1973.12.13])。这让分析家混淆了神经症和精神病,构想出一种据说适用于所有患者的分析方法。(实际上,我们这个时代的主流的诊断似乎是在区分"高功能"个体和不是那么高功能的个体。)我相信,本书中提到的处理神经症的方法适用于如今多数临床工作者见到的绝大多数患者(当然,总有例外),而且读过我在第十章中提到的处理精神病的方法后,实践者也会慢慢同意我的这种观点。

开展精神分析的经验是如此复杂,以至于没人可以面面俱到,即使是终生笔耕不停。我选取的这些主题依据的是在我看来如今分析家和心理治疗师的基础培训中所忽略的东西。我不会做的是,比如说过多讨论情感与反转移(除了第七章以外),因为它们在其他文本中已经着墨够多了——在我看来,是多
xi 到需要削减了。我也不会过多描述分析的后期以及最终阶段,因为本书是一则介绍性文本。在这种意义上说,这本书绝不是一本单独的培训手册,那些内容应该由其他读物来补充——可以在参考书目中找到。

我已试图在本书中尽可能地比较和对照我的方法和其他方法,但是我知道采用其他方法的专家们也许会发现我对这些方法所知甚少。正如 Mitchell 和 Black(1995,p. 207)提到的,"在当前很难找到哪个精神分析家能深入精通

一种以上的方法(比如,克莱因学派、拉康派、自我心理学、自体心理学)。每个流派的文献都多不胜数,而且每种临床鉴别力都要训练得很出色,这对任何一个试图全部吸收的分析家都是很大的挑战。”我几乎花了整整 25 年的时间来理解拉康偶尔很折磨人的法语,设法找到方法运用在实践中。直到现在我才开始领略更宽广的精神分析的风采,我想比较以及对照我自己的和其他人的方法的企图在很大程度上注定是有些滑稽的。

我在这里讨论的非拉康派的分析家,是那些其作品最易找到且有说服力的分析家,即使我压根不同意他们的观点(比如说,对于“正常”“投射性认同”等的观点)。既然我的目标不是巨细无遗地呈现其他方法,显然我不用充分展现这些分析家的观点:我把他们的某些陈述从语境中提取出来,然后进行简化,而这不可避免地会导致细微差别的丧失。然而,我试着避免使用二手资料——即对这些分析家的观点的评论——因为我发现,正如在其他每一个领域几乎都是的那样,原创者的观点通常更易懂、更有说服力。当我把二手资料当成初始指南时,我惊讶于分析家在阅读以及翻译别人的作品时是多么的漫不经心,即便那部作品相对来说写得很直白;基本上我在别人的评论的基础上对分析家的理论观点得出的每一个初步结论,如果不完全丢弃的话,也得经过极大的修正才行!在开始这项计划之前我就已经意识到了,大多数论述拉康作品的英文评论都有严重的缺陷,我把这归因于他写作上的晦涩性,以及此种事实:讲英语且精通法语的人实在是太少了。如今在我看来,其他一些因素肯定也在起作用。

正如我在副标题中指出的那样,我并没有声称要在这里提供有某种权威性 xii
的拉康派方法;拉康著作颇丰且复杂难懂,以至于很难给他的那些迥异(尽管无疑是相互关联的)的方法提供辩护,而且就像有各种不同的拉康派一样,很可能也有种种拉康派方法。毕竟,像别人一样,拉康派分析家也倾向于在一生中的不同阶段改变他们的观点。考虑到在这里我意在提供一种关于技术的介绍性文本,所以我简化了拉康的很多构想;我不打算提供如“解释”(interpretion)和“转移”(tranference)这样的概念在他的早期作品到后期作品中的发展的历史观点,我只会稍加提及或者指涉一些更巧妙且复杂的构想,尤其是那些源自他 1970 年代作品的脚注中的。(同样的,为了让文本尽可能地易读,我一般会把对其他分析家的评论或批评放在诸多脚注中。)在这里我并不想遵守任何特殊的正统习俗,尤其是在需要调和情况时——这指的是拉康在他后期著作中否定了自己的早期观点的情况。相反,我呈现的是他的那些在我看来最合理且最有用处的论技术的观点;而且我设法用一种或多或少是在实际的分析中所采用的顺序来呈现它们,至少一直到第六章我都是在这么做。

英语世界的人可能相信拉康派分析家是某种边缘群体,因为在美国、加拿大、澳大利亚以及英国,他们为数不多。然而,如今趋势可能正好相反:看看过去几十年来在欧洲以及南美拉康派分析家在数量上的惊人增长,以及英语世界,尤其是在跟 IPA 沾边的传统培训机构中,新的精神分析家受训者在数量上同等程度的惊人下滑(见 Kirsner,2000),事实上,如今可能有更多分析家采用拉康派,而不是其他流派的方法。当然这并不是在说,他们都站在同一条线上——毕竟有许多不同的拉康派——也不是说只有极少数才会同意我在这里说的绝大部分内容。

为了简化我在本书中对代词的使用,我采取了如下惯例:在奇数章中分析家用“她”代指,分析者用“他”代指;在偶数章中反过来使用。那些没有现成
xiii 的可查阅的英文版的法语作品,都是我自己翻译的;当有英文版可引用时,我还是会在很多情况下修改译文,而且经常是非常彻底地修改(对翻译的评论,可见 Fink,2005a)。对 *Écrits*(拉康著作集)的引用,参照的是英文版(2006 年版),页面空白处给出的法语编注页码指向的文本。

我想在这里对他们单独说声感谢:感谢 Héloïse Fink 以及 Luz Manríquez 对我的鼓励以及在选择巴赫的《十二平均律曲集》中的《降 A 大调赋格曲》乐谱作为本书* 的封面图;感谢 Deborah Malmud,Micheal McGandy 以及 Kristen HoltBrowning 在诺顿出版社的愉快共事;感谢 Yael Baldwin 对手稿早期版本的有帮助的意见,使得本书有了增补和改进。

布鲁斯·芬克

2006 年于匹兹堡

* 指英语版。

Contents | # 目录

第一章

倾听和听见

弗洛伊德说，有一种类型的言说可能是有价值的，是因为到目前为止，它都是被禁忌(interdited)* 的——被禁忌(interdited)意味着弦外之音、字里行间。那正是他所谓的被压抑之物。 1

——拉康(1974—1975，1975.04.08)

精神分析首要的任务是倾听，并且用心倾听。尽管这已经被很多作者强调过了，令人惊讶的是，在心理治疗的世界里只有少数优秀的倾听者。为什么呢？有几个原因，其中一些主要是个人的，另一些更多是结构上的原因，但是最重要的原因之一是，我们倾向于听到那些与我们自己相关的东西。当某人告诉我们一个故事时，我们会想到自己可以反过来告诉他的类似的故事(或者更极端的故事)。我们会开始思考那些曾经发生在我们身上的事情，那些允许我们“连接”其他人的经历的事情，去“了解”它(那些经历)会是什么样的，或者至少去设身处地地想象我们自己将会如何感受。

换句话说，我们通常倾听的方式很大程度上以我们自己为中心——我们自己类似的生活经历，类似的感受和个人观点。当我们能够确定自己的经验、感受和观点和其他人相似的时候，我们相信自己和那个人“有了连接”：我们会说如下的话，“我懂你的意思”“是的”“我听到了”“我感同身受”或者“我感受到了你的痛苦”(或者更少的情况是“我感受到你的喜悦了”)。在这样的时刻，我们感受到了对这个似乎和我们相像的人的同感、共情，或者遗憾；我们会说，

* 法文 interdited(被禁忌的)可以被拆分为 inter-dited，即字里行间、弦外之音。——译者注

"对你来说那一定很痛苦(或很棒)",同时想象着我们自己在这样的情形下将会体验到的痛苦(或喜悦)。

当我们不能够确定我们的经验、感受或观点与另一个人相似的时候,我们有那种感觉,即我们没有理解到那个人——确实,我们可能觉得这个人如果不
2 是迟钝或不理智的话,也至少是陌生的。当某人没有以类似于我们的方式操作,或者不像我们所做的那样对情况作出反应的话,我们经常会感到挫败、难以置信,甚至是震惊。在后一种情况下,我们很可能试图去纠正另一个人的观点,说服他像我们那样去看待事物,去感受我们在这样的状态中所感受到的。在更极端的情况下,我们很容易如此评判:我们问自己,怎么会有人相信这样的事?会有那样感受呢?会那样做呢?

简单地说,我们通常的倾听方式忽视或者拒绝了他人的相异性。我们很少听到,是什么让另一个人讲述的故事对那个人自己来说是独特、特殊的。我们很快把这个故事同化到另一些我们已经听过的、其他人谈及他们自己的故事中去,或者同化到那些我们能够谈及的自己的故事中去,而忽视了正在被讲述的故事和我们已经熟悉的故事之间的区别。我们匆忙地掩盖差异,让这些故事看起来如果不是完全相同的话,也至少是相似的。在我们认同他人以及想和他拥有某些共同之处的匆忙之中,我们强行地同等看待这些经常是不相称的故事,根据我们已经知晓的去删减我们正在听到的故事。① 我们发现的最难听到的,是那些全新的和不同的东西:对我们自己,或对我们所知的范围来说相当异样的想法、体验,以及情感。

通常认为,我们人类共享着很多对这个世界的相同感受和反应。这使得我们可以或多或少理解彼此,并且构成了我们共享的人性的基础。在一个反对精神分析家作为一个超脱的、冷漠的科学家,而非一个活生生的、会呼吸的人类的人物类型的尝试中,某些实践者已经建议过,分析家应该有规则地对分析者共情,突显他们共同之处,以便建立一个稳固的治疗同盟。尽管这些实践

① 这对于大多数形式的认同而言是真实的:事情或体验的某些方面必须几乎总是被抹掉或忽视,这是为了在两者之间建立起同一性。正如凯斯门特(Casement,1991,p. 9)所说,"人们用对待已知事物的方式去对待未知的事物。"

者有诸多良好的意图(比如,揭露对分析家的客观性的信念),共情的表达在某种程度上,能强调分析家和分析者共享的人性,却掩盖或者无视了他们非共有的人性的方面。①

我认为,我们越仔细地去思考任何两个人在某个特定的情境中的想法和 3
感受,我们就越是会被迫意识到,相比他们之间的相似之处,他们之间有着更巨大的差别——我们和自己倾向于认为的大不相同!② 在任何一种情况下,被假设需要由分析家这边的共情性回应(比如"那对你来说一定很痛苦",去回

---

① 弗洛伊德(Freud,1913/1958,pp. 139 - 140)建议分析家要向分析者展示一些"共情性的理解"。然而,他借此并不是在说我们应该声称和分析者相像,或者我们应该赞同他或相信他的故事,而是说我们应该显示出我们非常专心,用心地在倾听,而且试着跟随他正在说的东西(他所使用的德语术语 Einfühlung,经常被翻译为理解、共情或敏感)。玛格丽特·里特(Margaret Little,1951,p. 35)机敏地宣称,"共情的基础……是认同。"在这儿我的观点是正好和这些人——比如麦克·威廉姆斯(McWilliams,2004,p. 36),他们相信"我们努力去理解那些来向我们寻求帮助的人的主要'工具'是我们的共情能力",以及那些如科胡特一样深信分析家的采用"替代性的内省"的能力,"思考和感受自己进入另一个人的内在生活的能力"的人——相反。拉康(Lacan,2006,p. 339)暗示,分析家们对共情的调用经常涉及"假装不见"。实际情况是,如果一个分析家要去思考和感受她自己进入了一个分析者的内在生活,她必须忽略所有那些他们不一样的方面,以及他们显然并不相同的一切个性——换句话说,她必须糊弄自己相信他们从根本上是相似的,削去所有差别。但是,A 只能在数学的意义上说是等同于 A 的。

我已经听到五花八门关于什么是共情的自相矛盾的论述(哲学的和精神分析的传统对此提供了大量不同的定义)。我曾经甚至听说,在某种场合中共情的做法会显得像是不共情——例如,当一个患者会把它作为一种家长作风或傲慢的信号的时候。值得注意的是,这通常是某些不能预先知道的东西(类似的例子见玛丽·卡迪纳尔(Marie Cardinal)1983 年版的《要说的话》(*The Words to Say It*)一书,特别参见第 27—28 页)。在我看来似乎是,对于在治疗中使用共情的支持者,在强行用各种概念上的巧妙手法去证明它在各种情况中的适用性。

② 这是我在观念上和一些如麦克·威廉姆斯(McWilliams,2004,p. 148)的人有着根本上的区别的地方之一,他们声称"作为人类,相比于我们的差异,我们有更多的相似之处。"尽管她在后来的书中(p. 254)缓和了这种观点。马兰(Malan,1995/2001)也作出了同样的假定,他主张:

> 心理治疗师应该具有的最重要的品质之一……是关于人的知识,这些知识中的许多并不来自正式的培训或阅读,而只源于个人经历。在我们自己或那些和我们亲近的人当中,我们其中一些人并没有经历过明显地无知的三角情境中的潜在的危险;或者知道眼泪的使用不仅仅是情绪的释放,也是一种对帮助的请求?(p. 3)

事实上,很多人没有经历过他提到的事情。在我看来,认同或者试图把我们自己视为和那些不同于我们(种族的、文化的、语言上、宗教上、社会经济上、性别上或者诊断上的不同)的人是相似的,并不会有助于我们理解或帮到他们。

应分析家认为的必定很艰难的生活事件，比如跟一段长期关系说分手）而建立起的同盟，只需要求分析者描述他的经历（那对你来说是什么样的?）就可以轻易地实现，而后者的优势在于不把话语强加给分析者（见第二章）。在我督导的很多同类型的心理治疗师的工作中，我发现最经常由分析家作出的评论是共情性的，是想在患者身上培养一种被“理解”的感觉，这通常错过了要点，患者回应道，“不，这并不痛苦。事实上，这比我想的要容易得多——我从没感觉
4 到像这样好过!”屈服于共情性回应的诱惑的分析家经常发现，在那个特定的时刻，她实际上没有和分析者处于同一频道。①

实际上，通过把某人的体验联系于或同化进我们自己的，我们对其个人体验的理解微乎其微。我们可能倾向于认为，通过获得更广泛的生活经验，我们能够克服这种问题。毕竟，我们的分析者通常会认为，除非我们看起来年老睿智，除非我们从一开始就已经有了一段很长的生活经历，否则我们无法理解他们。我们自己可能会掉进这个陷阱，认为为了更好地理解各种各样的分析者，我们只需要打开眼界，远行，了解其他人、语言、宗教、课程和文化。然而，如果获得一个更充分的关于整个世界的知识确实是有帮助的话，这可能并不是因为我们对“另一半人是如何生活的”或其他人是如何真实地生活的理解，而是因为我们不再将每一个人和我们自己对比：我们的参照框架已经改变了，我们不再依据我们自己看待事情和处事方式去评价其他人了。

在我的精神分析实践的早期，一位50多岁的女人来见我，她含着眼泪告诉我她是如何与同一个男人结婚、离婚以及复婚的故事。我很怀疑，同时想着这类事情只会发生在好莱坞，并且当时一定有一种诧异或困惑的神情浮现在我脸上。不用说，这位女人感觉自己被评判了，并且再也没回来。当然，她是对的：我当时正试图站在她的角度去想象，而且发现这几乎是不可能的或至少是难以接受的。

---

① 考虑到《韦氏第3版足本新国际英语词典》给出的对于共情的第一条定义：“将一种主观状态（无论是情感的、意向的或是认知的）富有想象力地投射到对象之上，以至于对象好像被注入了这种状态：在一个对象中读到某个人自己的精神状态或意动”。当分析者描述了一种非常艰难的处境，而分析家要表达共情的话，那么给分析者一个富有同情心的神情，或者用一个较平常更温暖的、没有转调成一个疑问句的“嗯”，来表示自己已经听到他正在说的话了，这通常就足够了。

我们通常的倾听方式是高度自恋以及自我中心的，因为我们把其他人告诉我们的一切都与自己联系起来。我们拿自己和他们相比较，我们评估自己是否有比他们更好或更糟的经验，我们评估他们的故事会引起我们什么样的反应，评估他们与我们的关系，不管他们是好是坏，可爱或可恨。简言之，这就是拉康所谓的想象维度的经验：分析家作为倾听者，依据反映给她的形象，不断地比较和对照她自己和对方，不断地评估着对方的言说。——无论对方的形象是好是坏，是快是慢，有洞察力还是无用的。想象维度与形象相关——例 5
如，我们自己的自我形象——而不是凭空产生(Lacan, 2006, pp. 349 - 350)。①

当在想象层面上的经验中运作的时候，分析家聚焦在她自己的自我形象之上，这个形象是由分析者反映给她的，并且只有在分析者所说的话语反映了她的形象的情况下，她才会听到分析者说了什么。这里她所关心的是分析者的言说对她来说意味着什么，以及与她的关系是什么。② 他在生她的气吗？

---

① 即使拉康和我的观点通常与温尼科特(Winnicott, 1949, p. 70)的观点大相径庭，但温尼科特谈到患者时说到，他们"只能在分析家那里看到(他们自己)有能力感受到的东西。就动机而言，强迫症的患者倾向于认为分析家在以一种无用、强迫的方式工作。"他认为对于其他诊断类型的患者而言，也是一样的。对于受训中的分析家以及更有经验的分析家而言，在倾听他们自己的患者时，情况也是一样的。

说来奇怪，即使一些精神动力学治疗师也推荐使用这种自恋的倾听方式，而非鼓励我们以其他的方式倾听。比如说，马兰(Malan, 1995/2001, p. 26)建议，治疗师"在认同(患者)的过程中使用**对自己的感受的了解**；不仅在理论上，也从直觉上明白他需要的是什么。"他甚至宣称，"精神科医生需要让自己认同于患者，试着看自己在同样的处境下会感受到什么"(p. 28)。这种方法和爱伦·坡(Allan Poe)的《失窃的信》(The Purloined Letter, 1847/1938)中所描述的某些东西有着奇妙的类似性，其中一个男孩能在"奇数或偶数"的游戏中击败所有同学，他是通过试着确定他的对手智力水平做到的，试着让他自己的脸上带着与他的对手相对应的同样机智或愚蠢的神情，从而猜测其他人是否会轻易地从偶数改为奇数，或者他是否会做些更复杂的事。这种策略涉及的正是拉康(Lacan, 2006, p. 20)所说的纯粹的想象维度的经验。

② 很多人在一开始都以很相似的方式阅读精神分析文本，当他们阅读理论或者其他人的分析的时候，首先指望着理解他们自己。正如第七章中所提到的，强调对转移进行解释的分析家试图将这种缺陷变成美德。吉尔(Gill, 1982)赞许地提到利希腾贝格和司乐平(Lichtenberg & Slap, 1997)，他们主张：

> ……在这种分析情境内，分析家总是在"倾听"分析者是如何感受他(分析家)的。换句话说，不管患者的评论或甚至是沉默多么明显地集中在何处，"在与其所处的各种环境交互影响的过程中，患者对自己的感知的一个或(通常是)多个的方面，总是和他与分析家之间的关系有关。"(p. 72)

迷恋她吗？他把她描述为聪明的，值得信任的以及有帮助的，或者描述为愚钝的，不值得信任的以及毫无帮助的？当他表面上正在抱怨他的母亲的时候，分析家怀疑他是否实际上正将他的批判对准她，对准她想被视作好母亲，而不是坏母亲的想法。当他在讨论他的成绩，他的 GRE 分数或者他的收入的时候，分析家正在心中拿自己的成绩、分数和收入与他做比较。

听这些东西使得分析家在本质上无法听到分析者所说的大量内容——首先以及最重要的是口误，由于口误经常是无意义的，并不会立即反映出分析
6 家，因此通常会被她忽略。当分析家主要是在想象的维度或范畴内工作的时候，任何无法轻易地和她自己的经验[她对于自身的感觉——简言之，她的“自我”(ego)，我将使用这个术语]相对照的东西都被忽略了，或者经常发生的是干脆没听到。[1] 既然只有那些多少有意义或可以理解的东西才具有对照性——那么含糊不清、结巴、咕哝、引起误解的言说、首音互换、停顿、口误、模棱两可的措辞、词语误用、双关语等——就被置之度外或被忽略了。凡是不在她的视野和经验范围内的东西，都被忽略或不予理会了。

这实质上意味着，*分析家在想象的模式中运作得越多，她能听到的就越少*。我们通常的倾听方式——包括作为“普通公民”和作为分析家——主要涉及想象的范畴，这让我们很难去倾听。那么，我们怎样才能不那么聋呢？

推迟理解

在他自身之中，以及外在世界里，(分析家)必须总是期待去发现某些

---

① 拉康(Lacan，2006，p. 595)把这称为“二元关系”，他的意思是分析性关系在这种情况下被构建为不外乎是两个自我之间的关系。

我的一个被督导者曾让一个患者在深度抑郁有了轻微的缓解之后中断了治疗。当我问她，为什么她没有试着让他继续治疗，看看他的抑郁是否能够更进一步被消除时，她解释说，对她来说认为生活是令人抑郁的似乎是很有道理的——难道某些抑郁不是一种对我们这个时代生活的明智回应吗？不管她在这个问题上的理论观点如何，我向她指出，她似乎假设患者抑郁的原因和她的原因(或者她所认为的她的原因)是一样的，而让他抑郁的原因却很有可能完全不同于她自己的。在比较他抑郁的原因和她自己的原因时，她拒绝或者没有听到他们潜在的不同方面。拉康(Lacan，1990)非常独创性地把悲伤和抑郁视作道德上的失败或弱点，有时甚至是一种“无意识的拒绝”(p. 22)，在这个文本中这和除权(foreclosure)是同一个意思。(见第十章)

新的东西。

——弗洛伊德(Freud,1912b/1958,p. 117)

在当分析家不再支持言说的时候，无意识便关闭了，因为他已经知道或者认为他知道要说的是什么了。

——拉康(Lacan,2006,p. 359)

如果我们“理解”的企图不可避免地使得我们把另一个人正在说的东西，缩减为我们认为自己已经知道的东西(确实，这可以作为对通常意义上的理解的一个非常公平的定义)①，我们必须采取的第一步是*停止尝试过快地理解*。并不是通过向分析者显示我们理解他正在说的东西——特别是考虑到这样的事实：我们想向他显示我们理解的企图经常失败，而且被证明恰好是相反 7
的——而是，通过以一种他从未被倾听过的方式去倾听他，我们才能和他建立同盟。因为“人际谈话的基础是误解”(Lacan,1993,p. 184)，我们不能依赖理解去和分析者建立一个牢固的关系。相反，我们必须“显示出对他的一种严肃的兴趣”(Freud,1013/1958,p. 139)，在以一种至今对他来说是未知的方式关注和倾听他所说的东西。

鉴于大多数过去倾听过他的人只让他简略地讲述，然后就用他们自己的故事、观点和建议回应他，②分析家允许他尽情地讲，只有在为了澄清他说的某些话，为了获取关于某事更多的细节，以及其他类似的情况时才打断他。不像大多数之前倾听过分析者的那些人，分析家记住了这样事实，即分析者在会谈早期描述他的妻子，以及半个小时(甚至是几次会谈)后描述他的祖母时，使用的是完全一样的词语或表达。如果她聚焦于分析者的话语对她来说意味着

① “解释一件事意味着回溯到某个已知的事上”(Freud,1990/1958,p. 549;也可见 Freud,1916—1917/1963,p. 280)，帕特里克·凯斯门特(Patrick Casement,1991,pp. 3,8－9)说过差不多同样的话，他强调推迟理解的重要性，和“从患者那里学习”他(患者)和分析家之前遇到的其他人(不管是临床中的遇到的，还是在文献中读到的)，是多么的不同。

② 至于提建议，拉康(Lacan,1993,p. 152)说，“这不是简单地因为我们对一个主体的生活知道的太少，以至于我们不能告诉他要在这样的情况下结婚或者不结婚到底哪个更好，如果我们诚实的话，就会保持沉默——因为，对我们每一个人来说，婚姻的每一种意义都是一个有待打开的问题。”

什么的话，那么她就不能如此轻易地记住很多分析者所说的东西的特殊点，不管它们是否涉及分析者的早期生活事件，兄弟姐妹的名字，或者当前的关系。

分析家越不认为自己是分析者话语的目标，她越不关心那种话语是如何反映了她的，她能相当轻松地记住的内容也就越多。[1]（我一般把它视作一个糟糕的信号，也就是当一个分析家只能用她自己的话来总结分析者所说的，以及不能逐字逐句的记住其中任何一点的时候。）她越少地把自己当作分析者话语中一切事情的量度，她就越容易就其本来的意思，就其自身的参考框架来着
8 手处理后者。只有以这种方式她才有望去探索分析者所看和体验到的世界，不是从"外部"去触及——也就是说，把她自己在这个世界上行动的方式、生活方式强加给分析者——而是或多或少地从"内部"去触及（显然，我尽可能贴切地采用了这样的术语）。[2]

这并不意味着分析家必须要从根本上以分析者自己的方式去看待他的世界，因为分析者通常只能看到其中一部分，而且并不想去看到其他部分，特别是那些他觉得讨厌的或认为是令人不快或可憎的部分。[3] 尽管她专心地倾听分析者讲述的故事，但她一定不要相信她所听到的一切，即使她经常被建议最好不要从一开始表达大量的怀疑。在大多数情况下，不管我们怀疑所听到的究竟是故事的全部——不管是某个特殊事件，还是分析者的生活的概述——或仅仅是对其中某部分的精心编排，都应该逐渐引入这一怀疑；不然的话，分析者会有一种印象：我们不相信他所说的一切，而他通常会去寻找某个愿意相信他的人。当分析者正经历着婚姻问题，并且主要是出于他老婆的坚决要

---

[1] 正如拉康（Lacan，1968a，p. 22）所言，"如果你允许自己痴迷于分析者的言说中有关于自己的东西，那么你还没有处在他的言说之中。"这是为什么对一个分析家来说，和一个亲戚或密友做精神分析基本上是不可能的：并不简单是因为转移会影响分析家和那个亲戚或密友之间的关系（弗洛伊德提到，把一个家庭成员或朋友带进分析之中的分析家必须做好准备永久地失去和那个人的所有友好联系），而是因为分析家可能很难摆脱想象模式的倾听。

[2] 拉康（Lacan，1976，p. 47）评论道，"我一点也不相信有一个反映了外在世界的内在世界，或者相反。我已经试过构想某个毫无疑问更复杂的组织系统。"

[3] 确实，假如分析者讲述的有关他的世界的故事就是全部的话，那么除了可能采取某些实际的行动以外，比如离家出走或离婚，可能没有更多可说和可做的了。如果分析者不情愿采取这样的行动，这可能和他的故事版本中省略掉的某些东西有关。

求才过来的时候，这可能是格外重要的；如果他没有至少暂时在他的分析家那儿找到同盟——某个看起来至少会更相信他所讲的故事的人——那么他将可能逃跑，而去找一个会站在他这边的实践者。

另一方面，一个习惯于成功愚弄成人的青少年，最好在一开始就碰到来自分析家这边的怀疑。假如分析家似乎买了他的账——比如说，这位青少年事实上并没有做过任何错事，而只是环境的受害者——可以说，分析可能在取得进展之前就出问题了。对于那些之前已经接受过治疗或已经相当熟悉精神分析理论的人来说，分析家的早期怀疑态度的表达也是说得通的。

在日常会话中，我们一般通过点头或说“是”，来向其他人显示自己正在听他们所讲的话，所有这些做法都暗示着赞同——我们同意，我们相信自己听到的故事。另一方面，分析性谈话，需要我们有某些不同的东西：需要我们显示出我 9
们正在专心倾听，而不需要暗示我们是相信还是不相信自己正在听到的东西。

分析家同样应该避免用老套的方式对某人正在讲述的内容表达专注，比如说“很有趣”或“太吸引人了”，因为这些评论太老套了，经常暗示着一种优越感或疏远的态度。它们同样暗示，分析家认为她懂分析者所讲的东西。相反，她应该学会使用不同长度、语气和强度的各种“嗯”和“哈”(不是“嗯-哼”，这逐渐用来表示赞同了，至少在美式英语里面是这样)，这可以用来鼓励分析者继续讲下去，进一步解释某些东西，或者仅仅是让分析者知道她正在听，或至少是醒着的并希望他继续。这种声音的好处之一是，它们的意义并不容易确认，因此分析者能够对任何一个特殊声音投射很多不同的含义。

例如，我偶尔“嗯”一声来简单地表明，我已经听到一个分析者刚说过的东西，这有时被一个对自己所提到的观点感到不太舒服的分析者解读为一种怀疑——也就是说，他相信我对他的观点表示怀疑。当我在发出那种特殊的声音的时候，我常常没有这样的意图，但是“嗯”足够地模糊不清，以至于一个怀疑自己的动机或观点的分析者能够把它“听成”要求他对其进行探索。他把自己的怀疑投射给了我，而只有他自己的怀疑被归于我的时候它才会浮现出来并得到讨论。

考虑到日常交流所隐含的规则要求每一方都被允许轮流讲话(然而许多这样的规则被很多我们在日常生活中遇到的人违背了)，当通常的惯例会要求分析者给个空闲让分析家插话的时候，分析家必须鼓励分析者讲下去。这意味着分析家的倾听不是被动的——确实，必须得相当主动。给分析者很少的或没有眼神交流，以及（或者）几乎记下分析者所说的一切东西的分析家，可能提供给分析者讲话的鼓励是不足的。如果分析家要让分析者参与到分析的进程中去，那么她自己一定不要是一个置身事外的、客观的观察者——她必须在这个过程中显示出自己的主动参与。她参与得越多，分析者可能参与得也就越多——也就是说，假设分析家的参与具有某种开放性，是充满兴趣的、鼓励型的，并且不是防御性的、令人窒息的或自我暴露型的。我的某个分析者偶然
10 说到，在我们的会谈中他感觉自己正“漂流在[我的]‘嗯’和‘哈’的波浪上”，在他感觉那些波浪不如往常丰富的那个特殊的时刻——也就是说，当他感到我不如往常那样积极地倾听的时候——他会作出评论。

这指出了，“分析家的中立性”是个神话——分析家在分析的舞台上根本不是一个中立的、冷淡的、不主动的形象。第四章对此有更深入的论述。

“自由悬浮注意”

> 任何人只要把他的注意聚焦到一定的程度，他就开始从他面前的材料中进行挑选；一个要点会在脑海里格外清晰地被固定住，而另一些会相应被忽略，并且在做这种挑选的过程中，他会跟随自己的期待或倾向。然而，这恰好是（分析家）一定不要做的。在做这种挑选的过程中，如果他跟随自己的期待，他就处在永远不会找到他已经知道的东西以外的任何东西的危险中。
>
> ——弗洛伊德（Freud，1912b/1958，p. 112）

分析家为什么而倾听？这个问题预设了有某种特别的东西是分析家应该倾听的，然而有经验的分析家通常会赞同的是，在任何分析中，不管他们期待的是什么，他们总是会对自己所发现的东西感到吃惊。弗洛伊德（Freud，1912b/1958，p. 111）恰当地推荐，我们在处理每个新的案例时，都要像那是我们的第一次做分析一样，不要假定会发生什么，要使用“均匀-悬浮注意”

(evenly-suspended attention)，也被称为“均匀悬停注意”或“自由悬浮注意”，因此我们才能够听到分析者的“自由联想”中出现的任何东西。“自由悬浮注意”让我们可以听到在分析者所说的话语中什么是新的和不同的——这和简单地听我们想要听到或预期要听到的恰好相反。我们练习这种注意(这种注意一点也不容易维持)，作为我们识别他人的相异性，识别他人与我们自己的不同之处的企图的一部分。①

但是到底什么是“自由悬浮注意”呢？这不是专注抓住分析者做出的某个 11
特别的陈述——试图把它铭记在心，把它想通，或联系其他的事物——而错过了分析者的下一个陈述。而是一种从一个点到另一点，从一个陈述到另一个陈述的漂浮专注，而不必试图得出任何推论、解释、整合或总结。*这是一种至少抓住某个层面上的意义的专注，并且听到所有的话及其被讲出来的方式*，包括速度、音量、语气、感情、停顿、犹豫等。

拉康(Lacan，2006)讽刺某些分析家(尤其是西奥多·瑞克[Theodor Reik])对“第三只耳朵”(a third ear)的搜寻，假定可以听到一个隐秘的含义，它超出了能够在分析者的言说中找到的含义：

> 分析家需要一只额外的耳朵来做什么呢？有时似乎两只耳朵就已经够多了，因为他轻率地奔向由理解性的关系而产生的根本误解。我一再告诉我的学生们：“不要试图理解！”……但愿你们一只耳朵聋的程度和另一只耳朵敏锐的程度相同。你们应该用敏锐的那只耳朵来倾听声音以及音素、词、惯用语、句子，也不要忘掉停顿、切分、切口、句号和排比。(p. 471)

拉康在这儿的观点是，当分析家变得痴迷于理解分析者意识上试图传达的意义时，痴迷于跟随他正在讲的故事的错综复杂之时，她常常就未能听到分析者

---

① 自由悬浮(或均匀悬浮)注意，正如弗洛伊德(Freud，1912b/1958，p. 112)所言，以及拉康(Lacan，2006，p. 471)反复所说的，被假定是分析家的与分析者的“自由联想”的对应物。然而作为一个实践者要注意的首要的事情之一是，分析者的联想决不是自由的。分析者发现他自己被迫围绕着某些主题兜圈子，而不是直接谈论它们，或者当与之相联系的回忆和想法被过度投注的时候，完全绕开去谈论其他事情。

以何种方式传达自己想要说的东西——他所使用的词和表达方式，以及他的口误和连音。他建议，最好堵住只听意义的耳朵，而不是通过增加第三只耳朵使得倾听言说本身的耳朵成为多余的。例如，当分析者用“一方面”作为句子的开头的时候，我们非常确信他心里还有另一个“方面”；然而在第一个“方面”讲完了之后，他可能已经忘掉了第二个“方面”，这种情况下他可能会说“好，就这样吧”，然后就愉快地转向其他事了。然而，分析家一定不要掉以轻心：那另一方面是什么呢？它的重要性就在于它被忘掉(至少是暂时的)的这一事实。

沉迷于正在被讲述的故事，这对新手分析家来说是最大的陷阱之一。不出意料地，他们最容易被更接近他们自己兴趣的故事所吸引，或者被更关乎或更能够反映他们作为个体或临床实践者的故事所吸引。对分析者来说，尤其是在分析的刚开始，最重要的是分析家——像任何与之交谈的其他人一
12 样——抓住了他的要点，他正试图讲述的概念上的要点。他很少带着明确的希望——希望分析家会听到他正在说的东西中，有某些不同于他在意识层面上试图使对方理解的要点——开始分析。另一方面，分析家必须让自己放弃以一种传统的方式倾听，并且要意识到，理解故事或其要点，相比于听到它们是如何被讲述的，远没有那么重要。

自由悬浮注意是一种旨在教我们*不带理解的去倾听*的实践——确实，这是一种训导。除了这一事实之外：即理解通常倾向于把分析家自己置于中心，而引入一种“过剩的想象现象”(a plethora of imaginary phenomena，例如，拿她自己和分析者比较，为分析者的话语所反映出来的分析家的自我形象而担忧，正如我之前所指出的那样)，在分析者的话语中能够被理解的东西通常是相当少的，这是为什么呢？

故事说不通(或者太说得通了)

无意识不是指失去记忆，而是没有回忆起我们所知道的东西。

——拉康(Lacan，1968b，p. 35)

分析者讲述了一个有关他自己的极其不完整的故事，从两个方面来说都

是如此：他省略了大量的故事——他觉得那对他来说是不重要的、没什么关系的、不愉快的，或仅仅是“忘掉了”——以及他似乎在故事中扮演着一个非常清楚的角色，比如英雄、受害者、“好人”，或者（较不常见的）混蛋或罪犯。他讲的故事总是零碎的、不完整的、充斥着断裂与漏洞的，基本上除了他以外没人能懂，因为只有他才知道那些遗漏的内容（尽管有时他自己也不清楚），只有他才完全信奉他对自己困境的看法。即便到了那个时候，他还对故事中自己的困境持有两种（甚至更多的）看法：在会谈中，他可能试图说服分析家，因此也说服他自己，在那种情形中，他只是个受害者，但是在内心深处他可能不会完全认可自己的那种观点。可以这么说，分析家的部分工作就是确保他不认同的观点也有机会被说出，并且得到一个公平的倾听。

经常地，被讲出来的故事很容易让听者觉得说不通，不管那个故事多么原创或直观，因为有太多的内容被省略了；在这种情况下，分析家的任务是在填补空白（这让人想起弗洛伊德的见解：分析的主要任务是填补分析者故事中的空 13
白）的尝试中把分析者拽出来。[①] 然而，在其他情况中，故事被精致地乔装打扮，却似乎和与之相联系的情感不相称，或者在到目前为止分析者所描述的生活背景中根本说不通，或者听起来太老生常谈了。确实，分析者似乎对事件的解释感到相当满意，然而分析家却会怀疑，如果他对解释如此泰然自若，何必要提它呢。其中有些东西并不相称，一点儿也说不通——这并不是故事本身的问题，而是它是在一次分析会谈中被讲出来的，这个会谈处在治疗的一个特殊的点上。

如果我们可以这样说的话，分析家确实在倾听某种特殊的东西，那些不相称的，说不通的，或似乎太说得通了因此显得有问题的。这些都和*压抑*有关。当分析者通过抑制某些元素而缩短了他的故事时，他可能正在有意识地这样做，知道自己正在试图以某种方式（不管是美化还是丑化）向分析家介绍自己，但是他也可能出于他并不知道的原因而无意识地这样做。他也许并不知道（并且可能抗拒去知道）他将分析家放置于他的心理活动中的方式——他对她的转移的类

① 见 Freud（1916—1917/1963，p. 282）。考虑到弗洛伊德多次让“鼠人”讲述那个夹鼻眼镜的故事（使他进入分析的那个危机），才能把它拼凑起来。还需要注意的是，弗洛伊德建议，“我们能在用多种方式表达我们努力的目标：把无意识的东西意识化，解除压抑，填补记忆中的空白——所有这些实际上都是一样的”（p. 435）。

型或性质——或并不知道他正试图达成的与她相关的事情是什么。类似地，他也许真地忘记了故事的某些元素，并且只有在大量的分析工作之后才能回忆起来。

分析者可能会在描述一个只需要花几分钟时间去讲述的特殊故事时，漏掉一些重要的细节，而在他概括地描述自己的生活时，也会漏掉一些重要的细节。一个分析者在他治疗的早期告诉我，他是个“恶棍”，他觉得自己一直就有个“残忍的内核”。然而在最初几周的咨询中他所告诉我的生活故事里，却没有任何特别令人厌恶和无耻的东西。似乎他能够指出的最恶劣的行为是，孩提时践踏了邻居刚种下的幼苗。我最初形成的工作假设是，他有一个非常严苛的超我(可能是在生活早期由他父亲的指责促成的——指责他偷了钱，而事实上那是他在地上捡到的)。经过几个月的会谈，通过他对一系列梦的联想，他才回忆起来自己对一
14 个家庭成员的住院治疗以及一个前伴侣怀孕的事情所抱有的罪疚感，而他自己之前从来没有谈论过这一罪疚感。当他回忆起这些事情的时候，他对自己的苛刻看法——他自己并不理解，因为他认为自己本质上是个好人——的理由变得清晰起来，而且正是他的回忆及对这些事情的讨论才使得一部分苛刻最终在消散。

分析的怀疑逻辑

> 一个“言说行动”(act of speaking, Un “dire”)和一个事件是相似的。它不是迅速的一瞥，或者一个知道的时刻……不是所有的话语都是言说行动，不然所有的话语都会是一个事件了，我们也就不会讲“废话”了，然而并非如此。
>
> ——拉康(Lacan, 1973—1974, 1973 年 12 月 18 日)

> 是模棱两可，歧义，为无意识进入谈话提供了便利。
>
> ——拉康(Lacan, 1976, p. 36)

压抑在精神分析中是我们的指路明灯(请原谅这个隐喻的悖论性，因为压抑通常和黑暗联系在一起)。事实上，作为分析家，我们所做的一切都应该或多或少是以直接的方式处理压抑的。这就是为什么我们持续关注分析者所描绘的他自己和他的生活之外的，他讲的故事之外的，以及“方程式”之外的，被忽略的

事情。这就是为什么我们特别关注，当一个故事第一次被讲述的时候，那些被“偶然”忽略掉的细节。这就是为什么在分析者突然不能回忆起他最好的朋友的名字时，我们会留意。这就是为什么当一句话被打断而在另一处重新开始的时候，我们会感到好奇（我们关心的是叙述的中断，而不是其连续性）。正如弗洛伊德（Freud，1900/1958，p. 518）所说的，这也是为什么我们格外重视，那些在初次讲述时被遗忘，却在后来的联想中回忆起的梦的元素。这也是为什么我们会认为，他在会谈后出门的过程中所作的偶然的或无心的评论是最重要的。

对分析家来说，分析者讲的每个故事都是可疑的。不仅是因为它可能是不完整的或过于巧合的，而且也可能是为了某种策略上的目的而在此时此地被讲述的——使分析家高兴或不快，使她恼怒，去赢得或失去她的假定的爱，去支持或摧毁某个意象——目的可能不是公开的，却在故事最终所采取的形态中扮演了重要的角色。

这种观点，即我们必须以他自己的方式去处理每一个新的分析者，就像他 15
是我们的第一个分析者一样，并不意味着我们一定要表现得好像对精神分析一无所知一样——就像我们不知道在分析者的生活中症状的存在是压抑的表现（因为症状代表了被压抑之物的返回），不知道口误和过失同样也是代表了被压抑之物的返回的小型症状，不知道主体的修辞可以帮助我们准确地找出压抑（最重要的元素经常保留到最后，“我的朋友和兄弟姐妹，更不用说我的母亲了”，一个省叙或略过的例子——并且经常在否认的伪装下提及一个问题最可能的答案——“惩罚我最多的那个人？我不认为我可以说那是我父亲”）。①

① 从我给出的例子来看，当我说我们不要表现得好像对精神分析一无所知一样的时候，我并不是在说，重要的是要“知道”贪食症应归因于甲、乙或丙，或者口吃应归因于戊、己或庚。这种“在分析家实践的过程中累积的知识所关注的是想象经验”，并且“在培训分析家的过程中没有价值。”（Lacan，2006，p. 357）；不同主体的症状原因经常是如此的不同，以至于这种普遍的论断是没有用的。我的意思是，对我们来说，牢记精神分析理论的最基本的理论原则是很重要的：恐惧常常掩盖了愿望，厌恶的表达经常是压抑的信号，人们自己觉得恶心或是害怕的很多东西都会让他们感到愉快，“过失行为是唯一总是成功的行为”（Lacan，2007，p. 65），等等。这些情况中，精神分析理论允许我们看到的，远多于我们通过其他方式所看到的。正如 Bowlby（1982）所说，“由于对鸟和植物的外观与习性的相关信息的大量储备，有经验的自然学家看到的远比新手要多”（p. 111）。

精神分析家被引导依据分析者所采取防御性行动的类型，去检查他们所使用的种种修辞手法。就像伪装了无意识愿望的梦，依据凝缩和移置——拉康(Lacan，2006，pp. 511 - 515)将之对应于隐喻和换喻——而形成，分析者言说的运作依据大量旨在压制无意识的机制。分析者自发地使用修辞手法(对语法学家和语言学家来说是非常熟悉的)以避免说出某些事情，避免某些观念浮现出来。他的这种努力最终还是失败了：事情被说漏了嘴，而且被训练来觉察这些修辞手法的分析家——拉康(Lacan，1977—1978，1977 年 11 月 15 日)说，“精神分析家是一个修辞学家。”——要学习从何处介入以便挫败它们。

例如，当某人使用了一个混合隐喻的时候，经常是因为最先进入脑海的隐喻中的词语之一对那个人来说是令他烦扰的。我的一个分析者曾说，“不要在这个问题上绕圈子了”(stop beating around the issue)，而词语“bush(指类似灌木的东西，尤指浓密的毛发或皮毛)”似乎太有性意味了，很可能唤起他不想讨论的关于性的念头(有时候这种替换是如此之快，让人震惊不已)。* 当某个人不想谈
16 论某种关于拍打(beating)的施虐或受虐的想法时，我们可能同样会想象那个人会说“不要在这个问题上绕圈子了(stop circling around the bush)。**

混合隐喻在分析中和日常生活中是相当普遍的。当然，有时这只是意味着使用它们的人并非真地了解这些隐喻，但是大多数母语使用者至少熟悉很多惯用语，人们可以怀疑为什么分析家仅仅是把被更改的用语重复给他们听之后，他们就改变了这一用语。混合隐喻“beating around the issue”(直译：围绕着这个问题拍打)可以理解为在“beating around the bush(直译：围绕着灌木丛拍打)”和“skirting the issue(直译：绕开这个问题)”之间的一个妥协形成。在修辞方面，这可能被称为*用词不当*，意味着对词语的一种误用。另一方面，这对留心的临床实践者来说暗示着*某种东西被避开了*，或者另一个思路干扰了最初的思路的完整性。

让我们考虑下另一个修辞手法或比喻：*反语法*，也作为避重就轻而被知

---

* 英语中“stop beating around the bush”是习语，意思是不要在这个问题上绕圈子了，按照字面意思直译是：“不要拍打这团毛了”；而这里分析者用 issue(问题)替代了 bush。——译者注

** 这里分析者用 circling(绕圈子)替代了习语中的 beating(拍打)。——译者注

晓,这经常在会谈中被用到,也常常出现在一个短暂的停顿之后。我的一个分析者正要说(正如他后来表明的那样)“我真地渴望我最好朋友的老婆,”但被压下来了,反而说“我并不觉得她没有吸引力”。他引入的短暂停顿,和高度结构化的双重否定联合在一起,似乎暗示着有某种东西可能将说未说;结果是,某个想法被避开了,因为分析者认为它不可接受,想着“我怎么能这么下作去渴求我最好朋友的老婆呢?”

另一个分析者没有说出一个句子的最后两个本来要说的词——“停下来(to stop)”——这句话是这样的“这(她的父母压住她,然后给她挠痒痒,直到她几乎不能呼吸)在一定程度上很有意思,然后我会想要它……”。“停下来(to stop)”被*省略了*,根据语境她可能感觉这种表达是很明白的,这向我暗示了一个相当不同的思路,就是她可能不情愿直接表达:她会想要这一直持续下去,更强烈一些,或者甚至导向某种与性欲有关的东西。我可以对自己这么说,“我知道她的意思,即使那不是她所说的,”但是当我重复给她听那个不完整的句子,“你会想要……”的时候,她提到,在她说那个的时候,自己已经被一个尴尬的模糊想法分神了。这样一个省略或省音,在日常交流中可能被她的朋友们忽略了,但在分析中,却是一种隐瞒的指示或者泄密的信号。

正如我在其他地方(Fink,2004,pp. 72 - 75)所表明的那样,很多其他的修辞手法,比如赘语,题外话,拐弯抹角,撤回(所说的话或写的东西)和反语,带有一种防御性质,特别是在分析背景中。我希望这三个例子能够澄清,在何种程度上这些修辞手法并不像分析者倾向认为的那样“仅仅是讲话方式”,留心的听者能够把它们当作为通往压抑之物的道路上的里程碑。梦工作中的无意 17
识使用了凝缩和移置的机制,分析者在谈论他的梦的过程中实际上使用了所有的修辞格和转义。*对分析家来说,没有什么“只是打个比方而已”*,分析家的倾听模式倾向于同时听到呈现出来的和没有被呈现出来的东西,被表达出来的和被回避的东西。大体上,所有的言说都是一种妥协形成,由互相冲突的力量促成的。

当分析家聚焦于故事或所谈论的观点时,她通常不能听到所使用的修辞手法,于是就只能在一个层面上听,即分析者有意识地试图传达的意思层面上。那么她就无法读到书写分析者的言说乐谱的不同方式。

只听到我们想听的

语言的本质从来都不是用于交流功能的。

——拉康(Lacan,2005a,p. 106)

知觉物(perceptum;被感知到的东西)已然被(语言)结构化了。

——索莱尔(soler,2002,p. 33)

当然,为什么对分析家来说真正地听到分析者所说的东西是如此之难,仍然有其他的原因,至少其中一些原因和语言与知觉之间的相互影响是有关的。神经生物学家和精神病学家已经指出,忽略令人分心的知觉刺激物——对手头的任务和目标来说似乎是不重要的(Green,2001,pp. 77 - 79)——"感觉门控"是多么重要。对脑和认知系统的大量的研究显示,很多被诊断为孤独症、精神分裂症和精神病的人(尽管我不认为,他们之间的区别是不重要的)经常"感到被感觉输入'狂轰滥炸',并且不能过滤掉……不相关的刺激"(p. 78),"不相关的刺激"是那些他们不想在某些时刻给予注意,然而却使他们分心的刺激。换句话说,他们不能以大多数人采用的方式过滤掉很多刺激,后者有一个"门控",它让某类刺激进来而把其他的刺激排除在外,这基于发生在意识之外、先于意识的,对什么是重要的以及什么是不重要的一个假定的评估。只有
18 那些能通过门控的刺激——只有那些被认为和手头的任务相关的刺激——实际上才被允许进入意识。

这一研究似乎在临床上由精神病患者报告的很多"感觉超载"的例子所证实,在这些例子中,先前未听到的或融入背景的噪音开始变为压倒性的了(喧闹的、持续的和无法忽略的),先前要么是令人享受的、要么不被注意到的气味突然变得难以忍受地强烈和恶心,以及先前并不突出的颜色、形状或动作突然占据并压倒了意识。这些知觉开始冲击主体的时刻,通常是非常有压力的时刻,这意味着主体正处在精神崩溃或发作的危险经验中(在那些非精神病患的人中,延长睡眠剥夺能导致一个类似的刺激"门控"的失能)。另一方面,在某些患孤独症和精神分裂症的主体中,过滤刺激的困难可能是

永久的，但并不必然表明有任何即刻的危险。这种过滤刺激的困难并不像在偏执狂中那样时隐时现，这个困难发作之后有明显的缓解，然后在以后又会再次出现。

尽管最具生物学思维的研究者把刺激过滤的困难视为一种严重的生理问题——起因于一个特殊的大脑结构的某些形变，或者一些生理化学失衡，我觉得同样可能的是，语言在过滤刺激的能力中也扮演一个重要的角色，因为那些无法以通常的方式过滤感知觉的人，通常不能和那些能够过滤这种感知觉的人以相同的方式去讲话，或者思考。可能不是门控困难导致语言习得的问题，而是语言习得的问题导致了门控困难。

语言并不是以同样的方式被这些主体吸收，对他们来说，语言的运作方式和在我称之为"普通的神经症主体"那里也不相同。正如我在其他地方讨论过的(Fink，1997，2005b)，至少有两种主要的在语言中存在的方式——我们可以称作为"普通的神经症方式"和"精神病的方式"。普通的神经症方式导向通常的基于语言的思考优势(与视觉的或其他方式的思考相反)，在意识与无意识之间有一个分离(以及在精神分析中作为"矛盾情感"被提及的广泛的情感冲突，笼统地说，它是指某些感受是意识的，而其他的感受是无意识的)，①以及能同时听到一种表达的字面上的和比喻的意思的能力。精神病的方式是指仅 19
仅通过模仿习得语言，在意识和无意识之间没有这样的分离(也就没有"矛盾情感")，且不能同时听到一个表达的字面上的和比喻的意思。

与其试图在这儿详细地解释这一点，我更愿意用天宝·葛兰汀(Grandin & Johnson，2005；《自闭历程》，中文版已由上海社会科学院出版社出版)的一些观点来阐述它，她研究动物行为、自闭症和两者之间的关系，并且认为自己是自闭症患者(确实如此，毫无疑问)，对于她自己与语言的关系，她谈道：

---

① 见第七章对情感和压抑之间的关系的讨论。对于在语言中存在的神经症的方式和精神病的方式之间的区别，米勒(Miller，2002，p. 25)做了这样的描述："没有父之名(换句话说，在精神病中)，就没有言语(language)，而只有呀呀儿语(lalangue)。"他在之后的脚注中简洁地讨论了这个拉康派的术语[把定冠词 la 缩合进 langue(言语)中，是拉康创造出的一个新词。——译者注]。他继续说道，"没有父之名，就没有身体，严格来说，只有肉身，肉体，有机体，物质和形象。有身体性的事件，那些摧毁身体的事件。"

> （在高中的时候）我和别人打了起来，因为孩子们取笑我。他们给我取外号，比如“智障”，或“录音机”。他们叫我录音机是因为我会在我的记忆中储存很多句子，然后在每次对话中一次又一次地使用它们。（p. 1）
>
> 我几乎从来不会从对话中记特殊的词和句子。那是因为自闭症患者是以图像的方式来思考的；几乎没有词语会浮现在我的脑海中。（p. 10）
>
> 当我和其他人交谈的时候，我把自己的图像翻译成我用“磁带”记录在脑海里的常备短语或句子……我是个录音机。我就是这样才能够谈话的。我听起来不再像是录音机的原因是，我储备了如此之多的短语和句子，我能够重新排列组合。（p. 18）
>
> 动物和自闭症人士似乎没有压抑……我不认为我有任何弗洛伊德的防御机制，并且我总是在正常人表现出这种机制时感到惊讶。正常人令我惊讶的防御之一是否认……（处在）困境中的人们不能看到它是因为他们的防御机制保护自己免于看到它，直到他们准备好了。那就是否认，我一点儿也理解不了它。我甚至不能想象那是什么样的。
>
> 那是因为我并没有一个无意识……虽然我不知道为什么我并不像是个无意识的人，但我认为我的语言问题与之有很大的关系。（p. 92）①

葛兰汀说得很清楚，她无法以普通人那样的方式将刺激分为危险的和不
20 危险的——多年来这一直使她害怕那些无害的噪音（比如卡车倒车时的“嘟嘟”声）——因此她就不能像大多数人经过不断的学习而显示出来的那种方式忽略这些刺激，以这种方式，在一种特殊的环境中，他们就是看不到他们不期望看到的东西，不管是一个在篮球比赛中间穿着大猩猩衣服的女士，还是正在准备将飞机降落在跑道上的飞行员没有看到停在同一个跑道上的巨大的飞机（Grandin & Johnson，2005，pp. 24－25）。在被称作为“非注意盲视”（Mack & Rock，1998）的情况中，我们大多数人——但不包括葛兰汀或很多精神病患者——在事物抵达意识之前把它们筛选出去，最终看到和听到大多数是我们

---

① 葛兰汀（Grandin，1995，pp. 49，85）在其他地方表明，她认为自闭症和精神分裂症是“神经障碍，”但是她的观点使得我们可以别的方式思考。

所期待看到和听到东西。

对于我们中的那些以“通常的神经症方式”进入语言的人来说，我们沉浸在语言中是如此的全面，并且如此彻底地渲染了我们的世界，以至于我们选择性地看和听那些社会的/语言的语境引导我们去看到和听到的东西。而在我们预期之外的东西经常是既不被看到也不被听到的。①

这对临床工作者而言会是一种很严肃的责任：即使最用心良苦的临床工作者几乎也会不自觉地去听，分析者讲的东西在她看来，在一个特定的语境中怎样才是合理的，而并没有去听分析者实际上说了什么——这些内容可能是相当不同寻常，甚至是荒谬的。即使最专心的分析家也经常只听到分析者可能想说的话，而过滤掉了分析者的轻微的口误或含糊其辞。我们毕生都在学着怎么在他人正在对我们讲的话中寻找意义，即使有时这些话是相当语无伦次的，这涉及的是在只呈现出了部分图像的地方看到一个完整的图像（或格式塔），或者当只有一个部分的或不连贯的想法被说出的时候，听到一个完整的连贯的想法。我们学着去填补空白，补充丢失的词语，改正语法，纠正用词错误——而且，通常我们是在自己的脑海里做这一切，甚至不用意识到这个过程。

我们自己对某些词汇和表达方式的忽视，可以让我们把它们听成别的东西（那些努力学外语的人经常能意识到：当人们用外语和我们讲话的时候，我们倾 21
向于把那些不熟悉却可能听起来有点相似的词语听成自己已经学过了的词语或表达）。例如，如果分析者说，他“孜孜不倦地（sedulously）试图说服财政部（Exchequer）”去做些什么，并且分析家不知道词语“sedulously”或“Exchequer”的话，她可能会干脆听到某些其他的词，比如“勤勉地（assiduously）（或轻信地 credulously）试图去说服拼写检查器（spell checker）”，即使那在语境上不是完

① 葛兰汀的工作也能帮助我们认识到，为什么一个神经症患者和一个精神病患者经常在理解彼此方面很困难：（因为）他们在本质上以不同的原则运作。经常地，就像葛兰汀，站在其他人的角度上，我们“甚至不能想象那是什么样的”，葛兰汀在她对绝大多数人类无法从他们与之工作或生活的动物的角度去看待事物的诸多讨论中，形象地表达了这个观点。同样可见于她的《用图像思考》（Thinking in Picturts，Grandin，1995）。

Lacan（2007，pp. 52－53）指出，感觉和知觉从来就不是纯粹的，相反是通过我们的符号的/语言的过滤器滤过的。

全说得通的，但考虑到她所能理解的英语的子集（没人可能理解到全部），这可能是她可以在其中找到的最好的意义了。当某人说话的时候我们听到的内容在语言学中被称为“声音的色带”（the ribbon of sound，Saussure，1916/1959）；口头语句趋向于连在一起，形成一种不间断的色带，而且在一个词结束而另一个词起头的地方并不总是完全清晰的（学习外语的人，可能对这个问题也相当熟悉）。

我们习惯于几乎是自动地把色带切断成不连续的单元，这是以我们自认为熟悉的语言为基础的，这也是以我们通常期待听到的以及我们对一个特殊的对话者所持有的期待为基础的。这种意在使我们听到的内容有意义的持续活动，在制造意义的背后，使得倾听本身消失了；为了做出解释，感知本身被抑制了。从某种意义上来说，结果是，我们充耳不闻。

然而，为了实践精神分析，我们得打破自己根深蒂固的习惯，这通常需要大量的努力。实践者们有时会告诉我，他们的患者没有口误或含糊其辞，但是在我的经验中，大多数人每 5 或 10 分钟（当然有的人更多，有人更少）就会说溜嘴，问题更有可能是实践者们没有听到它们。那么怎么听到呢？一个有用的练习是去听新闻播音员说话，不管是通过收音机还是电视，并且练习听出口误或结巴，而不是与之相对地只听内容。可能最好是先去听自己并不是特别感兴趣的节目，这样内容就不会占据自己的注意力了。同样可能最好的是，一开始不要看电视，因为看着讲话者可能会干扰到自己去听。（很多分析家已经讲过，相比于那些坐在他们对面的患者，他们从躺椅上的患者那里听到得更多，不是因为他们在身体上更接近，而是因为分析家不会因为他们的患者的外表、面部表情以及其他东西而分心）。一旦一个人能够在自己并不怎么感兴趣的话题谈话中，经常听到对方的口误或连音，那就可以转而听自己更喜欢的节
22 目了，在倾听意义的时候，练习着尽可能多地聚焦于声音的色带，但不要停在上面，或试图去对此做些什么（例如，和之前听到的东西相比较，或者揣度其含义）。

一旦一个临床工作者可以听到口误和结巴，她将开始在她自己、朋友及同事那儿注意到它们；但是这可能仍然需要花些时间，她才能在和分析者的会谈中听到它们，因为她在分析情境中要比其他任何地方都更专注在意义上。为

了完善我们对分析者实际上讲的东西的自由悬浮注意的能力，用音乐老师的话来说，我们一定要经常“练习，练习，再练习。”

培训的陷阱

> 我可以表明，今年我在研讨班中说的东西是提供给你们教学的，假如我们强调这个事实——是那些（不允许自己）被无意识引导的人走上了迷路。
>
> ——拉康（Lacan，1973—1974，1974 年 1 月 8 日）

很多其他的东西使得分析家在本质上无法听到分析者所讲的大量内容（例如，高度的强迫性），其中最重要的就是我们的培训本身。在很多培训计划中，不管是在社工，心理学，精神分析，还是精神病学中，学生们被鼓励去相信，存在所谓的“专家知识体系”——就像在 DSM 里面找到的“知识体系”；以及作为临床工作者，尽快地以我们最佳的能力去应用它们，是我们的任务。我听说过上述领域中个别的老师告诉学生，他们应该将自己已经获得的专家知识应用在他们的客户或患者身上，并且如果他们没有这样做的话，他们就是故意藐视所有（所谓的）经验实证治疗（EVT）方案和以证据为基础的治疗（EBTs）。他们主张说，毕竟心理学和精神病学现在已经被科学化了，而且在临床实践中剔除了猜想。实践者需要倾听，但是是以一种粗略的方式去倾听，去搞明白某个患者在诊断手册中所处的位置，这些手册受到了美国心理学会（APA）的批准认可，因为这些手册（及其补充）会告诉他们使用哪种技术。如果我们开始只去倾听我们被教导去识别和处理的模式或模式集合，我们可能对任何并未出现在 DSM“雷达屏”上的东西听而不闻。

幸运的是，并非每个培训项目或每个老师都真正地相信临床实践的科学基础，或者鼓励诊断和治疗的方法清单。确实，医疗机构本身——经常被 23
心理学家和精神分析家视为在各个方面（包括名望、社会声誉，收入和假定的科学性）相互竞争的机构——在最近几十年里已经因其所遵照的几乎没有任何证据支持的非常之多的程序和治疗，而一再地受到责难，其中很多已经被终止了或者退出了市场，并且甚至很多医生认为，它们更像是以艺术而不科学的方式运作。① 但是高等教育的结构及其在我们的文化中所处的地位，往往鼓励临床工作者相信，凭借高级文凭，他们在自己所在的领域拥有了值得信赖的专业知识，已经用不着从进一步的研究和他们的患者那里学习什么了。继续教育学分被很多人视为充其量只是幼稚的训练，并且通常只是另一个需要跨过的门槛。不管继续教育课程是否是最好的提醒方式——提醒临床工作者：临床实践需要一个终生的学习过程——实践者都应该被提醒，他们的教育通常设法向他们展示的只是冰山一角，而且他们可以做得更好以便去留住他们所在领域中的热心的读者，并且要对那些由几乎没有“深刻见解的”的患者作出的似乎没什么意义的评论抱着开放的态度。

---

① 医学博士和哲学博士大卫·艾迪(David Eddy)(杜克大学健康政策研究和教育中心的主席，带领过“以证据为基础的医学”运动)估计，内科医生所做的事中只有 15%是由“确凿证据”(也就是临床试验)支持的，并且很多其他的医生和医疗质量研究者把他们的估计定在 20%—25%的范围内(Carey，2006)。医学中所谓的标准治疗——也就是说，在一个具体情况中，内科医生被期待提供的治疗(比如，这是为了避免被指控为治疗不当)——因此很少以充分事实为依据；甚至当被认为有一个坚实的科学基础的时候也应该牢记，在医学中高达 1/3 的临床试验的结论在后来被推翻(Carey，2006，p. 77)。那些认为心理治疗研究已经成功地复制了医学的“科学基础”的人，看来并没有读其中任一领域的文献。

我不会在这里进入对科学的历史和科学哲学的复杂争论，它们与有关医学、精神分析和心理学的科学性的主张密切相关。关于一个简短的讨论，见 Fink(1995，第十章)。

第二章

提　问

使问题维持在被提出的状态常常要比解决问题更重要。 24

——拉康(Lacan,1998b,p. 425)

考虑到压抑和转移使得分析者将她讲给分析家的故事缩短和调整的程度,分析家的大量工作是由提问组成的,以便分析者填补丢失的细节,讲完那些让人听不清的句子,并解释她说的某些话想表达的意思是什么。在这个领域中,分析家自己对分析进程的阻抗可能会显露出来;而且分析家可能说的远比他需要说的要多。

在预备性会谈期间,也就是说,在正式分析之前的或长或短的面对面会谈期间(长达一年或更久),在分析者讲了某些话之后,分析家可以只是抬起眉毛或者给分析者一个探询的表情,以此作为提问的标志。然而,这样一种提问方式并不是很清晰,因为提出的问题可以关注的是分析者刚才讲过的全部,可以仅仅是最后一部分,可以是讲述的方式,还可以是分析者讲话时生气或者笑了起来这种事实,简而言之,这并不针对任何具体的东西。在这种情况下,分析者可以以随她喜欢的方式来理解抬起的眉毛或探询的表情,不管是看作一种不赞成或批评态度的信号,一种对她不知道自己在讲什么的暗示,还是一种对进一步详细描述的请求。因此,特别是对那些倾向于认为分析家会批评他们所讲的一切的分析者来说,更清晰的提问是很重要的。然而,考虑到所有言语都可能有歧义的程度,分析家说的越少,他提的问题可能就越清晰(除非,正如我们在后面会看到的那样,他用了一个深思熟虑过的开放式问题,比如"那怎么样了?")。冗长复杂的问题经常会使分析者退缩或困惑,而且几乎总是使分 25

析者刚讲过的话，即便没有完全被忘掉，也会退回背景中。

如果分析者说，“我上小学里那会儿困难重重，因为我们老是搬家”，若分析家想知道那是怎样的困难，简单地问句“困难?”，通常就够了。假如分析家问的是，“你能给我举一些例子吗?”他可能会听到，她家从一个城市搬到另一个城市的各种例子，而不是关于她的困难的事例。在提问的时候，少即是多。假如分析者只是用“是的，困难”来回应“困难?”，分析家可以简单地补上一句“那是什么样的困难?”

当然，清晰并不总是最有效的；有时，分析者从分析家的问题中听出了一些分析家没想要问的东西，她回应自己听到的问题，经常比(后来)回应分析家想要提出的问题有趣得多。这是因为，她(就像我们都会做的那样)可能把自己已经在思考的东西投射到分析家说的话上去了。①

尽管如此，通常来说格外重要的是，分析家要让分析者巨细无遗地讨论特殊事件，以及梦、白日梦和幻想这样的无意识形成物。并且尤其要确保，分析者最有可能倾向于省略的细节，可以在某种程度上被明确地表达出来。一旦分析家了解了分析者使用何种修辞策略来绕开话题，避开他们认为是讨厌的或应该被谴责的细节，他就必须经常做大量的工作，以确保那些话题不会一直处于受忽略的状态，确保那些细节不会被无限期地被避开。尽管分析家一定不要强迫分析者暴露她还没准备好去面对的事情，但他必须不要羞于鼓励分析者去谈论痛苦或艰难的话题。

这是分析家自己的阻抗可能出现的地方，因为对分析家来说，坐在后面让分析者谈论任何她想谈论的东西，比和她一起工作去把她过去难堪的和创伤性的经历表达清楚，要容易得多。分析者可能不情愿探究痛苦的问题，但是如果分析家的回应是退缩，且不向分析者表示自己想要她谈论那些事的话——
26 不是今天，就是明天(如果她没有自发地这样做的话，他一定不要忘记在明天重提。)——那么他就被自己的阻抗，而不是由他的作为分析家总是更进一步

① 不应该认为分析家的言语(不管是疑问还是陈述的形式)要比分析者的倾向于带有更少的歧义，因为*所有言语*都是潜在多价的，而且能够用不止一种方式来听。无论如何，一个人所讲的话的意思总是由其他人决定的：意义是在大他者的场所中决定的。(见 Fink，2005b，pp. 574 - 575)

的跟随分析的欲望，主导了治疗。

在某种层面上，分析者常常知道，他们需要谈论（甚至经常是想要讨论）他们的难堪经历和令人不安的幻想，但是他们发现和分析家讨论它们太难了（出于广泛的各种各样的原因，包括害怕被拒绝，害怕目前为止他们只认为是自己心中不可捉摸的东西成为事实，担心分析家对他们的暴露感兴趣）。[①] 甚至是在三年的分析后，我的一个分析者仍然难为情地告诉我，他年少时在妈妈的壁橱里发现了一个人造阴茎；在会谈中当这种想法进入他的脑海里的时候，他感觉这和我们正在谈论的东西（他的写作焦虑）不搭调，在我提示他说出自己想到了什么时，他就是不情愿讨论那个想法。他不情愿讨论这种话题是因为，他不喜欢这暗示的他父母的关系状况，以及这是如何与一些他自己的性幻想和活动联系在一起的。

分析家要是未能鼓励分析者讨论这些东西，分析者就可能会慢慢得出一个或更多结论：分析家对它们并不是特别感兴趣，或者没有尽心尽力让他们的分析成功；分析家觉得他们的生活和幻想应该受到谴责，并且不想听到这些；分析家无法忍受去听这些，或者归根结底可能它们并没有重要到值得谈论。这些结论中的任何一个都将在短期内使分析溃败。

构想问题，以便将分析者从他们难堪经历和痛苦回忆中拉出来，在这个过程中，分析家最好使用分析者使用过的完全一样的词和表达方式，而不是使用他自己的。翻译（成一个人自己的话）是背叛，是对文字的背叛，并且经常是对灵魂的背叛，是对分析者话语的背叛。若我有时不能回想起分析者用来描述某事或某人的准确用语，而用另一个来替代，分析者经常很快就让我知道，那不是她所说的。有一次，我想重复分析者已经讲过的某事来构思问题，却想不

---

① 正如弗洛伊德（Freud，1914a/1958）提醒我们的，在治疗的开端，分析者经常令人吃惊地忽略他们自己的想法和幻想，并且需要被鼓励去注意它们。

治疗本身在一开始就会在患者对他的疾病的态度上带来一种改变。他通常已经满足于，为此悲痛，藐视其荒谬性，并且低估其重要性；除此之外，他已经把对疾病起源所采取的压抑的鸵鸟政策拓展到其表现中去了。因此，通常的情况是，他不能恰当地了解他的恐惧症在什么条件下会爆发，或者不听自己的强迫观念中的确切措辞……他必须找到勇气将他的注意力导向自己的疾病现象。（p. 152）

显然该由分析家负责唤起他去这样做的勇气。

27 起准确的词，我说，“那么你们在吵架后做爱了（made love）？”然后分析者犀利地纠正了我：“我们有性行为（we had sex）”（显然，在她看来那并不涉及爱，她没有用过短语“made love”）。词并非是没有区别或可互换的：最好坚持逐字稿。事实就是如此，不管分析者的语言是多么极端，哪怕她的语言对分析家的敏感性有潜在的攻击性（但愿他自己的分析会缓和后者的大部分影响）。羞于重复分析者使用过的（经常是带着很深厚的情感）那个四个字母的词，暗示了分析家不赞同这样的语言——或者更糟糕，不赞同与之联系的身体部分或活动——或者不能容忍分析者的生活或幻想生活的粗鲁现实。这也会在短期内使分析溃败。①

在某些情况中，分析家必须询问一个富有探索性的问题，来帮助分析者明确描述经历，且不让分析者感到失落或茫然，不让分析者淹没在相当早期经验的回忆中。这些问题应该避免含糊的措辞，比如“虐待”（abuse）这个词，对不同的人有不同的意味；并且应该尽可能地采取最谨慎的做法，允许分析者纠正或补充细节。“他用手指摸了你？”远比“他骚扰了你？”要更合适。

我的一个分析者似乎对尸体景象有性反应，在我们讨论他对此的嫌恶时，我需要问很多问题，来绕开他甚至都不想去思考这种事的不情不愿。他不能对此自由联想，因为他觉得，看到一具尸体时（他在讲纳粹的电影上看到过尸体），阴茎有反应，这是非常不道德的，在他看来，这证明了他是一个怪物。在这种事实——尸体无法以一种协调统整的方式移动，更像是碎裂的身体部分的一个不连续聚集物，这导致了他阴茎上有一种收缩感（我们也许会推测，这是在试图避免让他的阴茎变得像其他身体部分一样断裂）——
28 变得清晰起来后，他的罪疚感似乎有点减轻了。他觉得自己的性趣味是如

① 这并不是在暗示，分析家需要使用未经加工的术语。他应该简单地跟随分析者的带领，并且避免遁辞：他不应该害怕据实而言。这既不是在暗示分析家一定要强调分析者使用的与性有关的措辞，也没有暗示要过分地尽可能地跟随与性有关的全部联想。性是生活的一个重要部分，然而某些当代的分析家似乎已经忘记了这一点；他们应该更多地注意到，对性的措辞和暗示充斥在我们的语言中的方式，性通往主体的自体感的核心并且丰富了她如此之多的关系的方式。

分析家也应该避免使用超出了分析者的理解的词汇（比如介绍分析者可能不熟悉的精神分析术语）的诱惑。

此的变态，以至于把他排除在人类的全部感受范围之外，相比于处理这种感觉，他处理阉割焦虑要容易得多。尽管如此，他最初的自我谴责，源于他预感自己在阴茎上有这样一种感觉肯定无疑地使他成了阿道夫·希特勒或吉尔·德·莱斯那一类人，这种谴责是如此强烈，以至于我得一再提问，好让他克服自己不想谈起它的阻抗。不然的话，这种自我谴责似乎就不会减轻。

和使用外语而不是母语的分析者一起工作时，分析家必须记住，分析者有时可能正在将她的母语翻译为分析家可以理解的语言，那种翻译常常是相当不忠的：事实上，这背叛了，或者未能背叛（从泄密的意义上说）某种含义。有时，分析家一定要问分析者，在她的话语中，特别是在她的梦和幻想中，某些重要的词或者短语用她的母语怎么说，并让她大声地说出来，哪怕分析家听不懂那种语言。因为通常只有在分析者听到词语被大声地讲出来时，她才能基于它们的声音（具有不同意思的词语在发音上常常或多或少相同），或者它们的双重或三重含义进行联想。

曾有一个母语不是英语的分析者告诉我一个“不愉快的梦”，在梦里他是个卖“stocks”（公债）的销售员，尽管他向很多人推销，但是似乎没人想要，于是他不得不恳求他们买他的“stocks”。来会谈之前他只联想到，他正在组织的一个会议，并且感觉自己不得不恳求某些大名鼎鼎的发言者来讲话。我从一开始就觉得，分析者使用的“stocks”这个词是有歧义的，并且有点古怪。考虑到语境，于是我问他这个词指的是什么，他确认了我的怀疑，即他指的是某些更像我们在美式英语中会典型地称作“goods”（货物）或“merchandise”（商品）的东西。然后我问他，在他的脑海中，是否有他的母语中的什么词。他回答说有，因此我要他大声地说出来——这让他非常惊讶，对他来说显然我并不会说他的母语。我承认说，我正在犯难，不知道怎么把这个词准确地重复给他，以便他能听到由其他人讲出来的发音（词由另一个人讲出来时，我们倾向于从“同样的东西”中听到不一样的东西，我们在另一个人的讲话中比在自己的讲话中，更容易听到歧义和双关语，因为当我们自己讲话的时候，我们的注意力经常首先聚焦在我们准备好的意思上），但我还是尽了最大的努力去重复那个发音，然后问他，这是否可以让他想到什么。但一无所获，于是我问他这个词在他的母语中是否还有别的含义。他思考了一会儿，然后笑了起来，说它

29 也指礼物和阴茎。① 这使得我们可以开始谈论那个梦的另一个可能的含义，这与这个事实相联系，即他觉得他难以让妻子以及任何其他女人尽情兴奋起来，而最近他的对策已经成了恳求她们与他睡觉——这个话题他还不知道如何提起，因为他觉得这太丢脸了，以至于难以启齿。有人可能会说，他的梦选择了一个意思是商品、礼物和阴茎的词，这就已经提供了一个讨论通道，但如果我们还没有在他的母语中探索过其词义的话，这个通道就可能仍然有待打通。

若分析者做分析用的不是自己的母语(更不用说分析家不用母语做分析的情况了)，出现的困难就太多了。但是分析家应该特别注意的一个困难是语际现象，比如分析者说的某种语言中的一个词或名字的发音，在她说的另一种语言中有不同的含义或指的是另一个人，这样的“交叉”(crossover)词汇或者名字，在我与住在美国的说法语的人做分析的经验中，经常是释梦的关键(在说双语和偏向于说双语的人中，它们构成了梦工作中所使用的特别巧妙的伪装)，又比如分析家和一个不讲母语的分析者工作时，他必须尽最大努力去留意它们，并鼓励他的分析者也这样做。②

---

① 至于那类可能在一种语言而非另一种语言中才是的俏皮话，拉康(Lacan，1973，p. 47)说：“一种独特的语言只不过是其历史已经允许其在自身中坚持的模棱两可的总和。”

在分析中，笑声可以起到不同的作用，并且有不同的意味。正如我们会在这本书中看到的，此处我只想强调留意和询问伴随分析者作出的评论之后的笑声的重要性，因为这经常表明分析者想到了某些东西，而这可能比分析者才作出的评论更重要。我的一个男性分析者正谈到他会错过的是他母亲的死，他提到的第二件事是，当她起床后，他在她的床上小憩的时候，对床单上她的气味的享受。说完后他就笑了起来，我首先想到的是，他笑了是因为他觉得，在他已经二十多年来不曾在她的床上小憩的情况下，说这个太傻了。然而，他笑完之后，我还是决定问问是什么让他笑了起来。他指出，他突然想到有一次，在读了一些精神分析文献，而且发现他的母亲从来没有用母乳喂养过他之后，他公然指控她导致了自己的“口腔固着”。依据这个事实，特别令人吃惊的是，在之前的会谈中他已经把他父亲和自己的“口腔固着”联系在一起，并且指控他的母亲反对与他父亲有关的一切。如果我没有促使他这么做的话，他可能就不会想起导致他笑了出来且稍纵即逝的记忆。笑声是我们在精神分析中必须非常密切地关注的东西。

② 某些文学文本的译者也一定要留意它们。可以参考詹姆斯·乔伊斯的《芬尼根守灵夜》中的稍显荒谬的例子：“Who ails tongue coddeau，aspace of dumbillsilly”，把这句话大声地读出来的时候，听起来像法语“où est ton cadeau，espèce d'imbecile?”(你的礼物在哪，蠢货?)。这个例子拉康(Lacan，2005b，p. 166)有讨论过。

这样的词语不必完全同形同音，也不必在拼读上完全相同。在某个案例 30
中，分析者告诉我一个梦，他在那个梦里吮吸一个女人的脚趾。我没有当即假设那个大脚趾是一个阴茎的象征（当然，尽管我并不反对那种可能性），[1]只是问他，在他的母语中“big toe”（大脚趾）怎么说，他说出一个词，让人想到英语里面的“umbrella”（雨伞）。他马上联想到，孩提时有一次他感到很无聊，就开始把玩起一把顶部很尖的伞。他一次又一次地用伞的尖角插进脚边的软泥，但是后来插偏，戳到了自己的大脚趾，而且伤得很严重，以至于不得不去医院。在描述他把自己的脚趾伤得多么严重时，他口误了，本来是想说脚趾肿得很厉害（the toe was very swollen），但是，他一边在膝盖上方用夸张的手势来形容那是多么大，一边说成“雨伞肿了”（the umbrella was swollen）。在这种自己造成的伤害和一种自我阉割（大脚趾作为一个类雨伞的东西，能够被拉伸、收缩、吮吸，等等）之间的联系，取决于两种不同的语言中部分词语之间的关系。那个梦远比这一简单的联系复杂得多——联系于他的这种感觉，即他本应该因为和母亲过度亲密的关系而受到他的父亲惩罚——但是如果我未能询问他的母语的话，这种简单的联系就不会这么轻易得出。分析家不可能了解所有的语言、文化或习俗，因此如果他要搞清楚不同的事物、词语和活动对一个分析者来说意味着什么的话，他就必须得一再询问。[2]

上帝在细节中

> 精神分析涉及允许分析者详细阐述其自身之中的无意识知识，这些知识不在一种深度的形式中，而在一种癌症的形式中。
>
> ——拉康（Lacan，1973—1974，1974.6.11）

在和我督导的临床工作者交流的时候，经常令我吃惊的是，他们不能回答

① 见弗洛伊德（Freud，1905a/1953，p. 155，脚注 2）在脚注中的评论。

② 对于这个观点，可见拉康（Lacan，1988a，pp. 196－198）对他和一个北非患者在一起工作的描述，以及我对此的评论（Fink，2004，pp. 9－10）。

一些我提出的与他们的分析者有关的最简单的问题，比如分析者家人的名字，以及某些事发生的时候分析者多大。似乎在过去 100 年中，分析家已经慢慢
31 觉得名字和日期不甚重要；然而，重要的联系可以屡次在家人的名字和男友与老公的名字之间找到；分析者报告的一个发生在某一刻的事件，实际上是在比她最初记得的稍微早一点或晚一点时发生的，因此也使得该事件和分析者已经一再轻描淡写的另一事件保持一致。如果分析家没有费心询问事发时分析者的年龄或学校年级，那么也就不会在事件之间找到什么联系。

我的一个分析者告诉我，他在高中时做了一个“有意识的决定”，不去追求他真正想要的，并且认为没有男人可以得到自己真正想要的女人（他说他看到自己周围的人渴求他们的“理想女人”，结果却是带着失望，孤身一人。）我问他做这个有意识的决定的时候有什么事正在发生，他的回应是，自己什么也想不起来。我回想起，在回答我几周之前提到的一个问题时，他告诉过我，在他 14 岁的时候（和大多数人的初中生涯相符）发生了一件特殊的事，对他来说，那件事导致“一切都变了”。在之前的很多年，他和妹妹一直在玩性游戏，而且 14 岁时，他第一次在这种性游戏中射精。这件事发生的那一刻，他不知道自己是怎么了，他和妹妹似乎都对这件事感到相当震惊。他的妹妹再也不愿意玩这种性游戏了，不管他多想“赢回来”。似乎他有意识地决定不去追求自己真正想要的（在这个案例中，结果证明是，他真正想要的是妹妹和母亲），很可能是想在糟糕的处境中尽力做到最好。

尽管这个分析者有时强调他对自己和妹妹的关系的这种改变是多么烦恼，但在其他时候又淡化其重要性。我问他，是否这个有意识的决定实际上不是在这种改变发生的时日作出的。他向我确认了，这种改变发生的时候比那还要早几年。“至少我当然是希望如此，”他继续说，“不然（在和妹妹玩那种游戏的时候）我就不会只是个孩子了。”在后来的会谈中，他似乎觉得有必要更改他和妹妹关系的转折点的日期，从 14 岁改为 12 岁，这样他就不会感觉自己责任重大了，就不会觉得在那时他几乎就是个成年人了，“本应该懂得更多”。如果我没有追溯日期的话，就放任了分析者的防御（不认为自己几乎就是一个成年人了，且在“腐蚀年轻人”），就没能在他失去自己和妹妹的亲密关系与他放弃自己的欲望之间建立一个联系。要注意的是，分析者没有忘记在他和妹妹

的关系中“改变了一切”的事件，也没忘记他所做的“有意识的决定”。成为无 32
意识的，也就是说，已经被压抑的是两者之间的联结。而且确实，压抑经常是通过掐断两种不同事件或想法之间的联结而运作的。①

很快地，在下一次会谈上，他怀疑是否因为他视妹妹为自己的“理想女人”，才使得他引入另一个男人进入他的性幻想：直接幻想和他的妹妹在一起会是很忌讳的，并且会让幻想无法进行下去（在大多数幻想中大量的伪装是有必要的）。相反，他在自己的幻想中使她和另一个男人之间的关系充满了色情，就像他在青春后期把自己的妹妹介绍给他最好的朋友时所做的那样。他的性幻想中的男性中间人的角色，很长一段时间以来，一直使他很迷惑；14 岁这种联系使得他能够发现对此的一个最初解释，并且最终允许他的幻想找到其他的道路和组合。

得到我们想要的

> 发誓说出真相，并且只说真相，说出全部的真相，然而那才是不会被说出来的。如果主体有半点与之相关的想法，那（真相）恰好是他不会说出来的。
>
> ——拉康（Lacan，1976，p. 35）

众所周知，我们获得的答案在很大程度上取决于我们提的问题。如果我们要人们依据预先制定的一系列问题对它们的重要性来打分的话，我们可能就不那么明智了，因为我们可能并没有把正确的问题放在列表里，忽略了对他们来说是最重要的问题。如果我们没有在页面上留下一点空白，以便他们能够把自己的问题写在上面，我们可能就无视了对他们来说最重要

---

① 当然，重要的联系也能因为弗洛伊德所称的“延迟作用”而存在于想法、幻想，以及非同一时期的抑或是在时间或空间上接近的事件；见 Fink（1995，pp. 26，64）。

有一天，一个分析者告诉我，他妹妹为他口交过，那时他大约 8 岁；几周之后，他又告诉我，第一次有女孩为他口交是在他大约 16 岁的时候，但他并没有硬起来。我说，“但是它之前硬起来了，”他回应道，“哦，你是对的——你比我更了解我自己。”他显然从来没有在这两个事件之间看到联系；在这个意义上，我们可能会说，它们之间的联系或联结已经通过压抑作用而被打断了。然而，他对第二件事的反应无疑被他第一次的经验，且被两件事的中间阶段在他了解性之后，第一次的经验对他的意味所渲染。

的问题。

同样地，在分析工作中，我们最好的赌注是去问非常开放的问题，而不是
33 询问“那让你笑了还是哭了？”（一个普遍的回应是“都不是，那让我恶心！”）。与其提出 A 或 B，抑或 A、B，或 C 以供选择，我们通常应该尽最大努力去避免强行认为分析者会说什么。与其试图猜测分析者对一个情况的可能反应，简单地说，“然后呢？”或“那是什么样的？”或“你是怎么反应的？”通常要合理得多。（早些时候我提到过这种经验法则的例外，在那种情况下，需要询问的问题要清晰得多。）这使得分析者更容易以她喜欢的方式来回应。

我们构造问题的方式部分地决定了我们得到的回应：如果我们说，“那对你来说痛苦吗？”我们得到的回应可能就包含了“痛苦”这个词。反之，如果我们只是问，“那个怎么样了？”，分析者可能会强调某些完全不同的东西。我发现开放性的问题在处理梦和幻想的时候特别有用。有一天，我的一个分析者告诉我，他只能想起一个梦的零星片段，那是关于他的父亲和一个雨衣的片段。他确信，里面没什么东西可处理的，但是，我用自己一贯的风格问道，“雨衣是怎么回事？”他回答说“没什么”，十来秒的停顿后我问“没什么？”在这停顿期间，一个特别的雨衣意象在他脑海里浮现了出来，他很快就认出来，那是他父亲有一天在一个商店里一直穿着的雨衣，那时还是个小男孩的分析者意外地穿错了雨衣，不久之后，他发现自己在商店外面的停车场，和一个陌生人站在一起。在那一刻之前，他从未想起过这个故事是怎么结束的，但是突然他想起自己看到父亲在离停车场不远的地方，正朝他跑过来。他的父亲用胳膊把他拉了起来，然后抱住他，“有点像是他想要我……可能他终究还是想要孩子的。”分析者的母亲曾大费周章地说服他，他的父亲从来没有想要孩子，而这对他和父亲的关系已经造成了很不好的影响。

问题越开放，答案就越意外，越出乎意料，并且通常越有成效。

“我不知道为什么”

我不挖掘真相，我发明真相。

——拉康（Lacan，1973—1974，1974.2.19）

在一个分析的早期阶段，如果分析家问了很多问题，这至少部分是为了让分析者开始问她自己问题。因为，只有分析者已经开始提出她自己的问题，并且开始怀疑她自己的经验缘由时，她才真正进入分析。在这之前，她也会在 34 场，因为她的配偶要求她去，或者因为她的老板建议她去寻求帮助。她可能很合作，努力用心回答分析家向她提出的问题，但实际上她在那里，仍然不是为了自己，不是出于她自己的理由，也不是出于她自己的动机，要去搞明白某些事。

正如拉康(Lacan，2006，p. 251)所言，主体是一个问题，而我们只能确信，分析者在构想了自己的问题(或者不止一个问题)之时，她在分析中下了一个主体性赌注。是她在这个问题上的投注——不管这个问题是为什么她总是这么愤怒，为什么她发展出了这样的性取向，为什么她不能追求自己最感兴趣的领域或任何她想要的东西——会激励她通过梦、白日梦、幻想以及她的整个一系列的生活事件，来搜寻一些答案。甚至是在分析变得艰难或痛苦的时候，是这个问题让她继续分析。

这个问题因此是分析的如此重要的一个动力，然而对分析家来说，没有清晰的或准不会有错的方式，让分析者构想出这样一个问题。① 每一个分析者都不一样：有些分析者在到达分析家办公室很久之前就已经构想了一个问题；有些分析者似乎从未构想过哪怕一个问题(除了像这样的问题“我的配偶有什么毛病?”或“我们到底在这儿做什么呢?”)；还有些分析者在一段或长或短的一系列预备性会谈之后，能够被鼓励去构想一个问题。② 后一种情况中，分析者在分析家已经明确或含蓄地屡次提出“为什么?”(你觉得为什么你把一个比你年轻20岁的男人视为一个父亲般人物? 你觉得为什么你一直和他陷入争论中? 为什么在你第一次去戒酒的那天，你觉得自己不得不把你酒精中毒的事情告诉你的母亲?)之后，会把这种提问方式据为己有。分析家在会谈期间提出的特殊问题，在会谈的间隔期内，日益被分析者沉思，并且最终分析

① 弗洛伊德假设，分析的动力是患者想康复的意愿，但是我们经常发现，患者首先只是希望让事情变回之前的样子，而不是真正地想变好(见 Fink，1997，第一章)。

② 分析者之中的这种广泛差异，意味着分析家试图激起分析者的兴趣以及让她对精神分析极其多变的冒险入迷的开场招式，不像开场走法相当有限的象棋。

者似乎采取了一个由她自己提问的立场。① 在对一个梦进行联想时，她回想
35 起一个过去的意外，并认为"我不知道为什么我在那时有那样的反应"，并且自问为*什么*她那样做了。

在某种情况下，似乎分析家一再询问"为什么?"，因而就和一个想知道原因的欲望联系了起来。拉康(Lacan，1998a，p. 1)暗示，我们一般的生活态度是一种不想知的意志：不想知道什么使我们烦恼，不想知道我们为什么这样做，不想知道我们背地里似乎在享受什么，不想知道我们为什么这样享受，诸如此类。一种强烈的动机，一个相当大的投注，是我们要用来克服不想知的意志的，而分析家最棘手的一个任务是，找到一种方式，在他的分析者身上激发出这样一种投入。可能至少部分是分析家想知道的意志，正如在他的连续问题中得到证明的那样，才在分析者那里激发出一个想知道的欲望；是他坚持提问，才使得他成为分析者的怀疑之因，成为分析者想知道为什么的欲望之因。②

---

① 持有其他精神分析观点的分析家可能会用其他方式来描绘这种特性——例如，分析家被分析者内摄性认同或内摄，或在分析者身上培养一种"观察型自我"。出于在第五章和第七章中会是很明显的理由，我在这里更倾向于参考 Lacan(2006，p. 628)的著名陈述，"人的欲望是大他者的欲望。"

② 正如我在其他地方(Fink，1997，pp. 11 - 14)所表明的那样，是在分析者构想她生活方向的缘由的广泛问题的这一点上，标记了预备性面对面会谈的结束；换句话说，这时候，分析家应该考虑让分析者使用躺椅了。

当然，在想要开始指向会谈中能够以及不能被谈论的东西时，分析家必须小心不要问太多问题。要处理的一般话题和会谈的方向应该由分析者提出，除非她明显在回避重要的工作。

第三章
标　点

缺乏标点是歧义的一个来源，这是事实，而且在符号性书写的手稿研究中是显而易见的，不管是《圣经》还是中国的典籍。标点一旦被插入，意义就出现了。改变标点会更新或扰乱意义，而且不合适的标点会扭曲意义。 36

——拉康(Lacan，2006，pp. 313 - 314)

说话者停顿在某些点上，强调某些词语，略过或含糊地带过某些词，重复特殊的短语，这可以被看作是在提供他自己话语的某种标点，类似于书写文本中的标点。从某种意义上说，这种预先存在的标点，对应于说话者自己暗示的对他话语的解读，对应于说话者自己赋予其话语应有的意义。有时候，这种预先存在的标点只允许我们有一种解读，而这甚至对说话者来说，都是肤浅且无趣的(从这层意义上讲，它太易读了)，但还有些时候，这使得文本无论怎样都很难读。听者有时面临的是，(说话者)喃喃自语(这让一种特别重要或敏感的要点很难被听到)；选择性强调陈述的某一部分，但似乎另一部分才是更重要的；或者先是有条不紊地谈论一些无关紧要的话题，紧接着长篇大论更敏感的话题(话讲得相当急促，似乎是在掩饰一种想隐瞒的愿望)。此处预先存在的标点似乎模糊了讲话者的意思，或者使他的话听起来像是，只有他想要传达的意思才会在他的话中显现出来。

分析家试图让分析者讲得慢一点，让他把自己低声咕哝的词清楚地重复一遍，以及解释得更全面一点，由此试着使那种预先存在的标点有所转变。有一回，我的一个分析者放了一个句号在评论后："我的哥哥一点都不重要。"为 37

了把那个句号变成逗号，并鼓励分析者详细解释那个评论，我用一个探询式的“嗯?”来回应他，这让他停顿一会，然后说到一个朋友曾经告诉他的某事已经发生在他身上了:“我恨我的哥哥，为什么我不该杀了他?”加上一个问号(正如我们在第二章中看到的)可以引出额外的一个更进一步的陈述——这完全逆转了先前陈述的意思(一个人可能非常想杀的某人似乎是“不重要的”)。

分析家的部分任务是去提供一个略微不同的标点，引出分析者的言语“文本”中之前并未显现过的意义。如果我们用不同的方式标点的话，像《圣经》或亚里士多德的作品那样的文本——在它们的早期形式中，常常是没有什么标点的——可以有相当不同的理解。并且有关它们的正确翻译的争论，已经持续了几个世纪了。我们不必在分析情境中带着这种假设，即对于分析者的言语，有某种正确的标点或翻译。然而也不需要推断某些标点方式比其他方式要更有效。我们着手处理的是分析者提供了现成标点的文本，并且试图以一种动摇或打乱分析者本来想表达的意思的方式去解读它，因而会在分析者那里引起变化。

对 准 压 抑

> 我们利用自由悬浮注意，去听分析者所说的，有时候仅仅是听到一种含糊话，换句话说，一种实质等式(两个词或表达听起来恰好一样)。我们意识到，他所说的可以有完全不同的理解。而且恰恰是在用完全不同的方式去听的过程中，我们才使得他可以从根源上感知到浮现出来的想法:它们仅仅是从外在(ex-sistence)的呀呀儿语(llanguage)中出现。呀呀儿语外在于别处，而不在他眼中的世界里。①
>
> ——拉康(Lacan，1973—1974，1974.6.11)

我们怎么知道要给什么标点呢?毕竟，分析者所说的话非常广泛，哪些才

① 在拉康的作品中，呀呀儿语是个复杂的概念，除了说这是使得两个词(比如 sects 和 sex)在被讲出来的时候听起来恰好一样的东西以外，我不会在这儿深入讨论这个概念。

需要标点呢?

因为精神分析家处理神经症的全部策略中的一部分(曾经分析者给予分析家极大的信任,因为后者在专注地倾听)是对准压抑,简单地说:我们可以给任何(以及潜在的每一个)无意识表现标点,更确切地说是:重申,用强调的语气重复,或者在句子后面着重地"嗯"。[①] 相比分析者通常的口误或者突然忘掉自己要说的话,这一类的例子要多得多,但是令人惊讶的是,从业甚久的人听不到,或者甚至不去跟随这些极其明显的(无意识)表现。 38

这里有很多其他的明显的或者不甚明显的无意识表现的例子:

· 分析者经常要说某些词,然后又中途停了下来,接着又用了一个新词,有时这得考虑另一种解读。比如,我的一个分析者,她表面上是想说"exasperated"(恼火)的时候结巴了,而说成"ex-,ex-,ex-...exasperated",这可以被解读为一种坚持(虽然是无意识的),她恼火的是被她正在谈论的那个男人甩掉了,因此已成为他的前女友(ex-lover)。

· 词经常从一个错误的位置开始。我的一个分析者开始说"my behavior"(我的行为),但是漏掉了"behavior"中的"be"。就在他说了某个听起来很像"my hate"(我的恨)的词后,他意识到了这一点然后停了下来。因为这有点延伸("hav",在发音上像"haven"(避难所)的第一个音节,听起来很像,但又不完全像"hate"),假如分析者没有明确表明,他对自己正在谈论的那个人怨气冲天,我可能就不会对此标点了。然而,这非常有效果,使得分析者意识到了自己对那个人最小化了的公然愤怒。

· 话经常在讲出后,声音却逐渐减弱。我的一个分析者在谈论他母亲时说"my mother is pretty,pretty,pretty..."(我的母亲很非常,非常,非常……)因为他停顿了很有一会儿(结果证明是在找"prosaic"(乏味)这个词),所以我说了一句"Your mother is pretty?"简单地中止了那句话。通过强调说话者并

① Gill(1982,p. 63)把中立定义为"对患者的所有产物——也就是说,患者在会谈中所说或所做的一切——给予同等的注意力"。这种对无意识的聚焦应该清楚地表明,对有效的精神分析工作来说,中立这个概念是多么不合适。吉尔自己对任何有点像转移的东西——不管是以影射还是阻抗的形式出现的——给予比其他东西更多的注意(见第七章),这暗示他自己的方法绝非是中立的。

39 没有强调过的词和表达，我们让同一文本有了不一样的解读，并鼓励说话者注意这种不同的扭转，且加以细说。

说话者经常会用某种方式开启一个句子，然后做下列的事情中的一种：

- 在句子的中间停了下来，然后开启了关于一个不同主题的新句子（例如，“我真地想……不管怎么说，关键是……”）。在这种情况下，我们必须试着让分析者把最初的想法讲完——最初的想法似乎已经被他避开了或者审查了，稍微谈起，就可能已经遭到了他的反对。
- 在句子中间停了下来，并且重构了句子，虽然可能保留了同样的想法，却始终回避最初准备好了的句子中正要被说出来的东西（实际上，不管那是什么样的句子，都提前在说话者的心里准备好了）。再次，我们必须在这一点上试着让他再讲完最初构想的念头。

显然，有些人在说话的时候，几乎是系统性地改造了他们的句子，但是这并不能说服我们认为是除了回避之外的某些东西在运作。回避和拐弯抹角在他们的讲话方式中，相比于其他人，可能就是更常见的。①

事实上，正如我在第一章中提到的那样，分析家必须警惕地侦察言语中所有形式的回避，不管那种回避是通过省略（在一个句子中故意或无意漏掉某些词），遁词（使用一种费解的表达形式，而不是想到的词语或惯用表达），还是任何其他修辞手法达成的。

回避意味着故事的一部分正在被省略，而确保丢失的部分尽可能被还原到最完整的程度是我们的责任。尽管讲述一个完整的故事（正如 Lacan [1973，p. 8]所说的，讲出“全部的真相”）从来都是不可能的。然而，鼓励分析者在特定时刻尽可能多地讲出故事是很重要的。不这样做的话，就是分析家这边主动追寻被压抑之物的所有信号和迹象的一种失败，这根本上等同于分析家对分析进程的阻抗。在这种意义上，可以理解为分析家反转移的重要部分。（见第四章和第七章）

40 对于陈述前面的否定声明，比如“这里有个对你来说是荒谬的想法，”“恰

① 已知某些美国政治家在演讲的时候习惯性地重构句子，这也许应该被当作是他们直率（或不够直率）的依据。

好想到最愚蠢的事，”“我确信这是无关紧要的，”或者“这完全是不相干的”，应该总是给予最大的注意(要注意，非言语线索，比如表达厌烦的呵欠，或一种完全平淡的口吻，就很容易用作否定声明)。这样的否定声明经常发生在这种情况中：分析家强调了某些东西或者作了个解释，而分析者陷入了片刻沉默后，分析家问到一般问题“你在想什么?”的时候。分析者好像不愿去想自己沉默时都想了些什么，且常常淡化其重要性。只要他认为自己想到的念头是“愚蠢的”“不相干的”“不大可信的”“陈词滥调的”“荒谬的”或“唐突的”，分析家就可以确信事实并非如此。拉康(Lacan，1998a，pp. 11－13)甚至认为，恰恰是这种愚蠢才是我们要分析的。这样的词语是用来防卫分析者认为是不适宜或跑题的，因而不愿提及的想法。

一个想法最初看起来是对当前话题的一种分心或绕行(“我又在想我的老板”)，但经过探索后，经常被发现是十分贴切的——毫无疑问，这正是分析家标点或解释后，在分析者身上出现这样的情况的原因。不必把这样的否定声明视为分析者这边的“不诚实”或“故意的”阻抗。分析者常常被出现在治疗的特殊时刻且看似无关紧要的意象、想法和感受所愚弄，并且——遵循日常交流的惯例——试图停留在话题上(分析家必须试着打破他的这种适得其反的习惯)。

与否定声明相似的那种策略，可以在分析者为了淡化其重要性而随意作出的评论中找到。在一个会谈的早期，分析者可能随口说某个梦一直是个噩梦，但在描述梦的时候却没有提到任何噩梦元素。只有在分析家提醒分析者他在早些时候的评论时，他才具体说明其噩梦的性质，或者才描述被忽略了的噩梦部分。分析者像是采取了一种策略，告诉分析家某些重要的事，然后又试图将她的注意力引向别处，就像是在说，“请不要让我谈这个”。换句话说，分析者似乎既想又不想她注意到某些东西，因此分析家务必总是站在分析者想要她注意这些东西的这边(而不是站在分析者的防御的那一边)。

有时候，对梦中的一个事件或人物的重要联想，可能会出现在分析者离开 41
椅子或躺椅，且正要出门的途中讲出的只言片语里，那时他认为这些已经来不及加以讨论了(那些实行弹性时间会谈的人，可能更偏向于在那个时候让分析者坐下来或躺回来，延长会谈。见第四章)。如果在下次会谈中分析者自己没有提起或看起来已经忘掉了的话，那么分析家一定不要忘了提醒分析者。

在梦被首次描述的时候，其中某些部分被省略掉了，并且只有在会谈期间联想进程已经开启之后才能想起来，这些部分通常对于理解这个梦来说特别重要。类似地，在和分析者的分析工作已经跨越了最初阶段之后，与其不得不主动鼓励分析者联想梦的每一个元素——这需要分析家做大量的工作，并且经常得持续好几个月，否则分析者很可能会在试图解释他的梦的过程中走捷径——分析家可以将自己限制在鼓励分析者联想那些他并未自发联想的梦之元素上，从而*强调他的联想与解释工作中被忽略了的部分*。是这种持续强调故事（叙述一个特殊事件、一个家庭动态、一个梦、一个幻想，或一个白日梦）中被省略了的部分，才使得分析家能够继续对准压抑。①

无端的否认和过分强调的断言

> 否认也是一种承认。
>
> ——拉康（Lacan，1974—1975，1975.3.18）

分析家通常应该标点的另一类陈述是我所说的“无端否认”。在这种形式的否认中，分析者坚持认为某些事情不是那样的，尽管没人宣称是那样。我的
42 一个分析者曾说，我们上一次会谈之后，一段记忆涌上来，但他又忙不迭地补充道，“我不认为这和我的性取向有什么关系。”然后他接着说，在他 6 岁时，他的堂兄弟姐妹一再跟他说，他很快就会变成一个女孩，并声称先前他们也有过变性家人，大约就在他这个年纪性别改变了。他们让他发誓保密，让他承诺不要跟他母亲讲这个。这样做似乎一点都不为过：去掉他无端否认中的“不”，并把这解读为好像他自己在某些水平上认识到，他在那时承认令他相当痛苦

① 在这里我讲的好像是一个故事中被省略掉的部分，实际上是被压抑了，然而压抑通常涉及的要比分析者讲的所有的故事中被省略的部分多得多，不管是对分析家还是对他自己来说。尽管如此，我认为这种见解——任何特别的句子或故事中被省略的部分是被压抑了——有很多启发价值，正如一个脚注和对应的文本之间具有某种被压抑的联系。不过严格来说，对于这种情况，正确的术语应该是*抑制*（*suppression*）。

的事件，在他当前的性取向中起到了一些作用。

在这样无端否认的情况中，我们总是可以问，为什么某人在耗费时间和精力去否认某些事，而实际上没人以任何方式在当前语境（在此种情况中，指的是分析语境）中暗示或断言过事情是这样的。有人会反驳说，考虑到他对精神分析家的了解，分析者只是试图抢先一步得出他假设分析家会得出的结论。某些分析家可能真的这么认为，然而这想法是分析者先想到的，虽然是以一种拒绝或投射的形式——换句话说，被赋予稍后和他一起谈论这种想法的那个人——而且实际上，在刚才提到的那个分析者的情况中，是他自己一开始就把这种想法投射给我的（我甚至还没有听过这个故事），而这很可能和他当前的性取向有关。

这样的无端否认在日常生活中和治疗情境中都很普遍：开场白“不是我说你，但是……”就是一个非常明显的警告，也就是说，你的对话者打算批评你，正如开场白“我不想太残忍，我只是想说……”明显地表明了，你的对话者知道他（她）实际上想残忍点，至少在某种层面上。

与无端否认类似的是我所说的“过度强调的断言”。在这种情况中，分析者（或政治家、企业领导、其他人）如此强有力且一再肯定某些事，以至于听者开始怀疑这是为什么：如果讲话者如此热诚地相信他正在说的话，为什么他觉得自己有必要这么明显地强调这个。我的一个分析者说，“我绝对以及肯定记得，而且是明白无误地记得……”这让我怀疑，他实际上可能不是这么确定他记得自己声称记得的东西；没有迹象表明我有所怀疑，因为这是他才开启的一个新话题，而我根本不知道他要说什么。在这里，再一次地，讲话者似乎在“欲盖弥彰”（protest too much）。*

脱离语境

（精神分析是）一种基于外在的无意识的实践。 43

——拉康（Lacan，1973—1974，1974.6.11）

* 莎士比亚的台词，是此地无银三百两或者欲盖弥彰的意思，根据语境也可以翻译为解释就是掩饰。——译者注

标点某人话语的明显方式是逐字重复给他听，因此可以说是，高亮(highlight)它，画线标注它或强调它。有时候仅仅是听到别人重复完全一样的词，就会使这些词得到充分理解，这使得它们可以从不同的角度被听到。而在其他时候，只把分析者话语中的某些词重复给他听，可能会更有帮助，从最初的语境中只提取出一两个词，来强调这种事实：比如说，分析者用来修饰她的爱人，和他几分钟之前用来修饰她的母亲的讲话方式完全一样。

很多惯用表达有多重含义，并且只有重复分析者陈述中用到的惯用表达，才能使句子的意思得到不同的理解，不同于分析者最开始打算表达的意思。例如，我的一个分析者在描述梦，“在梦中，我正拿着某样东西，跑过去递给她，”我只是重复“递给她”，同时想起，那个短语在分析者的性幻想中很重要(在那个幻想中，某个难以看清的人，叫他和一个女人发生性关系)。分离出那个表达，使得分析者可以不那么老是想着他梦中之物的神秘之处，以及把它当作礼物给别人可能意味着什么，而是去考虑那种表达的某种比喻意义。

在另一个梦里，那个分析者看到了他认识的一个女人，并注意到她正穿着一件红色的短上衣。然后他往下看，“就好像我想把红色从她的上半身移向下半身，就好像我想看到红色(see red)一样。”see red(看到红色/发怒)显然也意味着生气，明显更合理的是，只重复分析者陈述中的那些多价性的词而非全部。(在这种情况下，分析者自己注意到了双重含义，因而发现了观念间的一个重大的联系。)

有时候，并非惯用表达本身是歧义性的，而是它们出现在分析者的语法表达中的方式才是。比如，我的一个分析者在谈论他和妻子的关系时，说到我正试着“earn her keep”。当我问“Her keep?”时，他意识到，由于并不清楚
44 他是在说他正在试着让她留住他(to be kept by her)，还是为她付账(to pay for her)，因而通过这样一种方式，他已经扭转了句子的含义。过了一会儿，那个分析者谈起了另一个女人，并抱怨说“她对我的关心(Her regard of me)正在减少(withering)。”当我回应道“Withering?”他既听到了性暗示，也听到了自己想表达的意思(这可能只有在语境中才能显示出来)——她对他的好感正在减弱。他随后意识到，regard也能被理解为注视或看：被她看着会使

他萎缩(wither)。①

一个冗长复杂的梦，分析者最初声称只有一点或没有什么联想，对于这样一个梦，通常很有用的是，去强调描述中的词或短语——由于它们的多义性，因而可以从几个不同角度来理解。在分析者告诉我的一个详细的梦中，有好几个场景，在某处很多僧侣围坐在一个圆桌边上，彼此唱着一首快乐的歌，但是他说其中有一处“跑调了”(a false ring to it)，“圆桌”显然可以引出几个不同的思路，但是，是“false ring”这个词，在我重复给分析者之后，引出了关于他婚姻的好几次会谈材料：导致了婚姻问题的外在环境(签证问题)，他临时买的那种假戒指(false ring，银的而不是金的)，且最后被换成一个金戒指，但后来在一场火灾中丢失了，等等。他说，“我们没有把这当成一回事。”他暗示自己想逃离婚姻制度——这让他联想到自己的父亲。尽管他的父亲总是说，“你得快乐”，这对分析者来说不像那么一回事——相反，这似乎是“他为了(家人) 45
而刻意摆出”的一张快乐的脸。对于分析者来说，成为一个丈夫意味着变得像他的父亲那样：没有性欲，喜欢居家生活，一个无欲无求的、友好正派的社区分子。而且确实，尽管分析者和未婚妻在结婚之前就已经对彼此充满激情，但他后来觉得她不再有吸引力了。把潜在多价的词“false ring”从语境中提取出

---

① Casement(1991)提供了一个把分析者所说的话从语境中提取出来的有趣的例子：

如果一个患者说“我的老板生我的气”(my boss is angry with me)，这可以简单地抽象为“某人生某人的气”(someone is angry with someone)。谁生谁的气，还不明朗……这可以是一种对事实的陈述，客观地报告；可以是对患者投射给老板的愤怒的一种指涉；可以是一种对被置换了的转移的指涉，即治疗师被视为愤怒的；或者这可以是对患者在生治疗师的气的一种潜在指涉。(p. 37)

大体上，Casement 只是把生气这个词从语境中提取出来了，这使得它刻意被用在他可以想到的尽可能多的方面。我想补充说，当分析家以这种方式把词或短语从语境中提取出来，然后重复给分析者时，分析者经常会说“那实际上是我的母亲过去经常使用的一种表达”等诸如此类的话来回应。

注意，通过把词和表达从语境中提取出来，分析家只是逆转了在梦的构造中的无意识所做之事。正如 Freud(1900/1958，pp. 165－188)告诉我们的，梦利用了“日间残余”，比如某人前一天说的话或在某处读到的句子，然后用不同的手法改写它们，以便伪装梦实际上要表达的东西。当分析家把它们从梦的显内容语境中提取出来时，她使得分析者能够回想起它们在日间残余中的起源，这些日间残余可能包含了分析家，但不应该假定所有情况都是如此(这只是众多情况中的一种可能)。

来后，引出了先前未被讨论过的大量材料，以及对他的理想婚姻的讨论，那是对“一个特别的人”的保证，那个人“会治愈我，使我完整……使我可以自在地做我自己。”

欢迎“不连贯性”

> 无它，唯有修辞。
>
> ——拉康(Lacan，1974—1975，1975.1.21)

把自己局限在标点无意识的表现上，当然是分析家能够采用的最安全的方法，因为这最小化了她自己想做的事——比如想要患者特意地意识到某些东西，到达一个特殊点，或者达成某个目标——的影响，而且最忠实地把分析者的无意识当作治疗过程的一个向导。

然而，在分析之初这种表现有时不足以用来标点；某些患者在会谈早期只有很少的口误，并且声称想不起梦、白日梦或幻想，几乎没有什么可以给临床工作者来标点的，因此除了表现出她正在专心倾听以外，并没有其他明显的参与方式。

那么，分析家要强调、重复或标点什么呢？任何暗示了分析者跟分析家讲话时正在极力讲清楚的东西。例如，分析者可能会说，“一言难尽，”然后开始改变话题；或者说，“但是那不是我想说的”。这样的话表明了在患者对他的某些生活故事的联想和想法——在患者记起他正试图表达的观点时，这些联想和想法会受到审查——中的一种漂移(可能不是有意的)。在这种情况中，一种想保持连贯性和不要突然离题，以及向分析家尽可能清楚且合理地描绘自己的有意识意图，开始覆盖患者“更自由”的联想方向，分析家最好是鼓励患者跟随那种漂移——这种漂移含蓄地暗示了分析家无论如何也不用要求分析者
46 讲得有连贯性。是分析者的自我在强迫他的想法和言语要有连贯性，然而是他的“自由联想”(在更深的意义上，它们归根结底是不自由的)才使得我们可以一瞥被压抑之物。

我们并不假设分析者心灵单一——事实上，我们假设分析者被矛盾的想

法和欲望占据，有些是有意识的，有些是前意识的，还有些是无意识的——而且当分析者的自我试图迫使他讲得连贯且一致时，我们当然不想和其自我串通一气。当不一致性出现的时候（不管分析者是在讨论他在某次会谈过程中的，还是在两次会谈间隔期的感觉或欲求时自相矛盾），我们不在任何意义上指责分析者前后不一致。实际上，我们努力强调他不只有单一心灵的状态，正如拉康（Lacan，2006，p. 693）所说，这就是他作为一个“分裂的主体”的状态。

分析家作为艺术家

> 从一开始，（我们的任务就是使）主体的话语在其上构成乐谱的三四个音区（显现出来）是可以被阅读的。
>
> ——拉康（Lacan，2006，p. 253）

可以说，一个优秀的画家与他人看“同样之物”，却看到不一样的东西，并让我们也能看见。画家揭露了（使其可感知）我们之前没有见过的某些东西。在梵高那里，这可能是一双旧鞋子中的人性；在莫奈那里，这可能是夏日骄阳照射下的花园中闪耀的颜色。一个摄影师做某些类似的事来处理光和纹理：她使用胶片、滤镜、快门速度，以及光圈调校让某些就在那里的东西显现出来——可以说是，就在那里等待被看到——但是没有她的帮助就无法显现。一个新手音乐家以一种算得上正确的速度，努力演奏活页乐谱上的曲子，但是熟练的音乐家在同样的乐曲中（就像本书封面上巴赫的《赋格曲》一样），通过变化的速度和轻重音，巧妙含蓄地表现出多重旋律或声音。

那可能也是思考我们作为治疗师该怎么做的一种富有成效的方式：我们使某些就在那里等待被听到的东西显现出来，而且没有我们的帮助就无法做到这一点。就像我的一个分析者曾提到的那样，他的欲望像低语，心杂音，如此微弱以至于没人曾听到过，甚至他自己在开始分析之前也未曾听到过。

第四章

切分(弹性时间会谈)

47 一次会谈的结束只得由主体经验为他前行的一个标点,我们知道他是如何计算它(会谈结束)的抵达时刻,以便把它和他自己的计划,或者甚至是和他的逃避策略联系起来,也知道他是如何把它视为一个针对自己的武器,并在他想寻找一个庇护之所时,为了提防它而提前行动。

——拉康(Lacan,2006,p. 313)

英语世界所知的所有的拉康概念中,切分(scansion)可能是其中既广为理解又很少被理解的一个。就它广为理解的意义上来说,很多人知道这指的是分析家结束一次会谈的行动,在某种情况下是一种突然结束(理解拉康概念的本质的人可能并不多)。但是,就它很少被理解的意义上来说,似乎很少有人可以说切分为什么以及是如何被采用的。事实上,我在美国的精神分析机构演讲时,讨论总是会从我的演讲主题转向弹性时间会谈,并且有时候,直到我问听众中是否有人想问除切分以外的其他问题时,才能离开这个主题。

在本章中,我会试着解释为什么采用切分的一些原因。那么就让我通过试着厘清一些误解来开始吧。弹性时间并不必然意味着,会谈比同一地区的其他临床工作者采用的任何标准会谈时长更短,不管他们采用的是 30 分钟,40 分钟,45 分钟,50 分钟,还是 55 分钟。所有这些会谈时长被不同地区的不
48 同的实践者(并且经常是被同一个国家,甚至是同一个城市的不同的实践者)当成一种标准。然而,似乎还没人对这种变化表示惊讶[1]。

---

① 毫无疑问,只要每个实践者都采用一种标准并且坚持不懈,这种治疗框架的信徒会很满意。

至少在理论上，可变会谈时长使得分析家可以延长单次会谈时间，超出任何已制定的会谈时长(正如弗洛伊德[Freud，1913/1958，pp. 127－128]暗示，他自己有时就这样做)，以便继续正在有效取得进展的工作；这至少相对来说，是为了完成对一个幻想或梦的解释；为了推进分析者的分析工作，尤其是那些不管出于什么原因(不管是因为他(她)使用的不是母语，上年纪了，讲方言，还是仅仅因为个人习惯或能力)而讲得特别慢，或者对当前主题很慢热的分析者；或者，在很不一样的情况下，是为了挫败分析者，因为后者为会谈有系统地准备了大量材料，以便没有什么计划之外的、自然产生的，或令人惊讶的材料出现，或者只在走出分析室的过程中才抛出重要材料。在一个分析的最初几周中，我自己很少在 45 分钟之内结束会谈，并且开始的几次会谈经常超过 75 分钟，以便我尽可能完整地获得分析者的生活面貌(这让我可以快速决定我们是否能够一起工作，以及如何确定治疗方向，并允许分析者很快地体验一下我们可能会一起进行的那种工作)。随着分析的展开，会谈时长确实倾向于降低到一定的程度(和一些分析者一起的时间比其他的分析者要减少得更多)，但是偶尔也会有超过 45 分钟的会谈。

我有时听到的第二个误解是，认为拉康建议分析家专横或随意地结束或切分(scand)会谈，这(scand)是我采用过的“scansion”的动词形式，在法语“scander”的基础上构造出来的，因为动词 scan 在英语中有如此多的其他不相关的意思。相反，拉康建议，可以的话，要在最不同寻常时刻结束会谈——也就是说，当分析者说出了最不同寻常的话或问题的时候。不要觉得这是在暗示，观点、陈述或问题需要在意义上不证自明，或显而易见。经常地，分析家在其上切分会谈的陈述或问题可以有多种理解，而且所有这些陈述或问题都留给分析者在那次会谈和下一次会谈期间去思索。在这样一个点上切分会谈，是为了推动分析者在两次会谈间隔期内的分析工作，不管是有意识地还是无意识地工作。我们不仅会更记得自己最后听到(自己讲)的话，而且一个未完 49
成的任务经常要远比已完成的任务更能占据人心(这在心理学中被称为蔡加尼克效应)。一个多义的、歧义的或费解的陈述相比明确的、格外清晰的陈述，常常在推进分析进展中有用得多。这里的目标是确保分析者在会谈之外而不仅仅是在会谈之中做尽可能多的工作，因为分析者自己的联想和得出的解释，通常要比分析家作出的更有说服力。[1]

*切分只不过是一种增强版的标点。*分析家结束会谈的时候，他实际上正在打上一个句号、感叹号或问号，不仅仅是在一个句子的末尾或一个段落的结尾，而且，是在文本的一节或一章的结尾。因此，“你怎么知道何时切分会谈？”这种问题和上一章中讨论的问题密切相关，即“你如何知道在会谈中给什么标点？”

为了举例说明，我会提到我做过的几个“增强版的标点”。有一次，一个分析者谈起自己认识了25年之久的“大好人”。而在那次会谈的早些时候——实际上，是在这之前的好几次会谈上——她一直在谈“爱一个人”对她的重要性。在谈论这个“大好人”相当长一段时间后，她说他们之间有一种亲密，一种“满足”(contentment)，只不过在她本来想说“contentment”时，结果说成了“contention”(争论)；她很快就意识到了这个口误，并且大笑了起来。我在那一刻结束了会谈，以便强调我们在之前会谈中已经略加讨论过的某些东西：她的众多关系都有竞争和对抗的特点。

50 她的口误说出的东西几乎和她“想”说的正好相反，并且这不是那种意义从一开始就相当不明确的口误，而必须得由分析者非常详尽地联想和拆解。相反，她的笑声表明，她听出了她实际上所说的，和她正试图描绘的他们的关系面貌截然相反。我发现无意识的这种表现——这出现在对某事的稍显漫长

---

[1] 促使治疗越来越短的推力——尤其是近年来由保险公司和政府资助的诊所开创的，以及各种学派的治疗师或多或少情愿遵从的——几乎必然会破坏分析进程。治疗师被鼓励去“通过*解释*给予洞见”(Malan，1995/2001，p. 3)而非允许分析者自己有时间去构想解释。从洞见和知识来自其他人而不是她自己的这种意义上来说，这延长了主体的异化。此外，这通常忽视了弗洛伊德(Freud，1925b/1961，pp. 235－236)的一个基本洞见：关于某些事物的知识(当前事物与过去事物之间的联系，或者被遮蔽了的、被遗忘了的情感)并不必然导致“压抑的解除”，分析者通常说，“我非常明白x，y和z，但是一切照旧。”或者“但是我还是在那样做。”仅仅是因为一个人可以明确地表达关于某物的抽象或有意识的知识，并不意味着问题已经解决了，正如弗洛伊德(p. 236)所说，“这种后果是对被压抑之物在智力上的接受，与此同时，压抑的本质仍在坚持。”有不同类型的知识：关于某些事物的抽象知识一点也不像是能够深刻感受到的，也就是说，能用一种新方式去体验它。弗洛伊德(p. 236)指出，我们有时甚至成功的“引起了对被压抑之物在智力上的全然接受，但是压抑进程本身并没有因此而被移除。”索绪尔(Saussure，1916/1959，p. 68)理解了某些类似的东西，他说，“挖掘真相，通常要比把它分配到正当的位置容易得多。”

除了强调最突出的时刻之外，切分也有其他用法；例如，可见Garrad(2000)。

的讨论之后——对于何时结束会谈是相当有用的提示，因为它们倾向于刺激分析者思索她自己的冲突。

在另一个案例中，分析者来寻求治疗，是为了决定自己和佛教的关系，后者是他的一种修行与生活方式(他发现这尤其与他的性生活相冲突)，几个月的分析后，他让我想起，他所说的开始分析的“理由”，是为了成为一个更好的佛教徒，“是为了驯服(to tame)精神。”在说这个的时候，他误说成了“to time”，而这在发音上和“two-time”(译者注：指的是对情人或爱人怀有二心)是一样的。当我把“to/two-time”重复给他听的时候，他停顿了一会儿，然后说，“那么我现在正和你一起欺骗(two-timing)佛教……或者是和佛教一起欺骗你?”我在那一刻结束了会谈，把他提出的那个问题留给他自己去思索；实际上，他确实思索了，并在下次会谈一开始就提了出来。

在会谈中有那么多适合切分的不同时刻，以至于不可能列出哪怕其中的一小部分(更进一步的例子可见于后面题为“会谈的内部逻辑”的章节)。在我举出的例子中，我显然只适当地提供了分析中进行的工作的极少轮廓，既然对个别案例的诸多解释无法使某些读者确信切分的适当性，那就让我转向更一般的问题吧。

切分和“治疗框架”

> 我们在严格应用这种规则——会谈应该有一个规定的时长——这所表明的是我们的干预可能是无所作为的。但是这种无为要有一个限制，不然我们就没法干预了——那么既然干预可能是无为的，为什么还要给其特权呢?
>
> ——拉康(Lacan，2006，p. 314)

尽管所有的分析家都以各种各样的方式标点(显然，他们并非都采用完全一样的标点技术)，尽管我从未听说过某个分析家反对拉康的标点概念，但是很多分析家却对切分持异议。在他们中的大多数人援引我待会将提到的“治疗框架”的重要性之时，很多人已经向我表达了一种担忧，即他们自己 51

会在无聊、疲惫、恼怒，或仅仅想做其他事的时候切分会谈，这让我觉得，每当他们在分析中*以任何方式*干预的时候，他们不信任自己的动机。他们认为固定时长会谈可以有效地约束自己，就好像他们觉得自己不能被信任去采用那么重要的标点技术，而且觉得他们的分析者需要一个对双方都有约束力的法律来保护，以免因他们自己的不靠谱而受到伤害。如果他们对自己在可能会推进分析进程的关键点上切分会谈的能力，只有这么一点信念的话，那么他们对自己给分析者话语中其他潜在重要部分的标点能力的信念，很值得被怀疑。

我怀疑，他们对自己有效标点的能力缺乏信心——不管是将信将疑还是完全不信——和当代分析家对分析是如何以及为什么有效的观点的巨变有关：与其如弗洛伊德(Freud，1916—1917/1963，p282)所做的那样，强调填补分析者的历史和自我理解上的空白，或者如拉康所做的，强调只有象征界才有治愈的可能，当代分析家经常支持的观点是，有疗效的是分析者和分析家之间的关系本身(关系经常被包含在“非特异性因素”或“共同因素”的标题下面)，[1]而非分析家说的或使分析者说的任何特别的话。[2] 因此在治疗中，注意力从象征工作中转移出来了，而且，一个安全的、结构良好的、保护性的关系被赋予了极大的重要性。在 20 世纪 50 年代的法国，这种方法就已经流行起来了。拉康引用过他的一个同事说过的话：“分析家与其说是通过他所说和所做的，不如说是通过他所是的那样来治疗。”[3]是对分析家的人格以及关系的强调——对立于分析者和
52 分析家为了说清楚分析者的历史和欲望而做的工作——才使得临床工作者

① “非特异性因素”这个概念似乎已经由罗杰斯(Rogers，1951)介绍过了，并且包含了治疗师的共情、热情和真诚这些特点。

② 这种观点据认为被比较不同形式的心理治疗的研究所支持(比如 Frieswyck et al.，1986，Gaston，1990，Goldfried，1991，Castonguay et al.，1996，Ablon & Jones，1998)。据称这些研究表明了，忽略治疗师所采用的治疗技术，若患者说他们已经和治疗师有了一个良好的关系(一个良好的“治疗联盟”)，患者通常会声称已经发现治疗是最有帮助的了。可见我在这一章的后面以及第七章里对此的评论。

③ 萨夏·纳赫特(Nacht，1956，p. 136)的这句话，拉康(Lacan，2006，p. 587)在《治疗的方向》中引用过，这样的概念经常和分析家的这种信念紧密相关，即分析家应该给分析者提供“情感再教育”或一种“矫正性情感体验”(Alexander & French，1946)，或者像一个“足够好的母亲”对待分析者(Winnicott，1949/1958a，p. 245，1960/1965a，p. 145)

在20世纪后半叶和21世纪初日渐重视“治疗框架”。①

温尼科特(Winnicott,1954/1958,pp. 279－289)是一个对分析情境中保护性边界的坚定支持者,他相信一个安全的、可信赖的、可预测的设置对精神病患者来说格外重要。他的发育模型暗示精神病患者需要退行到某个早期阶段,以便矫正一种已经被阻塞并且必须被疏通的自然发展进程。② 温尼科特觉得,为了使患者足够信任治疗师以便进入这种退行,一个安全框架必不可少。我不相信他自己总是严格遵守固定时长会谈(见Margaret Little在1990年对她和温尼科特的分析的描述,其中某些会谈似乎比其他会谈持续得久得多。),这暗示一个安全的框架和会谈时长的可变性并非必然不相容。不管我们是否认可温尼科特对退行之重要性的信念,③和精神病患者建立信任而不严格墨守一个固定的会谈时长,似乎是相当有可能的。

这里要强调的是,拉康很明确地把切分——包括有时突然结束会谈——构想成和神经症主体的工作,而不是和精神病主体的。④ 确实,我敢说,他完全不认为分析家向精神病主体所做的多价的、歧义的且费解的陈述是合适的,也不觉得应该强调他们自己的陈述中的歧义性,更不用说将其视为结束会谈 53

① “框架”(frame)的比喻似乎最开始是约瑟·布莱格(Bleger,1967)引入来描述分析情境的背景(“非自我”)语境,而非由温尼科特描述分析时所说的“抱持性环境”,但是布莱格的比喻明显已经自行发展起来了。

马里恩·米尔纳(Milner,1952,p. 194)使用“框架”这个词还要更早,但并未将其概念化,她写道:“随着(患者)变得越来越能充分忍受分析关系的象征现实和会谈框架外的力比多满足的表面现实之间的区别,他会变得更好。”

② 见我在第九章对发育模式的评论。

③ 注意,温尼科特(Winnicott,1954/1958b)对精神分析中退行的稍显狭隘的定义,如通常那样,被极大地拓宽了。他对这种拓宽的说法如下:

顺便说一下,我认为孩子气的表现无论何时出现在一个案例的历史中,使用退行这个词都没什么用。退行这个词已经衍生出了一个我们不需要使用的流行含义。在精神分析中说到退行时,我们暗示了一个自我组织的存在,以及混沌带来的威胁。(p. 281)

大多数情况下,温尼科特(p. 290)也把退行限制在精神病患者那里,并且说,“分析家想让一个患者退行,一定是出于特别的病理学的原因,除此之外没有别的理由了。”关于拉康对退行的一些见解,可见Lacan(1998b,p. 426,2006,pp. 617－618)。

④ 至于和神经症主体的工作,温尼科特(1955—1956/1958c,p. 297)说:若有一个完整的自我,分析家就可以将婴儿照料的这些早期细节视为理所当然,此外,分析的设置相对于解释工作来说是不重要的。(提到设置,我指的是管理的所有细节的总和。)

的恰当时刻(也就是说,这至少部分是因为精神病中通常的那种“结扣点”(button ties)的缺位,正如我们会在第十章中看到的那样)。和精神病主体的工作目标是去重建意义,而不是解构意义,而切分这种技术是明确用来重组、质疑问题,或者解构一个神经症分析者的自我概念的。随着许多分析家渐渐不再区分神经症和精神病,以及一种据认为是通用于神经症和精神病的分析技术的逐渐形成,所有那些惊人的或突然的打断技术似乎已经不怎么被采用了。如果对所有诊断分类的患者都使用相同的技术来处理,那么很显然,切分——甚至是很多看起来很温和的标点——就得被取消。[①] 然而,拉康坚持神经症和精神病之间的严格区分(即使在实践中这并非总是容易的),并为这两种不同的诊断组构想出了广泛不同的治疗方法。

切分作为迷你阉割

> 不止我一个人说过(切分)和被称为禅的技术很相似。
>
> 不能采用这种技术的极端形式,因为它们会和我们自己强加的某些限制相反,在分析中谨慎应用切分的基本原则,相比某些所谓的分析阻抗的方法,更容易让我接受。因为这样一种应用就其本身而言,并不导致异化主体的危险。
>
> 因为它粉碎话语,只为引出真言。
>
> ——拉康(Lacan,2006,pp. 315-316)

拉康偶尔把切分称作一种“切”(cut),并且大多数临床工作者,不管他们是精确地在一段固定时间后结束会谈,或者是有一两分钟的变动,还是系统性地实践一种弹性时间会谈,都会意识到,在分析家结束会谈之际,分析者有时感觉像是在被切断:话说了一半,或者在讲一个想法和故事时中途被切断,以

① 然而要注意,甚至是麦克威廉斯(2004)这个建议用一种技术处理所有诊断分类患者的分析家(p. xi),出于至少在这里提到的一些原因,也很快认可会谈时长可以有几分钟的变动(p. 113)。

及/或者因分析家正把注意力转向其他患者而被突然切断。分析者有时把切分称为一种迷你阉割，而且会谈的切分在某些情况下可以用来有效促进神经症主体的阉割，后者遭受着所谓的“阉割不足”导致的痛苦（见 Fink，1997，pp. 66 - 71，184 - 193）。① 然而，对于精神病主体来说，阉割并没有发生，用来 54
着重强调或者怀疑某些陈述的突然切分，可能只会激怒精神病分析者，或者使他们惊慌失措。在精神病的情况中，似乎更合理的做法是，在主题上结束会谈，也就是说，在某个事件、经历或梦的讨论已经或多或少完成了之后，而不是在这种讨论的中途结束会谈。我怀疑，甚至那些声称实践固定时长会谈的临床工作者也发现，他们自己为了避免突然的结束，而早（或者晚）一两分钟结束和精神病分析者的会谈。他们隐约理解了，基于秒针运动而结束会谈可以被体验为一种严酷的行动，而且不管他们是否认为这和阉割有关，他们都已经通过经验学到了，相比精神病主体，神经症主体更能够忍受这种结束。②

经常用来支持固定时长会谈——哪怕是和神经症主体的——的另一种观点，认为这限制了分析家反转移可以自由展开的空间。人们认为，分析家可能会因为他自己的状态（包括疲劳、厌恶、困惑、能力不足或失败感，或者诸如此类的状态），而非分析者的状态，而在一个特殊时刻结束会谈。弗洛伊德（Freud，1916—1917/1963，pp. 462 - 463）提醒我们，“如果一把刀不切东西，那么它也不能用来疗伤，”而且“没有医疗仪器或程序保证可以抵御虐待。”并不清楚的是，为什么有人觉得切分这种技术的误用比分析家的黑袋中的其他技术——比如解释、建议，或者所谓的面质（Greenson，1967）——的误用要更严重。如果分析家并没有学会适当处理自己的反转移，那么它在那些技术中就不比在切分中表现得多且危险吗？这就像是，他们宁愿排除由大量描述所支持的特别有用的技术，而觉得更重要的是学会成功地处理自己

---

① 另一种说法是，他们持续从活动和症状中获得了某些满足，与此同时也有大量的不满。切分可以是一种有效的技术，让他们从这种矛盾的满足中解脱出来（用拉康的术语来说，从这种“享乐”中分离出来），并且可以被体验为对乱伦的和其他症状满足的一种痛苦但有益的阉割。

② 请注意，温尼科特（Winnicott，1954/1958b，p. 285）把一段固定时长后的会谈结束描述成分析家这边的恨的一种表达。

的反转移。①

55 参考拉康(Lacan,1991)谈到分析家的立场及其可能的意味——被描述为中立,或他在这里所说的“冷漠”——时所说的:

> 分析家被分析得越彻底,就越有可能和自己的(分析者)坦率地相爱,或者被其拒绝。
>
> 我正在说的东西可能听起来有点过头了,在那种情况中这会困扰我们。尽管如此,如果我们觉得一定有某些东西是分析的冷漠之必要条件,那明显是根植于其他地方。
>
> 如果分析家做到了冷漠,就像一般公众对他的设想……那他就到了这种程度:内心充斥着一种比可能涉及的其他欲望——也就是说,在分析者那里着手实行这种欲望,拥抱他,或者把他扔出窗户——更强烈的欲望。
>
> 这样的事经常发生。我敢说我不会对某个从未感受到这样的欲望的人抱有什么期待。但是除了出现这种情况的可能性以外,这不应该成为一种惯例。
>
> 为什么不呢?是出于负面原因吗?即一个人必须避免对分析的一种完全想象的卸载……不,这是因为分析家说,“我被一种更强烈的欲望占据。”鉴于他的欲望已经出现了变化,作为一个分析家,他有十足的理由这么说。(pp. 220 - 221)

拉康这么说是在暗示,分析家不必对分析者无动于衷,不必无欲无求,无论这个欲望是拥抱分析者还是把他扔出窗外。因为,假设分析家充分地分析过了,他对分析者的感受和欲望将会被一种恰当的精神分析欲望所取代,即想让分析工作有所进展,以及让分析者讲话、联想和解释的欲望。拉康(Lacan,

---

① 弗洛伊德(Freud,1910/1957,pp. 144 - 145)对反转移说过这样的话:“我们几乎倾向于坚持认为,他应该在他自身中识别出这种反转移,并且克服它……我们已经注意到,没有他自己的情结和内在阻抗的许可,精神分析就无法取得多大的进展。”

2006，p. 854)把这种恰当的精神分析欲望称为“分析家的欲望”，并且应该清楚的是，这不需要分析家熄灭他自身中可能占据着他的每一个其他欲望，只是要学会在分析工作期间如何弃置这些欲望。[1] 在拉康所说的分析家的“欲望经 56
济学”中必须有所改变——这个改变只有在分析家经受了他自己的一个彻底的分析后才会发生。

尽管现代美国心理学机构允许各种各样的人实践心理治疗，而不需要他们本身一直在接受治疗——我想很多人和我想的一样，这太滑稽了——但是一个治疗师最好的训练来自他或她自己的治疗。并且治疗越深入，治疗师的训练越出色。和一个宗教顾问、药物和酒精顾问、社会工作者、学校心理学家、行为心理学家、分析家或精神病学家的几个月的咨询，对于治疗师转变其“欲望经济学”并没有什么价值。直到一个人已经深度探究了自己费解得折磨人的快乐、欲望和苦楚时，这个人才能自如地面对快乐、欲望和苦楚——这是其分析者必须被引导探索的——的多样性和“任性”，以及一个人可能在倾听它们的时候体验到的感受、欲望和不快的多样性。

尽管拉康自己没有区分个人分析和训练分析(他认为不管什么样的个人分析都能够成为训练分析，而且如果一种训练分析不是个人分析，那么就完全称不上是分析)，但他显然相信颠覆那个陈旧的做法——在精神分析的早期，训练分析经常比“个人分析”(Lacan，2006，p. 231)短得多——很重要。由于受训者得离开他们的家乡和国家去找弗洛伊德或其他某个早期先驱者做分析，而这通常只能持续很短几个月，因而这样短的训练分析在20世纪早期阶段可能是合乎情理的。然而，短程的训练分析传统似乎在那种早期阶段过去之后仍然顽固地坚持着，甚至现在，很多机构都只要求分析家有持续4年每周3次

① 对分析家的欲望的其他讨论可见于 Lacan(1978，pp. 156，160－161).正如我在其他地方提出的(Fink，1997)：

拉康谈到“分析家的欲望”时，并非是在说分析家的反转移感受，而是指一种对分析家而言很特别的“净化的欲望”，不是对于作为有血有肉的人类的分析家，而是作为一种功能、一种角色，一个有待扮演的且可以被极端不同的很多个体所扮演的角色的分析家。“分析家的欲望”是聚焦在分析且仅仅是在分析上的一种欲望……“分析家的欲望”不是想要患者变得更好，在生活中成功，快乐起来，理解自己，回到学校，达成他或她所说的或想要的，或者说些特别的东西……而是一种并不告诉患者分析家想要他或她说什么或做什么的神秘欲望。(p. 6)

左右的分析。任何接受分析超过了早期阶段的人会告诉你，在一个分析的后期阶段你的欲望经济学有大量的变化产生。尽管拉康(Lacan，1976，p. 15)提议，当分析者觉得“快活”(happy to be alive)时，分析就已经做得足够好了。然而他区分了分析的“治疗学”目标和对治疗学的超越，后者指的是“创造一个分析家”所需要的超越，一个充满了分析家的欲望的分析家(Lacan，2006，p.
57 854)。分析在治疗学上的成功，并不必然足以使一个人可以作为精神分析家去恰当地工作，并满怀着独自开展分析的欲望。①

可以说，不管分析家的个人分析多么深入，在实践上却并不足以使其消除自身反转移的所有痕迹，尤其是在其理论上视而不见的领域。拉康(Lacan，2006，p. 225)在他对反转移的定义中囊括了很多东西，他将反转移定义为，“在辩证过程的特定时刻，作为分析家的偏见、激情和困难，抑或是他不充分的信息的总和。② 尽管个人分析对个人的激情影响甚大，但也可能对其偏见和“信息”影响甚微；这意味着分析家必须处在持续的自我分析中(可能达到的程度，见第七章)，经常回顾案例，研究人类经验的方方面面，以及持续多年的督导。相比于严格墨守某些固定时长的会谈，这似乎更可能限制分析家反转移的恶劣影响。③

---

① 尽管拉康(Lacan，2006，p. 234)可能因他的观点——“治愈是精神分析治疗的一个额外获益”，而非直接目标——而广为人知，但他无论如何也没有漠视分析在治疗学上的获益。可以参考他谈到神经症主体时所说的：“他们有一个艰难的生活，而我们试图缓解他们的不安”(Lacan，1976，p. 15)。应该清楚的是，分析者在某一刻说活着真好，这并不能说明什么，因为他可能——正如我的一个分析者在某天说过同样的话——就在下一次会谈上相当彻底地改变他的语调！这应该是一种持久的一般感觉，而非转瞬即逝的。

尽管弗洛伊德可能因为他把精神分析的“科学目标”放在治疗目标之前而著名，他有时也持相反立场：“精神分析的科学结果在目前仅仅是它的治疗目标的产物。”(Freud，1909/1955，p. 208，脚注)，而且“从一开始出于科学目的而被治疗的案例，从结果来看很糟糕。”(Freud，1912b/1958，p. 114)

② 也可见于 Lacan(1988a，p. 23)。

③ 在我看来，当代分析家对标准会谈时长的固守有点强迫了，这也许可以被理解为精神分析理论本身中的强迫性张力的一部分(见 Lacan，2006，p. 609)。不幸的是，这种固守经常显示了分析家做不到在治疗中挫败强迫性神经症主体的策略——等待“主人”死去(见 Lacan，2006，pp. 314 - 315)。

时间就是金钱,金钱就是时间

奇怪的是,随着分析的目标不再受重视,仪式般的技术越来越被高估。

——拉康(Lacan,2006,p. 464)

固定时长会谈可以因为严格遵守资本主义的基本原则——时间就是金钱,金钱就是时间——而受到批评。然而,时间和金钱无法以任何简单或直接 58
的方式,等同于现实原则,并且很多分析家似乎不可救药地把这和现实原则搞混了,因此他们好像认为时间和金钱没有其他可能的关系了(而且可能并未意识到时间和金钱的等同,在世界的很多地区是一种很相近的现象)。即使这种资本主义原则可以等同于现实原则,但认为分析家的工作是让分析者和现实原则保持一致,也是一种误导,如现实情况那样,这鼓励他用自己的现实观点去影响分析者,正如我们会在第九章中看到的那样。

固定时长会谈让分析者误以为,来见分析家,就像其他情况中那样,他们将为服务付费,这种服务由合同协议规约,可以确保分析者得到他们想要为之买单的东西。这使得他们把自己当成消费者或“客户”(clients)——这个词如今在美国心理学的用法中被神圣化——因此有权向分析家提出特殊要求。

这让他们对自己可以在分析中期待什么,更容易有一种基本误解;事实上,所有的分析家都同意,挫败分析者的很多(即使不是绝大多数)要求或请求很重要,因为(1) 满足分析者的要求并不会从根本上帮到分析者,(2) 分析者经常要求的是分析家无法提供的东西,而且即使分析家可以提供,它们也会摧毁治疗关系,以及(3) 人们经常要求他们并非真正想要的东西。实际上,拉康(Lacan,1965/1966,1966.3.23)构想了要求与欲望之间的复杂关系,他说人类的困境是这样的:“仅仅是因为人们从你这里要求某些东西,并不意味着那就是他们真的想要你给的。”把我说自己想要的东西给我(也就是我请求的或要求的东西)并不会真地满足我,因为我说自己想要的东西和我所欲望的东西并不一样（人类的欲望就是这样的：它无法被一些具体对象或行动所满足）。①

正如我在其他地方提到的，“在治疗中，治疗师回避患者的要求，挫败他们，最后试图把患者导向他或她从未要求过的某些东西”（Fink，1997，p. 9），引导他或她去发现自己的欲望。这并不适用于服务提供者和消费者之间那种经
59 济交易，其中金钱和时间是等同的：某人付钱享受对应时长的服务（比如，一次按摩或者一次法律咨询。）这解释了为什么拉康派分析家不依据会谈时长收费，不通过会谈持续的分钟数收费。不足为奇的是，和我交谈过的美国分析家可能通常会想当然地认为，每次会谈的费用一定取决于它的时长（倘若如此，这几乎必然会导致会谈变得更长）。

分析费用紧密关联于分析家设法让分析者在会谈中，同时也在两次会谈间隔期所做的分析工作——假定分析家设法推动分析者的无意识去工作（比如，做梦、幻想和联想）——而非和他们在一起时所消逝的具体多少分钟（不管怎样，这都不包括会谈前仔细阅读笔记，会谈后做记录，案例概念化，对此案例的督导等所花的时间）。我并不清楚，是什么使得某些人好像觉得将时间和金钱分开是如此不可思议的一种想法，尤其是在精神分析领域：毕竟，有很多领域，一方因做了一种特别的工作或部分工作而拿报酬，不管这花了多长时间，不管这种工作是（独自一人或在剧院里和其他人一起表演）教一堂课、写一首歌、运作一个公司、做一顿饭、准备宣传活动、镶牙套、移除一个胆囊、起草一份新闻报道、整修一栋房子，诸如此类。这样的工作有些可能进行得很快，有些可能极其缓慢，情况不同，需要做的准备与研究的程度也不同，意料之外的障碍隐隐出现在最料想不到的情况下。此外，不同的人完成同样的工作所需的时间也很不一样（更不用说做到广泛不同的成功了）。在精神分析中，什么会使时间与金钱的关系不再遵循如此广泛被接受的原则，又是什么在迫使它遵循那些严格按时收费的法律界人士所提倡的模式呢？这难道不是在最初的会谈中就该定好的吗？

---

① 正如拉康（Lacan，1966—1967，1967.1.21）所言，“欲望在本质上是无法被满足的”。

巴黎人的误用

杯到嘴边也会失手(There's many a slip twixt the cup and the lip)。

——谚语

弹性时间会谈可能会因为使广泛实践精神分析治疗的国家中的很多人更能负担得起这种治疗而受好评。既然和那些已经处在分析中有些时间了的分析者的会谈，经常要比由大多数非拉康派人士实践的标准45或50分钟的会 60
谈更短，拉康派经常可以每个小时约见一个以上的分析者，也因此每次会谈收费可以低一些(在我的经验中，他们也可能比其他临床工作者更有弹性地收费)。

事实上，至今为止某些以采用切分分析而著称的实践者做得太过了，弹性时间会谈在他们那里变成了“短会谈”，这使得他们进一步压缩本来分配给每一个单独会谈的时间。间或有人说，拉康自己和他的一些杰出追随者(并且有些人据称一直如此)每小时见15个甚至更多分析者，把会谈时间压缩到很少有梦可以在同一会谈中得到适度描述和联想。这种方法明显迫使分析者在会谈间隔期做最多的联想和解释工作，并且可能是在理论上对某些人有效，但我们不得不怀疑，对于一个完整的分析而言，只有4分钟的会谈会有什么有效性。即使是频率为每周五次的会谈。

在我自己的分析中，我很难感受到最长的会谈必然最有用，反而经常发现很短的会谈也可以是最有成效的(实际上，它们毫无疑问是如此之短，恰好是因为它们已经是这么富有成效，这普遍建立在会谈间隔期我已做过的工作之上)。不过，在我自己的实践中，这样极端之短的会谈很罕见；就像我所知的很多其他拉康派分析家一样，我也很少在开始几分钟后就发现系统性切分会谈的理由。①

① 然而，某些拉康派，在两篇刊于 *La cause freudienne* 杂志的文章中，为此提供了许多有趣的理由(Ecole de la Cause Freudienne，2000，2004)。

会谈的内在逻辑

> 在一段固定时间流逝后结束会谈所带有的漠然，打断了主体的仓促时刻，是对他的言语正轻率奔向结论的致命一击。而且如果不为这个报复性策略找一个借口的话，那么总会导致误解。
>
> ——拉康（Lacan，2006，p. 314）

在某种意义上说，每个会谈都可以被视为有一个内部逻辑。分析者可能在会谈最初的几个词中就宣告了一个预兆，而这只有在结尾的时候才变得清
61 楚。她可能在会谈的头几分钟里把她的父亲描述为“顽固的”（pigheaded），只为了在 25 分钟后涉及她男友时重复那种完全一样的表达。她可能未能对会谈早些时候谈到的一个梦里出现在一个酒吧附近的“搁脚凳”（stool，译者注：这个词兼有搁脚凳、粪便之意）有任何联想，然后改变主意谈起最近来见分析家的不久前，排便让她多么享受，等等。

会谈有时绕了一圈，和开始的情况相矛盾，最后又恰好以先前会谈得出的结论为基础而结束，或者以推翻先前会谈得出的结论而结束，诸如此类，总是在分析的辩证运动中建立地标和转折点。在这种意义上说，每次会谈都可能在一个特别的故事中充当一个新的章节，这个故事在讲述中很少是线性的，而是有时从对一个观点的强烈断言，移动到对一个事实上相反的观点的同等程度的断言（例如很像《卡拉马佐夫兄弟》中陀思妥耶夫斯基的不同的声音），又在其他地方暂时结束——除了最有洞察力的人之外，没有谁能提前预见这么一个地方。每次会谈在这里充当一种衔接或关节（例如在一个手指中），把事情连接起来，同时把它们带往新方向。每次会谈都有一种内部逻辑，关联于先前会谈中已经完成了的工作。

在接下来的部分中，我将提供一些例子，说明某些一系列的会谈是如何作为一个故事中的衔接而起作用的，首先从一个分析的早期阶段中的会谈例子开始，然后给出一个分析结束部分的会谈例子。考虑到分析者在每次会谈中呈现的材料之多，会占据很大篇幅，所以我在这里只提供每个会谈的概要描述（当然，所有的名字和其他辨识性信息已经被更改了）。

早期会谈的内在逻辑

> 我们竭尽全力讲出真相——换句话说，是讲出部分真相。问题是，真相是作为一个整体来呈现自身的。并且在那里存在困难：我们必须让分析者意识到，这种真相并不完整，并非对每个人来说都是真的，也并非是普遍的，并非被所有人都认可的。
>
> ——拉康（Lacan，1976，pp. 43－44）

早期会谈经常涉及，沿着先前似乎有所欠缺的，或者更确切地说是由外在事实所定义的生活轨迹做铺垫或标记，后者即“客观的”事件，如更换学校、从一个城镇搬到另一个、结婚、离婚，诸如此类。初次体验分析的人常常会觉得 62
她的生活太难理解了，而且那些可能会让分析家立刻觉得是她生活的重要转折点的事件，却是她浑然不觉的。她可能在某些层面上意识到，自己不再是早年那个无忧无虑的女孩了，但她似乎不明白她是如何变成如今这个只为工作而活的严肃女人的。她不知道改变是从什么时候开始的，或者为什么改变。早期会谈经常会引出令人惊讶的联结，会在生活后期的全部一系列问题和几个特殊的早期事件之间建立联结，而这些早期事件之前从未受到足够重视。这引出一个生活历史的初步概况，而在这之前生活似乎是没有历史，在这里则被认为是记录了生活轨迹中主要的象征转折点或里程碑，甚至是此前对因果的猜想可以得到验证的历史。分析者经常能够回想起过去的各种各样的“意外事件”，却在她对自己的生活的思考中从未将它们彼此联系起来，从未将它们排进何种时间分类，或在模式或因果方面考量它们。一旦分析开始，一切都变了。① 正如我的一个分析者在两次分析后所说的，“我感觉到了我的生活的不同部分正在连接起来，作为我的各个部分而连接起来。”

在我的一个分析者（我将称呼他 Al）的情况中，最初几次预备性会谈给出

① 这些丢失的记忆可以被比作全部一系列的或一群 S_2，正如拉康这样称呼的（Lacan，2007，pp. 11－12，35），它们最终被分析进程引入的 S_1 的介入赋予秩序和塑形。后者回溯性地把“随机记忆”构建入或多或少是连贯的历史中去。

了他早期历史的一个有趣概述，却连任何兄弟姐妹都没有提及。Al 描述他和异性的关系，从他最早在 7 岁时的女友到现在的伴侣，他在分析开端主要是在抱怨自己对某种身材的固恋。他已经试过很多方法来放弃这种固恋，却总是重蹈覆辙。他甚至意识到，他和某些女人约会，仅仅是因为她们看起来像他感兴趣或有来往的其他女人，他还说自己对某种女人的固恋近乎疯狂，导致他疯狂地想尽一切办法，而且花费过多的钱去约见她们。（在他将近 30 岁时，他就已经带着同样的抱怨去见了一个女性咨询师 8 次，她布置了作业给他，类似于“明天醒来，然后决定开始一段健康关系”，而这并没有让他觉得好到哪里去！）他把自己对某类女人的爱描述为“上瘾的”，这暗示他的父亲曾是个酒精上瘾者，而且他自己多年来一直去匿名酗酒者互助会。

在第 4 次会谈中，Al 一开始谈论的事，起先让我觉得是次要的或让人分心之事：一个远房亲戚，多年以前对他来说就已经成了一个母亲般人物，而且其收养的女儿挑逗过他。在第 5 次会谈上，他清楚地表明，谈论他利用这对母女而精心策划的场景，对他来说是多么的痛苦；他觉得自己迫不得已要和她女儿约会，并意识到自己正试图通过女儿去接近母亲，这么一个乱伦场景让他羞愧不已。事实上，在那以后的很多年，他一直做噩梦，梦中就有这对母女。

63 在第 5 次会谈中，他第一次提到自己有个姐姐。这还是他顺带提及，那时他谈的是，在他成长中，他自己的母亲企图和他老师交朋友，打探口风，而这是她不会对姐姐的老师做的事。至于他和姐姐的关系，他只是说，他们还是孩子的时候常常打架（部分是因为他的母亲如此明显地更偏爱 Al 而不是他姐姐，因此他姐姐怨恨他），而且在整个青少年阶段都很少交流，不过后来相处得要好些了。然后他又回到那个关于母亲般的人物及其女儿的故事中去了。到那一刻为止，会谈都具有弹性时间的性质，但还是有点长了；在他好像已经抵达了他生活的某个特殊方面（一天是和他的母亲相关，另一天是女友，等等）的一系列故事或联想的尾声时，我就会结束会谈。.

在第 6 次会谈中，他谈起他近期着迷于一个见过的女人，后者似乎未觉察到这种事实：她的身体可以影响到任何人——他无法“将她抛诸脑后。”我们讨论了很多自杀和杀人的想法，其中似乎涉及他害怕（他现女友坐在副驾驶位上的时候）汽车爆炸，以及他在生活的不同时刻不当回事的念头，那时他对周遭世界充耳不闻，以便不去想女人和她们的身体。当他说他意识到自己总想切断和每一个人的联系，是受到一种想远离生活和性的愿望促动的时候，我切分了会谈。

在第 7 次会谈中，Al 很详尽地谈到了攻击性，暗示他已经意识到，在他的恐惧/幻想中，他想象他的车因为追尾(rear-ended)而爆炸(臀部[rear ends]在他的幻想生活中扮演了一个重要的角色)，他也谈到了他对女人的各种攻击方式。在他专门谈起对他有吸引力的身材时，我(用一种很明显的方式)要他描述下他的母亲。起初，他只谈论她目前的相貌，所以我要他谈谈她早期的样子。当他指出，她有种“曲线美且很丰满”时，我结束了会谈，因为在第 3 次会谈结尾，他说过令他着迷的臀部(rear ends)像一种“气泡”(bubble)，这是他在第 6 次会谈中再次用到的一种表达。(在第二次会谈中，当我第一次要他谈谈 64
令他着迷的臀部时，他做不到。)

在第 8 次会谈中，Al 比较直接地转向他姐姐的话题，暗示尽管他们已经相处很不错了，但是他们的关系在他 7 或 8 岁左右的时候急转直下了。为什么呢？他不知道。她样样出色，在学校里的表现比他好，在体育上也是佼佼者，而且在他们玩的每一种游戏中都能击败他。在某一刻，Al 误把她叫做“哥哥”而非姐姐，我问他怎么回事。是否在他看来，她有点男性化？他肯定道，他有时宁愿有个哥哥，而不是姐姐。他又补充说，至今他仍然拒绝玩游戏，因为和姐姐一起玩游戏总会以他发脾气告终：“我会发狂的”。我在 Al 和他一开始并未提及的姐姐之间的这种冲突和张力的表达上，结束了会谈。

在第 9 次会谈中，他姐姐的重要性真正开始清晰起来：在他曾有过的最初两次迷恋中，涉及的女孩在样貌上都很像他的姐姐，而且在他 19 岁左右时第一个真正意义上的女友也非常像他的姐姐。自从上次会谈之后，他已经意识到，是出于“姐姐的缘故，他才盲目迷恋一个女孩”。他想起 15 岁时自己写过一首诗赞美姐姐，且想了解她的女性朋友，并对她们友善点(如果不和她们约会的话)。20 岁时，他在自己的日记里写过一封实质上是给他姐姐的情书，几乎把她理想化成圣像。他还提到，他儿时会试图激怒她，但是她会保持冷酷并对此视而不见，而这会使他愈加恼怒，且令他兴奋和激动，这个时候我切分了会谈。

在第 10 次会谈中，Al 开场就谈到他听到过隔壁公寓里的动静，一开始他以为那是在虐待儿童，只是后来才意识到那是他邻居做爱时的呻吟。在那之后他无法自控地听了好几个小时，正如儿时他控制不住地听父母吵架一样：他们会越来越大声，直到他母亲失控痛哭，那时她的声音会变得刺耳起来，而且还会变得语无伦次（“讲方言”）。在他看来，那是因他的听而产生的结果：他不得不去听，直到事情发展到那个地步，实际上他不能理解，但却能感觉到是父亲迫使母亲到那个地步的——他的父亲一直都能那样对待他母亲。我问道，“那是你不能对你姐姐做的事？”我在他带着惊慌失措的表情用稍微震惊的语气说了“是”的时候，结束了会谈。

在第 11 次会谈中，他一来就表示自己意识到了，尽管他的现女友有时就
65 像他儿时隔壁公寓里的女人那样呻吟，却也完全不会影响到他。在我们详尽地讨论了他感到被迫去做的一切后（听一个女人呻吟、看黄片、自慰，诸如此类），他回到了那种呻吟带来的影响的话题，并且在他提到自己一直在思考，对于有时候想在人前激动和失控，他在前一次会谈上说过什么时，他假设自己似乎想要的是，不要对一个女人有那种影响，而是反过来被女人影响。我并没有试图指出这暗示他在父母争吵期间已经（至少是部分地）认同了母亲——那时她非常激动并且失控了，而是在那一刻结束了会谈。对我来说，似乎没有理由那样做：他完全可以由自己得出这种结论。

忽略我在这里相当概略的描述，在其中我已经明显省略了很多细节和旁支（小说家和编剧会称之为“次要情节”），我希望读者可以看到，会谈的切分是如何使分析者聚焦在当前工作上，而完全不用去决定它的去向。有时，会谈似乎在焦点中交替，从他的母亲到他的姐姐，然后再回来（在这里我省略了和他的父亲以及其他父亲般人物相关的大多数材料，以便简化我的阐述），而且我们探讨了不同的观点，而不是固守其中某一个：例如，他想对他的姐姐施加那种影响，正如他的父亲对他的母亲那样（以及渴望处在他父亲的位置上的所有俄狄浦斯意涵，父亲也在他们玩的每一场游戏中击败过他）；他想要像他的母亲那样任父亲（或他的像哥哥一样的姐姐）摆布；或者，正如只有时间才能证明的，两种情况都没有，或者都有，或者是两者的一些组合。

分析者显然可以随意从他当前生活中带出材料（他害怕汽车爆炸，或者偷听他邻居家的动静），开启各种不同的话题（他目前的工作、和男人的关系、爱好，等等）。他带来了新的梦和以前的噩梦，并且提问（比如，他是否应该为会

谈做准备,或者读一些精神分析作品),然而,他仍然可以沿着生活轨迹预先做些记号,并且抽取一些初步的连接点。不需要单独花时间去建立一个“治疗同 66
盟”①,一个良好的工作关系会随着他对材料的详尽讲述而自然地发展出来。在我的经验中一贯如此:*如果我谨慎处理分析者带出的材料,那么关系(或同盟)会自行发展*。Al 看起来根本不需要会谈时长保持完全一样,以便他能适

---

① 伊丽莎白·蔡策尔(Zetzel,1956/1990)引入了这个术语,但是她把这个概念归功于爱德华·比布林(Bibring,1937)。比布林(pp. 183–189)主张,分析家要诉诸“意识的、一致的和理性的自我”,并且在教学上诉诸“理性、经验和伦理”。蔡策尔(p. 138)认为这构成了“分析家和患者的自我的健康部分之间的治疗同盟”。

拉尔夫·格林森(Greenson,1965/1990)似乎一直是强调在一个积极的同盟并未自行发展出来的某些不寻常的情况中,要专门设法让患者“和分析家发展出一个可信赖的工作关系”的重要性的首要分析家之一。他把这种关系称为“工作同盟”,把它描述成“患者和分析家之间的相对来说是非神经症的,理性的密切关系”,他还提出“无法分裂出一个理性的观察型自我的患者无法维持工作关系,反之亦然”(p. 152)。注意,在格林森的描述中,只有在极少数情况中,分析家才必须专门努力去建立这样一个同盟。见我在本书后面关于在和神经症主体的分析工作中“观察型自我”的可疑价值的评论。也要注意的是,比布林和格林森对“*理性的*”(*rational*)这个术语的使用,就好像自我或一段关系可以用任何方式被描述为“理性的”(关于精神分析中对这样的术语的不合理使用,见第九章)。注意,布伦纳(Brenner,1979/1990,pp. 185–186)“不同意蔡策尔的观点,后者认为一个同盟和患者的转移的剩余是有区别的,他也不同意格林森的更细化的准则,后者认为工作同盟和转移神经症要彼此区分开来,即使它们联系甚密。”布伦纳系统性地证明了,格林森举出的例子中没有哪一个包含了精神分析的工作方式中任何新东西。比如在一个强调和患者建立“治疗同盟”的重要性之危险的例子中,格林森和他最著名的患者玛丽莲·梦露建立的关系简直可以被视为灾难。(例如,可见于 Spoto,1993)

弗洛伊德(Freud,1905/1953,p. 117)指出,在某些案例中,“癔症的治愈可以说不是得益于治疗方法,而是得益于医生,”但是他指的是(在催眠状态下)暗示治疗,这发生在 19 世纪的精神病院,在那里,有时医生的个人影响足以产生疗效,然而,这仅限于一段时期内。他当然不相信精神分析的疗效要归因于“分析家个人”或者分析家和分析者之间的密切关系。

在我的经验中,若分析工作进行得很顺利,大多数分析者会觉得他们和自己的分析家颇有默契。这种默契本质上是在他们正一起做的工作正有所进展时,“自行建立起来的”。没必要专门去做所谓的“培养默契”的事。然而,与这种观点相对照,马兰(Malan,1995/2001)的观点是:

> 治疗师应该可以意识到存在于治疗会谈特定时刻的默契程度,这是他最重要的特质之一。拥有这种能力的治疗师可以把这当成他和患者之间的关系的温度计,并且能够利用默契水平上的实时波动,以便判断他才说过的话的适当性。说他在那时*不可能犯错*,这当然有点过头了,但是作为传递一种重要原则的方式,夸张一点并不为过。(p. 21)

而在这段话前面的几行中,马兰甚至说,“默契的加深……使得我们几乎可以找到(治疗师的)解释之所以正确的科学依据。”(p. 21)。读者应该能够从我在第五章和第七章里所说中推断出,我是多么不同意这样的观点。

应以及足以让他跟我讲话。我发现绝大多数患者都是如此，不管他们来分析之前是否对弹性时间会谈有所了解。只有那些已经和墨守固定时长会谈的治
67 疗师长期工作过的分析者，才问过我这种实践方式，并且在 20 多年的临床工作中，我只能想到一个对此发过怒的人。

在很短的时间内(11 次会谈)，逐渐清晰起来的是，Al 的姐姐在他的性爱生活中起到了一个多么重要的作用，并且这种作用仍然持续着，即使大多方面有待梳理。虽然他对母亲的最初讨论，几乎是专门聚焦在她对他的生活和学业的入侵上，不过他们的关系的其他方面现已初见端倪。尽管他最初把他和姐姐的关系变化的时间定位在 7 岁或 8 岁，且认为那是因为他在学校是个“差生”而她是个“尖子生”而导致的。很明显，这是一种“屏幕记忆”——这是他多年来一直告诉自己的故事，却在短短几次分析后被他想起的事推翻了。事实上，他和姐姐的关系中的这种变化发生的时间至少还要早两年，尽管他不知道是为什么。如今各种可能性都已打开，很多问题也已经浮出台面，并且 Al 渴望探索得更深些。

应该很明显的是，分析的早期会谈并不意在“修复”什么(“修复”对于精神分析的计划而言是极不相干的)，并且正如拉康(Lacan，2006，p. 596)指出的，这反而可能导致症状的一种具体化或系统化。① 早期会谈最重要的目标是，激起分析者的兴趣，推动分析者——尤其是她的无意识——工作(分析家必须用他在治疗中的举动清楚表明，他在那里是要把事情引导到一定程度，而不是起主导作用)，以及鼓励分析者概述她生活的一个初步面貌。尽管这些早期会谈可能对分析者在他们第一次来分析时抱怨的某些症状——压抑，精神不振，焦虑——有一些有益的影响，它们也很可能会适得其反，因为某些被掩盖的问题会被挖掘出来。分析家只能希望，分析者从她和分析家独特的力比多关系中，以及他们联手进行的那种料想不到的工作中大有收获，以此承受偶尔发生的症状之恶化。——他们一起以此应付偶尔发生的症状恶化。

---

① 也可见于 Freud(1914a/1958，p. 152)和 Lacan(2004)：

症状只有在主体注意到它的时候才算是症状，因为我们从经验中得知，有多种形式的强迫行为，在其中，主体不仅没有注意到他的强迫，甚至也没有看待它们。在这种情况中，分析家首先要做的——弗洛伊德的关于这个主题的短文很著名——是以其传统形式使症状显现自身。若是失败了的话，就不可能克服它，因为我们无法谈论它。(p. 325)

后期会谈的内在逻辑

> 真相在事物的交替中展现自身,这些事物彼此严格对立,并且不得不 68
> 被迫环绕彼此打转。
>
> ——拉康(Lacan,2007,p. 127)

让我现在转向这样一个例子来看看在分析的后期一系列的切分是怎样的,在这个案例中,分析者是一个多年来一直在接受分析的年轻女人。不用探究她复杂且纷乱的历史,我可以负责任地说,大部分分析工作都涉及她企图和她与之病态纠缠在一起的母亲分开,并且想凭自己而成为一个女人。那个母亲可能有精神病,而且在最纯粹母爱的伪装下,对她的女儿充满了憎恨和愤怒。后者在家里被男人们宠爱着,而且明白无误地要比母亲更受他们偏爱。

尽管和母亲的关系的很多方面随着分析的进展都已经慢慢得到修通,我会称呼其为 Zee 的分析者,却仍然保持着对她的专注(也就是,力比多式的依恋)——而在分析接近尾声的时候,她发现这是一种难以忍受的方式,并且一直试图弄明白这是为什么。她母亲恶毒地批评她,尤其是她对一个向她示好的男人显示出一丁点兴趣的时候,以此向她表明,这个世界没有她的一席之地,特别是作为一个可以享受被男人爱慕,以及臣服于一个男人的女人。Zee 自问为什么自己遵从了母亲的愿望,隐藏了怨恨,并且假装看不到那么明显的事——她母亲对她嫉妒不已。

Zee 最终意识到,虽然她一直害怕母亲会因她所做的事"失控"(flip out),但这实际上就是她"最大的幻想"——看到母亲崩溃,看着她入土。她自问,这就是自己为了完成分析而需要做的吗:摧毁母亲?她想知道,她需要出言毁了母亲吗?然后再原谅她:"还有什么是我没有原谅她的呢?"她问道。

在下次会谈中,Zee 想知道为什么自己对母亲的嫉妒视而不见。难道是因为她自己*想*生气,并且如果她看出了母亲的嫉妒,她就不能再为自己对她的愤怒辩护了?她仿佛是作出了要生气的选择,好像愤怒对她而言,对她最为依恋的那部分自己而言,是最珍贵的东西。我在那一点上切分了会谈,相当长时间以来,尤为明显的是,她长期从愤怒与怨恨的煎熬中获取她生活中的主要 69

"乐趣"——她的主要的"享乐"(矛盾到令人不安的满足)。①

在下一次会谈中,她提出了一个构想——她已经采取了当自己不存在的策略,以便无视母亲的存在。当这种想法浮现在脑海时,她自己并没有完全明白,却感觉就是真的。她很小的时候就已经意识到了,母亲在恶毒且激昂地批评自己的女儿的时候,才完完全全存在。Zee 因此选择差不多是让自己消失而几乎不给母亲批评的机会。Zee 限制了自己,限制了自己在生活中如此之多的活动(无节制地睡觉,破坏自己的学业和人际关系,通过发展出大量症状而缩减自己的活动空间)以免被批评。她因憎恨母亲而感到窒息,作践自己的生活来报复母亲,以此剥夺母亲那极其狂暴的享乐——她母亲显然是如此沉溺其中。在 Zee 这样讨论了她的自我禁欲和自我牺牲后,我结束了会谈。

下次会谈时,Zee 把这些要点和她在分析中挣扎过但后来开始消退了的症状联系了起来。在那次之后的会谈中,她说,把她母亲看作是嫉妒的(不仅是在抽象层面上接受这种观点,而且是实实在在地体验到了)是自己被赋予的权利。自从她还是个小女孩时,她的母亲就使她确信,她们是受害者;相比其他人,她们是无能的。Zee 只能独自梦想比别人更有能耐,梦想某些她从未觉得自己有过的东西。她突然觉得事实并非如此。我在那个声明后结束了会谈。

70 下一次会谈,Zee 重申,让母亲失控是她最热衷的幻想,但是这种幻想被

---

① 享乐(*Jouissance*)指的是人们从自己的症状中获得的那种享受或满足,对此弗洛伊德(Freud,1916—1917/1963,pp. 365 - 366)说,"症状带来的那种满足有很多异样之处……相反,对于把所谓的满足感知为折磨并且为此抱怨的主体而言,是难以识别的。"可以说,这不是一种"简单的快乐",而是一种"痛-快"或"苦中之乐"(Schmerzlust,正如 Freud[1924/1961,p. 162]提出的)或不满足中的满足。这称得上是某人可能从惩罚,自我惩罚,做某些如此快乐以至于带来伤害的事(比如性高潮),或者做某些痛苦到享受的事中,获得的那种"极度刺激"(kick)。大多数人否认从他们的症状中获得快乐和满足,但是"外在观察者"(他们周围的那些人)经常能够看到,他们享受自己的症状,由于自己的症状,他们以一种太过于迂回、"卑鄙",或"龌龊"而难以用传统术语描述为快乐或满足的方式,而"免于受罚"。拉康甚至更激进,说到,"享乐使我们极度不安"(Lacan,1973—1974,1973.11.13)。享乐不必然是一个人有意寻求或决定去获得的某种东西。我们的大量享乐就那么发生在我们的身上,而我们经常不知道是为什么,就好像是由上帝或神恩放在一个银盘子上递给我们的,在我们没抱一点儿期待的时候降临,另一方面,又在我们最为期待它的时候不见踪影。对这个术语的更深入的讨论,见 Fink(1997,pp. 8 - 9)。

打断了：难道她只能在母亲痛苦的时候才知道自己是个女人吗？如果她的母亲被痛苦摧毁了的话，那么然后呢？如果她的母亲已不在那里恨她了，那么她怎么能知道自己是值得被嫉妒的呢——也就是，真的对男人有吸引力？当她想知道，是否她对自己作为一个女人的感觉是如此的不确定，以至于她需要母亲活着，并且甚至不允许自己去幻想母亲被完全摧毁的时候，我结束了会谈。

在下一次会谈中，她说，她认为自己已经不再去惹恼母亲了，而这是为了能更加确定地惹恼她。她并不完全确定自己是怎么做到的，但是她一直怀疑，她的母亲在生活中的最大乐趣，是去抱怨以及打压她的女儿。当 Zee 会报复的时候，她的母亲会更加激动，明显更加享受。只有不去报复，Zee 才能对母亲有所剥夺。在回顾她母亲缺席几年后重获对她的监护权的时候，Zee 想知道，为什么她允许自己被拽入母亲的游戏里，而她并未和其他女人做过这样的事。使她深受打击的是，如果她允许了自己被卷入其中，那是为了伤害她的母亲：事实上 Zee *引诱了*母亲。她推测，重点不是去摧毁母亲或让她在阴沟里翻船，而仅仅在于有不一样的选择，和她母亲无关的选择，此时我结束了会谈。

在下一次会谈中，她描述了一个梦，在梦里，她的母亲试图用一种烤鸡的叉子刺她；Zee 没有激怒她或者和她干架，只是离开了屋子，并且扔下了一切。这次相当短的会谈结束于她说，那就是她之前想做却未曾做过的事。

"报复有什么意义呢？"在下一次会谈上 Zee 问道。她过去一直在寻求公平，想要她母亲为其极其可怕的行为付出代价。想杀了母亲的这种念头仍然如过往一样紧随她，缠着她。如今她想做的是，好好活着，做她自己，以及讲出真相。好好活着，做自己，这样她就最好地伸张了正义。

对朝向分析结尾的一系列会谈的这种简短描述，缩略且脱离语境，希望能让读者感觉到每次会谈都建立在先前会谈之上的方式——不是在一种通常的建造形式中，把一块砖放在另一块之上的方式，因为某些会谈会摧毁或者移开 71
先前会谈安置的砖——跟随一种非线性的、辩证的逻辑：有时从一个极端到另一个极端来回摇摆，直到分析者找到她自己的路径。

切分使得每一个具体行动都能被标点——在最好的情况中是，在它最充分、最有力的表达时刻（标点）——而不是被埋藏于"填料"（filler）之下，后者本来就并不必然是分析者在那个工作阶段的进展上至关重要的材料。在这里概述的会谈没有哪个持续 25 分钟以上,而且有一些可能更接近 10 分钟。假如我在什么时候采取一个 50 分钟的会谈的话,更多这样的行动就是本可以完成的吗? 我真心怀疑:每次会谈都已经包含了分析者已做过的关键的数小时工作,以及梦和联想,这发生在两次会谈之间,而会谈间隔不超过一天或两天。这个特殊的分析者比其他分析者在会谈之外工作得更投入,在会谈间隔期做了大量的工作,但是就这方面而言很难说她完全就是非典型的。她的会谈完全没有提前深思熟虑过,我持续不断地标点,并询问她还没有联想过的梦元素。这就是说,在她分析的这个阶段,除了标点和切分以外,我并不需要做更多——她完全有能力靠自己去解释。

由于分析者经常感觉被迫在他们的固定时长会谈的整个期间一直讲话,因此他们被引导去搜寻“填料”,在某种意义上说:他们很可能意识到,会谈的重要工作是他们前一天晚上做的梦,重拾先前会谈中他们就一直谈论的那个主题的梦,但是他们也可能怀疑,可以用来谈论的时间只有 10 到 15 分钟。因此他们被引导着花 30 多分钟的时间讲述日常生活的细节或者他们有过的想法,以此“填充”会谈时间,然而这些是他们认为较不重要的,这样做只是为了能消磨时间,并且“把钱花到位”而已。实际上,对于部分分析者来说,这是个普遍的策略:“把最好的留到最后”(正如许多公共演说家之辈所做的那样);在某种层面上,他们也意识到了,他们听到的自己最后说的话,是最有可能让他们记住的。

由于处在弹性时间会谈中的分析者并不知道他们的会谈会在什么时候结束,所以他们更倾向于在一开始就提出他们认为是最重要的东西(当然,压抑意味着,有时他们认为是最重要的东西,在后来并不必然会让他们或分析家觉得就是如此),因为他们会担心晚些时候就没有机会讲出来。这有助于防止我
72 有点打趣说到的精神分析中的帕金森定律:“会谈材料趋向于扩展到填满所有可用的时间。”

在第三章结尾,我暗示了,我们可能会把分析家视为艺术家或音乐家——利用他的问题和标点,使某些从某种意义上说就在那里的东西显现出来,使分析者的话语中等待被听到的东西显现出来:她的很可能被埋藏了或蛰伏了的欲望。切分让人想起一种稍微不同的隐喻,虽然是一种可能有问题的隐喻:

有人说，米开朗琪罗仅仅是把大卫从他雕刻的石头里释放了出来，一个雕刻家只是凿开部分石块而已——这些石块阻挡了我们一览等在里面的雕像。对某些人来说，把每一次切分视为切掉一小部分石块，可能是有帮助的。分析家经常只是每次清除一小部分，但是可能在某次偶然达到形态的最终阶段和维度，只为了从多种角度一点一点地接近最终形态的表面上的点。当然，那就像是假定，有某种预先确定了的最终形态，然而，人很难在分析的一开始就得知那种形态。但是当一个雕刻家开始雕刻的时候，他或她的脑海里真的有一个“最终的”形态吗？

切分和排程

> 人无法未卜先知。
>
> ——拉康（Lacan，1973—1974，1974.3.12）

经常有人问我，实践弹性时间会谈时，是怎么可能给患者安排时间的。显然，如果我们为可以想象到的最长的会谈预留足够时间的话（就我个人来说，和一个新的分析者的最初几次会谈，我设法预留一个半小时左右的时间），就不会有排程冲突。然而，实践者通常发现，他们和某个分析者的大多数会谈的时长都落在一个明确的范围内。然后他们可以取个平均值，为案例记录和短暂停顿添点时间，最后依次安排时间（记住，他们可能总是需要为某些分析者预留更多时间，正如我早前提到的那样），假定如果和一个分析者的某次会谈所花的时间超过了平均值，那么，和下一个分析者的会谈最好比平均所花时间短一点。这可能意味着，分析者有时会为了分析的开始而等上10来分钟，这样的等待似乎并非就是不合理的。这仅仅是分析工作可以在分析者的脑海 73
里，和更多典型的美国商业惯例区分开的另一种方式，在后一种情况中，迟到10分钟经常被视为严重的失礼行为。

在后面论对梦、白日梦、幻想和转移进行工作的章节中，我提供了相当多的额外例子，来说明我自己在实践中所做的切分。

第五章

解　释

74 我们常常有这种印象：借用波洛尼厄斯(Polonius)的话来说，我们用谎言作诱饵，钓出真理的鱼。

——弗洛伊德(Freud,1937/1964,p. 262)

解释从主体自己的话语出发，以便再次回到这些话语，这意味着解释是确切的，仅仅因为……它是一个解释。

——拉康(Lacan,2006,p. 601)

进入精神分析之前，我们大多数人可能凭直觉认为解释的目标在于准确性。并且在人类深耕的某些领域中，可以找到强有力的例子来说明一个优秀的解释的首要标准之一就是准确性。已经接受过几年治疗的一些精神分析家或分析者，很少会惊讶于这种观念：分析情景中的解释不是以准确性为目标，而意在产生某种影响。

在人文领域中提出的首要问题之一是，我们假定对谁而言解释听起来是准确的或真实的？人们的第一反应可能是，这是针对分析者而言的。然而，大多数分析者或许可以想起，他们的分析家所做的解释在一开始让他们觉得是错误的(他们可能会试图反驳甚或指责)，但是后来，有时是在更晚的时候，又让他们觉得非常之对。大多数分析者可能也可以回想起，他们自己得出的或者他们的分析家所作的解释在当时击中了他们，但在后来又显得是肤浅的，片面的，或者是大错特错的。因此，如果我们采用这种标准——解释必须是对分析者而言是准确的——那么我们还得补上一句“或早或晚”。

75 然而，在某些案例中，分析者可能会逐渐意识到，他们在当时愿意，甚至是乐于接受特别的解释，是因为它们支持了自己所珍视的观点（不管是积极的还是消极的）。后来在分析中，他们开始质疑那些观点，并且发现那些解释缺乏真实价值。在这样的情况中，甚至分析者的最初感觉——解释击中了真理——在此后似乎也动摇了。[①]

真理总在他处

> 只存在被说了一半的真理，如同与之相伴的主体。用我之前说过的话来讲，真理只能被半说。
>
> ——拉康（Lacan，2005b，pp. 30 - 31）

对分析者而言，真理似乎是很不稳定的。在一次会谈中，他觉得自己讲述了真正反映了他的生活、关系或者存在之道的事，等到下一次会谈时，那个特别的“真理”也许就不再显得如此真实，如此击中人心，如此正中要害。另一方面，不管是由他自己还是由分析家做出的某些陈述，可能在很长一段时间以来，一直都是正确无误的，而且构成了他的分析的开端、转折点、结扣[②]，或关键点；确实，他把这些会谈——那些陈述正是在其中做出的——视为未来数十

① 分析家经常在分析者才讲出的话的背景下，一时兴起提出在他们看来是切中要害的解释，不过在稍后他们很可能会把这种解释视为非常片面的，甚或是文不对题的。但解释并不会因此而无用，只不过这确实会创造关于准确性的某种暂时的难题。在会谈的某一刻似乎是准确的解释，可能在分析者详细叙述了其他的记忆和联想的几分钟之后，好像就不那么准确了。但是如果没有这些不准确的解释的话，那些其他的记忆和联想可能就永远都不会被详细描述出来。可能有人会说，正是解释的不准确（或者部分准确）才使得分析可以向前推进，因为在很多例子中，直到分析者听到分析家的愚蠢解释，他才会提到某些想法和记忆。经常地，分析者甚至都没有意识到解释对他产生的影响，但却在随后的会谈中，从一个新的角度，无意地再提到它，这表明它已经在一个梦中，在一个白日梦中，或者仅仅是在关于他下一次会谈中要谈点什么的想法中，产生了影响。这是在他并未知晓的情况下产生的一种影响。确实，假如分析家提到它的话，有时他几乎都想不起那个解释，但是影响却是真实存在的。

可能最常见的是，分析者甚至没有听出分析家说过的话是一种解释。要么是这个解释和分析者过去一直在讲的话是如此协调，要么是太简洁隐晦，以至于这和分析者对解释是什么的预想并不相称。

② 对“结扣”，即拉康的锚定点的描述，可见于第十章以及 Fink（2004，pp. 111 - 116）。

76 年来的改变的决定性时刻。但是很多其他的陈述，过不了多久就可能被视为绝非真实的，然后可能被视为真假参半的，再然后可能被一种全然不同的视角所取代。

在精神分析中，真理有一种有趣的暂时性。分析者有时会感觉到，在讲述的那一刻，他正在说一件极其重要的事情①，但是一旦那个真理被讲出来了，对他而言，它就可能不再具有真理的分量了。可能更经常的是，他往往在事后才感受到他讲过的话的影响：在我的经验中，分析者经常会在某次会谈中说，他们在上次会谈中讲的话，之后让他们多么的震惊。但是他们在会谈间隔期，所持有的对其重要性的主观确信，经常在随后的会谈中消散。而且他们有时感觉到，他们甚至无法再解释是什么让这如此有冲击力，如此的中肯。

真理——分析者在分析情境中所体验到的——和有待被讲出的话有关，和仍未被讲出的话有关。已经讲出的话经常像是空洞的，而首次讲出的话语具有潜在的震撼力，会让人感到重要、真实。对分析者来说，*真理总是在他处*：在他面前，有待发现。②

鉴于这涉及“有待被讲出的话”，精神分析中的真理，和象征化之前从未被付诸语言的东西的经验有关。跟随拉康，我把“之前从未被付诸语言的东西”称为“实在”(the real)(也可以被称为“创伤性的实在”)[the traumatic real]。

---

① 在20世纪50年代初，拉康对“充实语言”的概念很着迷，这指的是分析者在讲话的过程中能够感受到真理的分量的一种言说，在这种情况中，似乎相较于陈述内容(陈述因此被作出——换言之，是内容)，真理和陈述行动(即言说行动)联系得更紧密。后来，拉康觉得真理的暂时性更复杂，因为它在一种前置将来时中被捕获：当他在会谈期间思考的时候，它还不是很正确，而到他在下一次会谈上提到它的时候，就完全不对了(的确，当他在重新叙述的时候，它的真值可能会显得很荒谬，那时它的真值已不存在了)。我们唯一能说的就是，对他而言，*它会是真的*。在20世纪70年代，拉康(Lacan，1973，p. 6)提供了如下构想：“(陈述行动)外在于真理”([enunciation]ex-sists with respects to truth)，这暗示真理和陈述行动并不完全一致或彼此对等。关于拉康的外在(ex-sistence)的概念，见Fink(1995，第八章)。关于他对实言和虚言的后期观点，见Bruno(1995)。

② 在这方面，参考弗洛伊德(Freud，1937/1964，p. 263)对不被患者接受的解释的评论：“在分析中，‘不’如同‘是’一样模糊不清……患者的‘不’并非一个解释正确与否的证据，尽管这似乎很恰当。因为每一个这样的解释(也就是说，一种压倒性的解释)都是不完整的，因为它只包含了被遗忘的事件的一个小片段，我们可以自由地假设，事实上患者的回应不是针对分析家对他所说的话语，而是基于未被引入的部分带来的冲突。”

于是，分析家的解释，相当明显地是在力图——至少在某个水平上——激励或驱使分析者参与到象征化的过程中，去把之前从未被付诸语言的东西语言化。77 解释意在击中实在①；我在这儿使用击中(hitting)这个词，是为了表明要被付诸语言的东西并不那么容易抵达，并且简单的刺激或探询并不足够——过程可能颠簸曲折。这里的观点并不是说，解释应该像晴天霹雳一样——正如弗洛伊德(Freud，1913/1958，p. 140)建议的，更恰当的是等到分析者距离解释的内容只有一步之遥时，也就是说做好了去听的准备时——而是说，这种解释不需要，有时也一定不能，与在那之前已经说过的话很好地相吻合。通常，它必须使分析者惊讶、困惑，或者仓皇失措。惊讶的元素在这儿是非常重要的：最有影响力的解释很少是分析者正期待的那种，不管是时间上的(比如，如果分析家有在会谈的结尾提供解释的习惯的话)还是概念上的(分析家经常反复地谈论同一件事)。

应该清楚的是，“真理”，当我在这里使用这个词时，由于它和实在的关系，而不那么具有陈述的性质；击中真理，是为了发现之前从未被用语言表达过的某些东西，并且把它付诸言语，无论开始时有多么迟疑不决或不够充分。因为正是在言说能够对实在造成的影响中，精神分析的力量才显现出来。实在自行其是，并不随着时间而改变；像一种创伤性的战争经历，反复出现，在噩梦中不断返回，甚或在清醒生活中返回(有时会产生我称之为“[真理]入侵的思想”[intruthive thoughts]的东西)。只有通过用语言把它象征化——在很多情况中，必须是用不同的方式讲了又讲——当事人才能开始转

---

① 我在这里的所说的“击中实在”，是对拉康(Lacan，1973，p. 30)说过“解释……以欲望的原因为目标。”的粗略的改编。在这种情况下，欲望的原因等同于拉康派的实在。或者，在这里我们可能把实在视为未被主体化的知识，没有主体的知识，而这是在无意识中发现的：它在那儿幕后操纵，也就是说，对分析者而言是未知的(Fink，1995)。分析者所拒绝的所有那些知识——“我不知道我为什么那样做，”“我不知道接下来发生了什么，”“我不知道我为什么那样说。”——可以让分析家很清楚那种知识是什么。分析者自言不知情的这类陈述，慢慢地勾画出一种缺席；它们指向了只有少量可能的事物可以占据的知识中的缺口，正如拉康(Lacan，1968a，p. 21)所说的，“未知的东西构成了知识的框架。”如果我们仔细倾听分析者的言说中省略了什么，以及他所宣称不知道的，我们能够看出什么可能是无意识知道而他不知道的。解释意在击中他知识中的那种缺口。

变与之相关的位置。

假如在精神分析中，存在超出分析者的主观感觉的准确或真理的标准的话，也就是说分析家说过的某些话最终是对的（也超出了分析家的主观感觉：
78 分析者说的某些话最终是对的），如果不是真实发生在分析者身上的变化的话，又会是什么呢：反复出现的噩梦和持续存在的症状的消失，能够做一些他之前做不到的事情（总而言之，一种“主体位置”的改变）？这些改变之所以发生，并非如当前的观点认为的那样，是因为神经症的分析者根据他和分析家建立的“更完美”的关系模型，找到了一种与他人建立关系的新方式，[1]不是因为他退行了，并且被分析家再度养育；[2]也不是因为他学会了效仿分析家，在日常生活中为自己建立稳固的边界；[3]而是因为实在（他之前从未讲出过的东西）已经被改变了。无意识的东西并非简单地变成意识的——它已经被彻底改变了。[4] 分析者不必有意识地准确讲出曾经是无意识的东西是什么，或者到底是哪些话带来了改变，但是他知道自己不再如往常那般了。

我的一个分析者告诉我说，他注意到，自己在黑板上写东西的时候，不再那么用劲以至于压断粉笔了，而这是过去他经常在学生们面前做的事（这让他很窘迫）。这种改变明显地发生在我重新整理了他的一些话之后——我说了“台上的压力”（指的是儿时被老师叫到黑板前时感受到的压力，以及出于各种各样的原因要迫使自己失败的压力）。那时他并没有想过我说的话，却在几周之后意识到自己不再压断粉笔了，即使他没有格外努力地让自己放松，也不知道为什么自己不再那样做了。尽管这只是一个微小的症状，它却表明了：分析者甚至不必意识到曾是无意识的东西是什么，症状也会消失，[5]只要无意识

---

① 麦克·威廉姆斯（McWilliams，2004，p. 17）写道，“治疗同盟被假定为一种要被内化的新的关系模型。

② 关于再养育的一个讨论，可见 Guntrip（1971）。

③ 例如，McWilliams（2004，pp. 258，289）。

④ 拉康（Lacan，1977b，p. 14）有时甚至把无意识等同于实在：“不可被言说的实在。”对于分析者来说，当他设法讲出曾经所是的某些无意识之物时（曾是实在之物，因为在彼时是不可谈论的），真理总在别处，并且也因此能够继续朝向仍然是无意识的东西。

⑤ 这同样指向这一事实：分析家无需知道她说过的话产生过某种影响——如果分析者没有在几周后告诉我的话，我也不会知道。

被分析家、分析者，或两人一起编织的话语语言化就可以了。

然而，很多分析家得出结论认为分析的主要目标是，教分析者模仿分析家 79
在治疗中观察他的方式去观察自己。这个观点似乎是在说，当分析家引导分析者觉察他无意识表现出的行为模式时，分析者就能学着试图有意识地中止这种模式。对这样的分析家而言，这便是在分析者身上培养他们所说的“观察型自我”的重要性所在。① 我一直觉得这是真正变革的糟糕替代品：如果分析能够给一个人提供的只是学习持续地观察其自身，并且不停地审查自己的冲动的可能性的话，那么我们将很难对分析的好处抱有多大的热情。

尽管培养“观察型自我”也许对精神病的治疗有些价值，但是在对神经症的治疗中却是适得其反的，这会导致神经症主体进一步的异化（我马上会说明这一点）。如果以适当的方式进行的话，精神分析有助于真正地消除那种想表现出某些行为模式的诱惑。

在和那些采用当代主流方法的实践者一起工作过后，前来找我做分析的分析者中，有很多人都有过同样的抱怨，在初始会谈中是这样表达出来的：“我知道我现在正在做什么，但是我还是很难改变自己。”这种治疗方法的效果在这样的抱怨中是很清楚的：尽管一个观察型自我已经在分析者身上被培养出来了（有时使得分析者非常精于使用最新的“精神分析呓语[psychobabble]”），然而实在、冲动，或者激发行为的压抑并未被触及。

在很多主流的方法中，解释的目标是为了让分析者注意到一种无意识的模式，希望这会让他在未来“当场识别出这种模式”，并且在他完整地重复这种模式之前停下来。在这些方法中，解释通常被用来向分析者传达一种简单直接的信息。分析家回避了模糊的措辞，因为关键在于说服分析者相信某些东西，让分析者看到分析家所看到的东西，并且鼓励分析者合并、内化或者同化分析家的观点
（实际上，是要以分析家的自我为模版，在他自己的精神世界中建立一个永久的 80

---

① 经常和“经验型自我”一同提及的术语“观察型自我”，源自理查德・斯特巴（Richard Sterba，1934）的“治疗性的自我解离”这个概念。关于其在当代作品中的使用例子，可见 Casement（1991，pp. 30－32）和 McWilliams（2004，p. 211）。正如我们会在第七章中看到的，凯斯门特更进一步，他要分析家以相同的方式将自己分裂为工作中的分析家和“内在的督导”。

观察型自我)。[1] 在这样的解释中,意义处于优先位置。目标是为了传递一种意义——例如,分析家所相信的,存在于分析者和哥哥的关系,与其早年和父亲的关系之间的一种联系——即分析者恰恰像分析家那样去理解。

影响 vs. 意义

> 解释是一种不含陈述内容的陈述行动。
>
> ——拉康(Lacan,2007,p. 58)
>
> 这是一种误认:一个分析成功收尾是因为分析者有意识地觉察到了某些东西……至关重要的不是通过某种神秘的电梯,从陷入黑暗中无意识的层级,到达明晰的意识层级……事实上,重要的不是往意识的位移,而是言说……并且必须是被某人听到的言说。
>
> ——拉康(Lacan,2001,pp. 139 - 140)

让意义优先的解释能够击中实在吗?它们能影响到无意识吗?在分析设置中,意在提供一个清晰又明显的单一意义的解释通常会堵住分析者的嘴,在某种意义上,这打断了他的言说,阻碍了他的自由联想。这样的解释很可能充满了陈词滥调,且不值得评论,它们无益于推动分析者言说。对于分析者来说,它们越是听起来有说服力,就越有可能涉及的是他事实上已经发现或思考过了的东西。即使它们对于分析者而言是新颖的,他也可能只对其中包含的观点感兴趣,并且把其合并到他对自己的思考中去,而不是进一步去思考它们。一言以蔽之,有人可能会说分析者的思考(或他的自我)很容易围绕着可理解的解释再度固化,然而和神经症患者的精神分析工作的目标正是去挫败这样的固化。

---

① 弗洛伊德(Freud,1940/1964,p. 175)警告:"不管分析家多么地好为人师,想要成为模范和理想,以及想依照自己的形象来塑造他人,他都不该忘记,那不是他在分析关系中的任务,并且确实,如果他被自己的偏好所引导的话,他将会背叛自己的任务。如果他这样做了,他只是重蹈了那些利用自己的影响力压垮了孩子独立性的父母们的覆辙,并且他只是用一个新的依赖替换了患者的早期依赖。"然而,这种错误被大量实践者们重复着,他们相信这预示着一个"联盟",它是所谓的分析者自我的健康部分和分析家之间的联盟。

神经症患者前来分析的时候，经常抱有对其处境的各种预先形成的理解——这种理解让他看不到自己在其中是如何推波助澜的，以及他在其中真 81
正起到的作用是什么。目标不是让他用分析家的理解取代他自己的理解（也就是说，内化她的观点），而是让他质疑迄今持有的意义和理解，质疑它们带有合理化和幻想的色彩。① 如果他乐于以某种方式看待事情，他可能就对此有一个（力比多）投注，因为这种看待事物的方式支撑了他具有的和自己相关某种意象，不管是正面的还是负面的。分析家要做的是强调那种意象的片面性——换句话说，是强调那种意象在何种程度上只包含了他自己的一部分；而不是给他的困境提供一个新的含义，是卸下、打开，以及在某种意义上解构他倾向于得出的意义。如果她提供一个新的意义（或者拉康经常使用的"所指"），他可能会抓住它，并且停止自主思考；这在某些令人绝望的情况下——分析者处在绝境之中，并且盘算着采取某些轻率的行动——可能是说得通的，而把他的自我边界往后推，以便更多地包裹被压抑之物，并没有什么用。

严格来说，提供了一种易于理解的意义的解释并非是一种精神分析的解释。② 反而更像是个暗示。精神分析的解释的重点，像我在先前章节中提过的很多其他精神分析技术那样，不是让分析者获得一些具体的意义，而是推动他去思考。提问、标点和切分都是用来引出、打开，以及有时去推翻分析者的言说中包含的意思的，驱使他力图把之前从未讲过的东西付诸语言。

意义与暗示的破坏力

> 解释不能只呈现老套的意义。
>
> ——拉康（Lacan，1978，p. 250）
>
> 分析的解释不是用来被理解的，而是用来掀起波澜的。
>
> ——拉康（Lacan，1976，p. 35）

提供了单一且易于理解的意义的解释应该被视为暗示，因为它们提供了一个思考或看待事物的具体方式。如果分析者非常信任分析家的话，他会非常认真地 82

① 如斯波特兹（Spotnitz，1999，p. 260）所言，"只有理解并不能让人好起来。"

② 拉康（Lacan，1966，p. 13）说："其影响是可以理解的解释并非精神分析的解释。"

对待她的解释里传达的意义，而这将会强化他对她的依赖。在包含了暗示的催眠治疗的早期阶段，我们常常发现患者得一次又一次地回到医生那里，让后者提供新的暗示；这表明，暗示的有效和持久度联系于患者对催眠师的信任。当和催眠师的联系中断时，那种信任就趋向于减弱，这意味着正是催眠师的个人影响才导致了有时经过暗示治疗后做出的显著进步。我们可能会说，患者从未在暗示治疗的过程中内化他能够做某些事情的信念，他必须再度被催眠师——也就是说，被其他人——说服。

精神分析的目标是相当不一样的：因为人们通常会觉得，他们自己得出的观点比那些由其他人提供的观点要更有说服力，并且不需要其他人不停地确认这些观点，分析家试图引导分析者自己找出答案。① 尽管我们的文化倾向于把分析家视为提供答案的人，但是她的首要目的是把分析者想从她这里得到答案的请求，转变为一种自行探寻的意愿（这就是为什么她像传说中的犹太人那样，用问题来“回答”他的大多数问题）。当然，在他寻找答案的探求中，他并不孤单，因为分析家在协助他，但是她会用各种方式尽力去做一个慎重的合作者，一个“沉默寡言的伙伴”。为了确保分析者在最大程度上觉得这些发现和成就是他们自己取得的，分析
83 家通常只在分析者距离说出某些东西只有一步之遥时才插话。② 她的工作不是用

---

① 当然存在这样的人，他们至少一开始更倾向于相信其他人提出的想法，而不是他们自己产生的想法。

② 如拉康（Lacan，2007，p. 130）所言，“分析家提供的解释，不是在主体那里发现的知识，而是对那种知识的补充，以便赋予其意义。”这是拉康在 1970 年陈述的——以及在后来陈述的其他的话语，比如“太多分析家习惯于从不开口”（Lacan，1974—1975，1975.2.11），以及“分析家经常相信他们的职业需要做到保持沉默……这是一个错误，一种背离，如果分析家讲的如此之少。”（Lacan，1976，p. 42）——对我来说意味着，拉康决不像他的某些追随者近期所宣称的那样，把解释视为“死的”（dead）。在 1993 年 6 月的一次会议上，塞尔日·科特（Serge Cottet，1994）似乎推动过这种主张，他指出了“解释的衰退”，然后这被其他人接受且放大了，尤其是被米勒（J.-A. Miller，1996，p. 13），后者宣称“解释死了”。然而，仔细阅读他们对这一主题的评论，可以看出他们只是在说，陈旧的“经典”形式的解释——分析家直接告知分析者某些事物（一个口误、梦，或症状）的意义——死了，而不是新近的拉康派的解释——后者是玄妙深奥的，模棱两可的，“半说的”，并且更可能会切断或动摇意义的生成，而非试图绑定某些具体的意义。拉康（Lacan，1973，p. 252）也指出（在他的研讨班 11 的法语后记中，不包含在 Lacan[1978]中），精神分析家有“义务作解释。”

在和某些分析者的分析工作的早期阶段，可能是有机会使用某些类型的解释的。——确实，有时一个有点令人吃惊的解释也许是唯一会让某些人在一开始成为分析者的东西。然而，我会建议，这样早期的出乎意料的解释，只得由非常有经验的分析家在实践了大量的分析之后，且有了相当好的判断力时给出；而不经历波折的话，人们就不会，或不大可能会投入到分析的过程中。

他的解释授之以鱼，而是授之以渔。[1] 注意，很多非拉康派的精神分析家仍然坚持这种观点：分析家要在解释中向分析者提供一个具体意义；然而，拉康派力图以这样一种方式解释——正如我们很快就会看到的那样——即，分析者自己去发现意义，或者让他面对这一事实：他一直在讲的东西根本说不通。（这并非是说，在这种形式的精神分析中，分析者很快就可以到达能够完全不需要分析家的地步了，鉴于我们一直在合理化以及无限期地排斥某些想法，作为听者的他者的在场，对于所有形式的分析而言，都是非常重要的。）[2]

提供一个具体的意义，是在邀请（分析者的）同意，有时甚至是感激，这会强化分析者的依赖的、婴儿化的位置——因为如果他需要分析家提供这样的意义的话，他必定是无法凭自己想出来。这样的具体意义能给分析者带来强烈的满足，因为这给了他一个有效的思考自己的方式，这对他而言可能是一个新的且令人满意的身份认同（这是拉康[Lacan，2001，p. 551]通过把法语词“jouissance”[享乐]写成“jouis-sens”[享乐-意义]来突出“sens”[意义]——在英语中，意指“sense”或“meaning”——的法语发音的理由之一。“jouis-sens”字面上的意思是“享受意义”，也可见 Lacan[1990，p. 10]）。但是在和神经症患者的工作中，不必促成新的认同，因为它们带来的享乐（这有时可能会导致分析家自己认为是值得的——换句话说，是对分析者“有益的”——以及分析者觉得是有治疗效果的）趋向于中止分析工作，这实际上阻碍了对所有这类自我认同的背后的东西的探究。

或者，提供一个具体的意义也许是在邀请分析者反对和质疑分析家的洞察力——有时这会导致无益的智力上的争论——以及分析家占据拉康所说的 84
“被假设知道的主体”（the sbject supposed to know）的位置的能力的减弱，即便是暂时性的（见 Fink，1997，pp. 28－33）。简而言之，“被假设知道的主体”指

① 在分析者坚持有所求的某些时候，分析家经常感到被迫要给（“喂给”）feed 分析者解释——有些人甚至把这称为“喂养请求”——但是问一个与其自身有关的问题，通常就足够了。温尼科特用他经常重复的，一句分析者的话：“像我在这个小时体验到的妥善照管，是一种喂养”，引发了分析家的“喂养狂热”（feeding frenzy）（见 Winnicott，1960/1965a，p. 141）。

② 一个相似的观点，可见 Casement（1991，p. 7）：“没人可以在无需他人帮助的情况下，了解自己的无意识。”

的是，分析者倾向于假定分析家拥有与困扰着他的东西有关的知识——事实上，笼统地讲，这存在于他自己的无意识中。① 正是他将无意识的知识投射给分析家，才使得分析者可以通过分析家来找到他自己的真理，但是如果分析家一再向分析者提供后者认为不可信的具体解释的话，这种投射（在长程分析的结尾，这一点是相当重要的）会受到损害。这是为什么分析家，无论在职业生涯的早期还是后期，常常以问题的形式来提供解释的原因之一；他们似乎认为，通过一个类似于“你认为这和你之前谈到父亲时说的话，有什么联系吗？”的问题提供解释，相比于通过像“就像和你父亲在一起时那样”的直接断言（一个声明式的，断定的，断言的，或指陈式[apophantic]的宣称）来提供解释，不太可能损害分析家所处的被假设知道的主体的位置。② 稍后我会检视这一观念的真实性。

有时，分析家必须提供具体的意义——例如，当分析家无法处理的某种类型的转移而使分析陷入泥潭时。在这些情况中，分析家必须冒险对转移作一个明确的解释（而我通常不建议这么做，见第七章），分析家要明白，她可能完全错误，而分析者会用语言或行动去纠正她（见 Lacan，2006，p. 225；Fink，2004，p. 6）。大量这样直接的解释会破坏分析工作，但假如分析中已经完成了一些不错的工作，分析通常能挺过艰难的时刻（Freud，1937/1964，pp. 261 - 262）。

然而，为了推动分析者工作，解释通常应该是多义的——也就是说，至少
85 有两种含义，把探索的任务交给分析者。如果分析者向分析家询问应该是哪种含义，分析家可以把问题转变成：“有哪个是你觉得我要表达的吗？”这个回答可能会引出还未被阐明过的转移的面向——分析者拥有的关于他自己的，且投射到分析家身上的想法。

出于多义性的考虑，分析家最好使用她从分析者的话语中提取出来的惯

---

① 当然，分析家“知道他不是”知道的主体（Lacan，1966—1967，1967.6.21）。

② 对术语指陈式（apophantic）的一个讨论，见 Lacan（1973，p. 30）。指陈式这个词出自亚里士多德的《解释篇》，在其中我们可以找到术语“logos apopbantikos”（意思是“陈述的话语”[declarative discourse]），对此海德格尔（Heidegger，1975/1982，p. 180）做了如下注释，“它有展示（showing），展览（exhibiting），陈列（displaying）的特殊功能，这在英语中被称为断言（assertion），陈述（statement），命题（proposition）！”

用语，因为它们经常有多种含义，以及在当代美国英语中几乎已经可以表达一切含义的介词（比如 with）。以这种方式利用分析者自己的措辞进行工作，以及避免把明晰作为目标，①在这个过程中分析家也许会发现，她的解释比她在第一次讲出来时所以为的更具多义性，这和她在解释时，还未曾了解到的分析者经验的其他方面产生了共鸣。这使得她的言辞既丰富又艰深，因而意思难以确定下来。

那么，如果解释的目标不是为了提供意义，而是为了产生某种影响的话，我们所想的是什么样的影响呢？

新材料：推进分析

> 解释不是用来测试一个可以用是或否来决定的真理的，它解放了这类真理。
>
> ——拉康（Lacan，1970—1971，1971.1.13）

> 国王："你们会用心听这封信吗？"
>
> 俾隆："就像我们在聆听神谕一样。"
>
> ——莎士比亚，《爱的徒劳》第一场，第一幕

如爱德华·格洛弗（Glover，1931）在很久以前指出的那样，在治疗中解释应该是有生产性的，也就是说，要引出新材料。拉康（Lacan，2006）在 30 年后讨论过这个观点，他写道：

> 每个人都以自己的方式承认，要确认一个解释有充分的根据，并不是依据当事人给出的确认，而是基于后来浮现出的材料。
>
> 但是对心理学的迷信对人们产生了如此强大的影响，以至于人们总 86
> 是要在当事人的确认中寻找依据充分的现象，而完全忽视了弗洛伊德谈到的，以承认的形式出现的否认（Vereinung[negation]），以及由此产生的

① 从这种意义上讲，分析家就像前美联储主席艾伦·格林斯潘（Alan Greenspan），他曾说过，"我一直在担忧自己可能过于明白了。"

> 影响——至少可以说，主体的否认不能被视为无用的。(p. 595)

分析家在解释时的目标不是去说一些分析者可能会赞同的话（尽管一开始治疗师有时倾向于提供这样的解释，去向分析者证明她会提供某些让分析者觉得有价值的东西）。如弗洛伊德(Freud，1937/1964)提出的：

> 患者的一个简单的“是”决不是清楚明了的。它确实可以表示他承认假设的建构的正确性；但是它也可以是无意义的，甚至可以说是“虚伪的”，因为在这种情况下，因为阻抗的缘故，利用赞成去遮蔽一个还未被发现的真理，是很便利的。“是”毫无价值，除非它伴随着间接的确认，除非患者在他的“是”之后，立马提供新的回忆，补充并拓展了假设的建构。(p. 262)①

确实，分析者反对分析家的解释的情况，假设他的反对是激烈的，而不是漠然的，最终对于分析而言也许更有价值②。可以这么说，否认越是坚定或强烈，解释越有可能触及了要害。尽管当场探索那种要害也许是不太可能的，但是分析家可以先记住它，期待着以后再转回来，虽然可能是间接地或者是以不同的方式。回想一下弗洛伊德(Freud，1905a/1953，p. 46)富有洞察力的箴言，“一个未击中要害的责备不会引起持续的攻击。”我们或许可以为分析情境把这句话改写成：“没有命中靶心的解释不会激起无尽的否认和反驳。”

然而，这里更重要的是，解释的价值必须由其影响来判断——也就是说，
87 由其是否推进了分析来判断(Freud，1937/1964，p. 265)③。在某些情况中，它

---

① 对于建构(construction)和解释(interpretation)之间的区别，弗洛伊德(Freud，1937/1964，p. 261)说，“解释适用于对材料的单一元素的解释，比如一个联想或一个失误动作（如口误或笨拙的动作）。”而建构涵盖了大量的分析材料。

② 关于分析者反对分析家的解释的一些有趣评论，可见 Freud(1937/1964，pp. 262－263)。

③ 这并不是说，仅仅因为分析者在一个解释之后继续“滔滔不绝地讲话”，解释就是有用的。如拉康(Lacan，1966—1967，1967.6.21)提出的，“如果解释只是引出材料——我是说，如果它完全消除了真理的维度的话——那么解释就只是暗示而已。”

可能会立刻引出大量的联想，而在其他情况下，可能会产生一个滞后的影响，比如会激发梦、白日梦，或会谈之后的片刻沉思。另一些情况中，无论从短期或长期来看，它可能达不到预想的效果，没有引出新材料（不管是能够确认解释的价值，还是判断其无效的材料）。当然，判定是什么最终推进了分析而什么没有，这是个复杂的问题。某些联想链条一开始似乎很鼓舞人心，但是最后又停滞不前，陷入僵局。由一个解释引发的某些思路，一开始时好像很有成效，却在后来因为不得要领而被放弃。然而，我们经常会感到，很多这样的思路需要得到探索，并且只有在这些思路山穷水尽的时候，才可能发现一些更具持续性的，联系更深远的线索。我们并非总能正好选中最优的线索，而罗马也不是一天建成的。

出于对引发新材料的关心，拉康有时把解释描述为一种“神谕般的话语”。① 就像德尔斐神谕，分析家说出一些充满多义性的话，它在耳中回荡，即使未被理解，但它激起了好奇心，以及想要猜测分析家为什么说了这样的话的欲望。在最好的情况下，分析者被引导不是主要在意识层面上工作——我们也许会发现他在下一次会谈中评论“我在思考你上次说过的话，在某种意义上我同意，但是另一方面……”（受到神谕般解释的多义性挫败的一种评论）——而是在无意识层面上，这也许会引出意想不到的意象、梦、幻想，或不是有意识思索出来的想法。

神谕般的话语不是努力彰显其对意义的掌控的话语——彰显其完全理解了分析者的言说——而是唤起性的话语，模棱两可的话语，人们必须对其投射意义的话语，人们必须下功夫为其寻找意义的话语。如拉康（Lacan，1975a，p. 16）所言，“神谕既不泄露，也不隐藏：σημαίνει，它只是制造一个符号。”并且一个符号——例如，一只燕子在水面上空飞翔的轨迹，或者献祭动物的内脏外观——需要被阅读，需要被解释。它没有固有的含义；其含义得由观察者赋予 88
给它。希腊语“σημαίνει”也意味着“表明”“展示”，或“指向”；当某人指向某

① 对本质上像神谕的分析解释的一个讨论，可见 Lacan（1970—1971，1971.1.13，2006，pp. 106，588，1973，p. 37，1975a，p. 16）。也可见史蒂芬妮·吉莱·勒庞（Gilet-Le Bon，1995）的精彩评论。

物——比如说，一棵树——我们无法在众多的可能性当中，预先推断出他是在试图让我们注意到它的种类、外形、树皮、颜色、叶子，还是其中的鸟巢。解释必须有“影射性”的优点，拉康提到(Lacan，2006，p. 641)，模棱两可是精神分析工具箱中最富有成效的激发性的工具之一。

解释并不提供一种元语言

> 解释……指向欲望，在某种意义上说，两者是同一的。总而言之，欲望就是解释本身。
>
> ——拉康(Lacan，1978，p. 176)
>
> 如果有一种精神分析的基本律法的话，那就是避免胡说八道，即使是以分析的名义。也不要野蛮分析：不要说出只对分析家才有意义的话。
>
> ——拉康(Lacan，1976，p. 34)

数十年来，精神分析理论构成了由分析家做出的大量解释的基础；俄狄浦斯情结是极好的模板，分析者的经验会通过这个最重要的网格被看到。精神分析理论的语言被当作用来表达分析者的经验的完美语言——从这种意义上说，它可以被视为一种分析者自发采用的语言的元语言——有时甚至有人认为，将他的经历缩减成分析理论，就足以完成分析工作了。一旦分析者的生活已经用理论语言阐述过了，他的症状就应该会消失。19 世纪 20 年代，弗洛伊德已经注意到了，基于像俄狄浦斯情结这样的理论建构的解释，不再有效了：来见分析家的患者已经读过一些分析文本了，在躺在躺椅上之前，就已经用精神分析的概念套在他们自己的经历上了，并且会说这样的话，“医生，我的问题是，我仍然爱着我的母亲，而且这也是我憎恨父亲的原因。”俄狄浦斯的建构已经变得如此老生常谈了，以至于以它为基础来作解释时，不再产生什么效果了。随着对理论所做的补充——不管它们是后期弗洛伊德式的概念，如它我
89 (id，即本我——编者注)和超我，亚伯拉罕的部分对象，还是克莱因的好对象和坏对象——分析家经常试图借此翻译分析者的经验；这样的翻译也许在一开始有一些影响，但是随着精神分析的概念再次被公众吸收，它们的影响很快

就消失殆尽了。①

没错，像凯斯门特（Casement，1991）这样的分析家反对这种形式的解释，因为它忽视了每个分析者的特殊性，并且倾向于只从患者们的共同点来看待他们：比如俄狄浦斯情结这样的普遍冲突，或者抑郁位这样的普遍发展阶段。如凯斯门特（Casement，pp. 206－209）指出的那样，我们不能立刻假定，分析者这边的沉默意味着阻抗，仅仅是因为分析理论暗示在某些情况下也许是这样的；而在很多情况中，即使不是大部分情况，它的含义也远比那要复杂得多。

但是我们必须更进一步地推进，我们对于把解释概念视为一种完美的元语言（Soler，1996）的批判。然而把分析者的经验从一种习语翻译成另一种——从他的日常用语翻译成精神分析的行话——并不能改变他的经验；这只是给它赋予了一个理论含义。他很可能对此很满足，因为他感觉到，通过提供这种意义，分析家正在使他获知精神分析理论，并且把他视为分析训练的候选人，或者一个受训分析家。然而此种满意可能成了他前进的一个障碍，并且他可能感觉到，一个理论阐述才是最终的定论：它提供了一个他应该会满意的终极解释。这会导致精神分析过程的短路，总的来说，分析过程涉及要面对这样的事实：并不存在这样的终极解释或答案。尽管分析者一再疑惑他的生活走向的缘由——关于他为什么支持父母的某一方而反对另一方，他为什么认为父母尤其想从他那儿得到某个东西，为什么他默许某人的羞辱，为什么他遵照了某人的每一个愿望，为什么他做了那种回想起来觉得是对自己有很大伤害的，并且是好像阻碍了他生活进程的事——并且，尽管他找出无数理由，部分地解释了他在不同关键时刻或转折点上做出的选择，但有些事情总是未被解释，事实上也是无法解释的。他的探索越是往前追溯，他的动机似乎越是难以辨认。与其填补他的解释中的这些空洞，或者用理论描述或正常化的评论（“每个人都不得不做些那样的事情，以便和 90
父母分离，变得独立”；见第九章）来掩盖这些谜一样难懂的决定，分析家必

① 在这一点上，可以说分析是其本身的成功的一个受害者。然而这假定了，（将经验）翻译为理论术语一开始时是一种有效的解释。

须要突显这种解释的缺失。①

为什么一个人用某种方式行事，或者为什么一个人做了某事，对此并没有终极答案或解释。可以得出某些关于生活走向的建构(construction)，但是归根结底它就是这样，而且人们必须得接受这一点。一个人必定会做出那些似乎不是决定或选择的决定或选择。就像一个孩子没完没了的问题(为什么天空是蓝色的？为什么光会折射？为什么光会采用波浪的形式？等)迟早会导向某些无法回答的问题——孩子的真正动机是否是想知道答案，这并非总是很清楚的——分析者无尽的沉思会导向一种无法估量之事，导向最终是不可知的，且只得接受的事物。

总会有些事是寻不到答案的。当父母被分析者问及早期事件发生的缘由时，即使他们想起了那些事，能提供的也只是他们自己的看法而已；分析家也只能提出一连串的可能的重构，而这些都缺乏可信度。这些可能的知识宝库都没有答案，这意味着知识本身在某些方面是有缺陷的。大他者(Other，有一个大写的"O")作为所有知识的宝库——这是理解拉康的术语的一种方式——是缺失的，是不完整的，而且除了接受这种窘境以外，别无他法。

这是谈论弗洛伊德所说的"阉割"(catration)的一种方式，而阉割既适用于男人也适用于女人，并且包含着我们身上相当明显的局限：我们并非是不朽的，我们时日有限；我们不知道自己何时会死；我们无法做尽所有的事，无法精通所有领域；并且我们的知识也是有限的。正如弗洛伊德(Freud，1937/1964，p. 252)所言，分析家必须引导分析者面对阉割这一"基石"(bedrock)(这意味着分析家所能做的仅仅只是把他引向那一点，而接受还是拒绝被阉割的事实还是取决于分析者)，拉康主张，分析家必须引导分析者面对大他者的缺失，找到一种方式帮助他接受那种缺失或局限，并且超越它。

91 对寻找终极答案的执着，暗示了这样一种力比多投注：总是把个人困境

① 拉康把这种"解释的缺失"称为"大他者的缺失"(lack in the Other)或"被划杠的大他者"(barred Other；Ⱥ)，而且把分析者在分析中通过言说而遭遇到的大他者的这种缺失称作为"S(Ⱥ)"，它表示了"大他者中的缺失的能指"。基本幻想(见第六章)通常为分析者遮蔽了这一缺失，并且只有在基本幻想显现出来，且开始动摇的时候，分析者才被迫去设法应对大他者的这一缺失。

归咎给环境或他人，然而在多数情况下，环境以及其他人的行为影响有限，分析者最终必须得接受，在他所展开的生活中，他自己也负有一部分责任，而且还是很重要的一部分。

那种力比多投注意味着某种固着，它存在于分析者在生活中寻找享受(或享乐，分析者并不必然体验为快乐或享受的一种满足)的方式，且不愿寻求其他的享受方式。这种固着恰恰是分析者第一次来分析时，最常抱怨的：他并没有在享受生活(可能他过去是这样，或者意识到他周围的其他人要更享受)，他的生活方式使他痛苦，而不是带给他快乐，并且他似乎不能打破这种让自己陷入痛苦的模式。我在其他地方把这称为“满足危机”或“享乐危机”(Fink，1997，pp. 8－9)，分析者先前的享受方式(不管是一种明确的性欲方式，还是其他的)已经失效了，他来找分析家帮他恢复它们先前的功效。另一方面，分析家希望引导分析者以一种新的方式享受生活。这种生活方式并不涉及这样的力比多投注：用过去的眼光看待世界以及因为自己的困境而怨天尤人。

如果分析家用她自己的解释来填补分析者解释中的空白，就会让他原地踏步，而不是鼓励或激发他超越那个位置。他会用一种新视角来看待事物，来理解自己的生活，但他将继续像以前那样受苦，并且他将继续以在开始分析之前的，那种令人难以忍受的方式获得“享受”。这就是拉康(Lacan，1977b，pp. 15－16)如此断言的原因之一，他说，“解释不需要非得正确不可，但必须要有的放矢，归根结底，这意味着当意义被唤起时，它反而终止了对意义的追寻。”在这种情境中，某些东西已经被压抑了，并且“一股无穷无尽的意义之流被唤起。”——“把他们自己扔进制造压抑的洞穴中的那种意义”(也就是合理化)。拉康的解释方式意在对准某些超越了激起分析者提出更多新意义的事物。尽管在一个分析的开始，那显而易见很重要，但之后，重点在于引起“主体位置”上的一种改变——分析者享受生活方式上的改变，断了分析者想要解释 92
那些根本无法解释的事物的念头的改变。

歧义性的解释的例子

只有透过歧义，解释才有效力。在能指中，一定有某些东西可以引起共鸣。

——拉康(2005b,p. 17)

即使是尝试去计算,解释的影响也是不可估量的。

——阿帕里西奥(1996,p. 55)

在很多情况中,可以简单地引用分析者自己说过的某些模棱两可的话来构造解释,因为分析者经常听不出自己说过的话里面的歧义。在我的一个分析者人生的黄金时期,曾多次讲到,在公司等级梯度中,他并不在他这个年纪通常应该处在的位置上,而且常常抱怨老板和他生活中的其他人总是试图表现得像是他的父亲一样,当他说“我总是在自己权利攀升(ascent to power)的过程中马失前蹄”时,我简单地把他的一些用语重复给他听。当我重复“权力攀升”(ascent to power)时,他意识到 ascent 也可能被听成 assent(赞同),他开始怀疑自己对所谓的权力的拒绝,他在工作中对行使权力的不情愿,推卸责任,等等。那使得我们对权力的讨论,不再局限于对权威本身的广义批评的抽象层面(尽管一开始是启发性的),并且转向他自己压抑的或暗中表达的想支配别人,盛气凌人,以及对其他人表现出攻击性的愿望。

引用分析者的话语而作的解释,对分析者来说,可能是最普通的,并且通常是最不令人感到惊奇的,在我的经验中,分析者甚至通常都不把它们当作解
93 释[①]。尽管如此,有选择性地引用和脱离语境的引用,利用了分析者话语中的歧义性,分析家觉得比较重要的歧义性(在某些情况中,在分析者的言说中,有如此之多的歧义,以至于分析家必须在其中挑选出少数最有用处的),估计——虽然可能是在转瞬间——它们多少有助于开启新的讨论。这个案例中的歧义是一个简单的同音异义:在大多数(如果不是所有的话)当代美式英语口语中,ascent 听起来就像 assent。

---

① 这是它们的优点之一,它们包含了授权者的不确定性。正如我们会在第七章看到的,分析者经常会把解释听成来自他转移性地把分析家投射成的那个人(比如,他过去生活中的关键人物),这就使得分析者很难听进去或接受这些解释。把分析者说过的话——可能是重复其他人说过的某些话——从语境中抽取出来,这样的解释的优点是,这避开了这种转移性的难题。(见 Lacan,2007,pp. 39 - 40)

在另一种情况中，同音异义没这么彻底：我有意用一种方式，重复分析者说的“我们俩都在骑车(riding)”(在他才告诉过我的一个梦里骑自行车)，以便让“riding”听起来像“writing”(在美式英语中这很容易做到的)，因为好几次会谈中他一直在谈论他的写作。在那之后不久，我通过大声拼读“righting”而改变了这个词，以此暗示他的写作可能和他要修正某些已知的错误，将某些事或人导向正轨有密切关系。

此外还有些情况，在分析者的话语中被引用部分中的歧义，是语法或习语层面的①。一个分析者的哥哥多年来和他一起进行一种非常特别的性活动，其间他假装睡觉，在多次会谈中，他谈论自己觉得买春这种想法是多么令人厌恶。尽管偶尔想过要这么做，但他总是会“将它推开”，担心有偿的伴侣会视他为“野兽”，“一个令人反感的存在”，他补充道，“并且我对此还不知情”。这是他对哥哥的看法的一个合理总结，后者经常掌控他，以各种不同的方式让他为自己的屈服买单(making him pay)，而他也会想要哥哥以同样的方式买单(make pay)——也就是说，在痛苦和羞辱中。我只需把“为此买单”(pay for it)提出来，就可以使他把钱、掌控和痛苦联系在一起，并且使他意识到，对于他来说，至少在某些层面上，付费让别人和他性交意味着他扮演了那时哥哥所扮演的角色——这是他不愿做的事。除了这种有点直白的联系以外，他想让其他人付出代价的更普遍的兴趣不久就浮出水面了。在这里，是动词“付费”(to pay)，以及习语“使某人为某事付出代价”(to make someone pay for something)的多重惯用含义，给这种简单的解释提供了某种丰富的内涵。

在这个案例中，目标明显不是去揭露一个具体的“隐藏含义”，而是让分析者去怀疑自己讲“paying for sex”(为性付费/付出代价)时的意思是什么，因为他要表达的意思比他一开始以为的要更难以捉摸。确实，分析者经常用诸如 94

① 拉康(Lacan，1973，pp. 48-49)提出，在解释时，分析家利用了三种不同类型的歧义：同音异义、语法的和逻辑的歧义。举一个逻辑的歧义的例子，一个分析者转述给我的话：“Nothing is better than something bad”说话人表面上是要说，没有要好过坏的有，但是这显然也可以是在赞美不幸的事(这句英语也可以读成没有什么比坏的要好)，语法上的和逻辑上的歧义，在这里显然汇聚到了一起，在其日常——也就是说，非正式的——使用中，语法对于逻辑来说是如此重要。

“那我是要表达什么呢?”或“那究竟是什么意思呢?”的话,来回应分析家对他们具有歧义性话语的引用(Aparicio,1996,p. 53)。

自然地,不是所有的解释都得引用分析者的话语。在一个分析者的情况中——在讨论她在成年后频繁的恶心时,回想起自己五六岁时,因为感到恶心,好几次进入父母的卧室去要消食片(Alka-Seltzer)。我想起她最喜欢的同胞比她小 6 岁。尽管很多东西快速地涌现在我的脑海中,包括这样的想法:她可能见过母亲孕吐,而且可能想要像妈妈那样,或者取代她怀孕,想象着自己怀着爸爸的宝宝,但我只是问她是否见过有谁服用消食片。她指出,她偶尔看到父母都服用过,最先想起的是父亲的宿醉,然后是母亲不定时的孕吐。分析者之后又补充到,儿时她会通过暴饮暴食让自己胃痛(成年后,她有时仍然会这么做),在这一点上,我提出:“好像你在诱导孕吐(bringing on morning sickness)。”“孕吐”(morning sickness)是她自己用过的词,但是我又加了些补充;而且不要忘记 morning 这个词的发音也可以拼写成 mourning(哀悼),我在词语“morning”和“sickness”之间有个轻微的停顿,看她是否也会听到“bringing on mourning”(诱导哀悼)。

在先前的会谈中,我们谈到对她在生活中失去的各种人的哀悼,但是她对这个解释的回应,远远超出了我在那一刻所能想到的事情:哀悼她的母亲在小的孩子出生后,不再给予她关注(这是可以料想得到的);母亲对她自己已逝去的青春的哀悼,让分析者明显地感觉到,生孩子是她所有痛苦的源头,并且使她在很早的时候就下定决心不要小孩。可能她几十年来的周期性胃痛是一种警示,即她从未完全接受过那个决定,并且从未彻底哀悼过她本来会有的孩子——如果她在之前的两次怀孕中坚持下来了的话。在作出那个解释之前,我并不知道她曾怀孕过,更不用说两次。改述拉康(Lacan,1966,p. 13)的话来说,如果解释的效力是完全可以提前预测的,那它就不是一个精神分析的解释。

这个解释的一个重要的目的,是为了突显分析者在这个过程中的参
95 与——她是自己主动一再地暴饮暴食,以此来伤害自己的胃(可能是模仿母亲在怀孕期间的好胃口或者与之竞争,并且使她自己像母亲那样有恶心感)——也是为了引出对这背后可能的欲望或渴求的讨论。虽然她意识到

她考虑过领养孩子的想法，但她仍然浑然不觉的是，自己可能得亲自生孩子，哪怕是在很早以前，她有意识地决定不这么做。在这个意义上说，这个解释成功地击中了她之前从未深思过的某些东西，某些在表面上被压抑了的东西：一个欲望。

因为事实上，所有的话语（当然也不绝对）都是有歧义的，在解释被讲出之前，分析家不可能总是仔细考虑到它的每一个可能的含义。即使她有时间这样做——考虑到趁热打铁的重要性，而且多数解释非常依赖一个时刻会变化的高度特殊的语境，她显然不会这么做——她不可能预见到，分析者理解她所说的话的每一种方式，这至少部分是因为分析家倾向于基于她意图表达的含义，去理解她要说的话，并且话一旦被讲出来之后，就只能好像自己是另一个人那样去听了。因此她提供的解释，经常以出乎意料的方式，具有歧义性：尽管她衡量过自己的解释（她设想了自己的话语可能包含的多种意义和影响），她得到的也许比她指望的要更多，也就是说，她的话语的影响在某种程度上是无法衡量的。

这可能至少说明了某些新手分析家的"解释焦虑"——写作障碍上的一个变种，作家们有时候会担心，一旦他们把想要表达的东西付诸笔墨，他们就会对其失去控制——以及在处理与解释相似的东西时，他对于提问这一方式的偏爱。我怀疑，他们很快就发现，以问题的形式被提出的解释，就像被包装成断言的解释一样，可能会打开不可预知的（长得难以想象的）的一系列可能性。在很多情况中，他们也会害怕说出分析者认为是愚蠢以及会拒绝的话，他们会觉得，抛出询问式的解释要更保险。但是这样的解释，同样会被某些分析者视为包含了无情或荒谬的暗示，而且分析家以这种方式规避风险，通常所获甚少。这样的解释失去了其中隐含的大量出乎意料的因素：以一种卓有成效的方式让分析者惊奇的可能性因为妥协，而力量被削弱了，因为这就好像分析家在说："不要对我正在讲的话太认真，这只是个推测。"此外，分析家以一种刻意淡化的方式提出自己笃信的某些东西，这包含了一种根本上的不诚实。如果分析者没有如她所希望的那样认真地对待解释的话，她可能会变得更加坚持， 96
但是她只能责怪自己，因为是她自己把它包装成一个问题，邀请他姑且听之的。

简洁是智慧之魂

寡言少语时，话语很少白白浪费。

——莎士比亚，《理查二世》第二幕　第一场

鉴于一个适当的解释可以消除症状，真理是具有诗意的。

——拉康(Lacan，1967—1977，1977.4.19)

我希望所提供的这几个例子可以清楚地表明，激发性的卓有成效的解释不必是啰唆的。像那种冗长复杂的，包含了会让分析者分心或困惑的问题的解释，即使是可能的，分析者回应起来也可能是杂乱无章，困难重重。

看看随后几个来自精神分析文献的例子；凯斯门特(Casement，1991)记录了他对一个患者做的解释，这个患者倾向于在会谈中长时间地陷入沉默，即使她明显很痛苦。一天，在一段持久的沉默之后，她结巴地说，"我很抱歉，但是我无法不让自己像这样难以相处。"凯斯门特把这一点和另一个事实联系在一起，即她的母亲经常会在她沉默的时候，指责她是如此地难以相处，并且会在她试图跟她讲话的时候转身离开。凯斯门特回应说：

> 当你表达你的感受时，可能你试图向我传递的正是这一困难；但是你预期我并没有准备好和你一起面对，所以你才觉得有必要道歉。(p. 209)

可能凯斯门特并没有一口气对分析者说出所有这些话，而只是出于展示的目的才把它们放在一起，但如果不是这样的话，就会有太多分散的思路，同时延导向不同的方向。考虑到分析者对此的回应，如凯斯门特报告的那样，他似乎已经传达了他想表达的东西——她以为他像她母亲那样，即无法忍受她的沉默，也不愿听她讲话，因此她才道歉。但他既没有选择有精简的表达，也没有选择歧义性，当然，我们事后的聪明要比当时即刻作出反应
97 容易得多。在我看来，如果想要提供一个确切的含义，避免使用包含如此多不同部件的解释，也就是说，包含如此多分散的想法的解释，是个很好的普

适原则。①

正如简洁是智慧之魂，解释越言简意赅越好。解释不必缺乏机智，尽管人们很难通过许多作品以及当代精神分析的文献中所提到的解释了解到这一点，这些解释难以置信的认真、发自内心、甚至语气哀伤；而这与 1920 年代和 1930 年代著作中时常显现的俏皮和机智的语气形成了鲜明的对比（比如，西尔贝雷出版于 1921 年的书 *Der Zufall und die Koboldstreiche des Unhewussten*《偶然事件与无意识的顽皮恶作剧》）。我怀疑，这并非主要是因为分析家见到的是一些在病理学意义上更为严重的案例，而是因为他们的注意力在很大程度上，从探索无意识转向了在他们自己和分析者之间发展一种养育关系，他们对无意识形成物中所包含的智慧知之甚少，比如梦、白日梦和幻想。

尽管在大多数会谈的很多时刻，幽默都不是必需的，但它偶尔也是和分析者建立关系的一种有用的方式（有时是唯一的方式）。此外，在某些层面上，并没有理由说分析不能是有趣的，对分析者和分析家而言都可以是有趣的。如拉康（Lacan，1988a，p. 77）所言，"我们使精神分析越接近于有趣，就越是在实践真正的精神分析。"确实，欢乐的时刻，也许是让某些分析者在生活艰难的时候坚持来分析的唯一的东西。

我的一个强迫症患者——在分析的开端，他的欲望受困于阳痿、虚弱和低效，一度不停地谈论他的计算机工作、学术与文学写作之间的冲突。他在好几次会谈中谈论"他对 UNIX（一种计算机操作系统）的痴迷"。当我指出，那个词的发音也有其他的拼写，比如 eunuchs（太监）的时候，他歇斯底里地大笑了起来，而且在下一次会谈时告诉我说，我"扼杀"了他学习计算机语言的痴迷。无意识，像小孩（也如同很多成年人）一样，追求"无谓的快乐"（Freud，1905b/1960，p. 125），在没有语意联系的同音异义词（如 UNIX 和

---

① 这种冗长的解释也出现在凯斯门特著作的其他地方（Casement，1991；特别是见 pp. 43 和 45），即便他的"内在督导"或"尝试性认同"（trial identifcation）（见第七章中我对此的讨论）本来会在理论上引导他避免使用如此难以回应的解释（p. 41）。弗洛伊德（Freud，1937/1964，p. 261）把这种广延的解释称为和"解释"（interpretations）相对立的"建构"（construction），但是那并不会让分析者来听起来更顺耳。

98 eunuchs)之间制造联结。利用同音异义词在一个念头或愿望与另一个看似无关的念头或愿望之间形成“语言桥”，症状经常以此伪装其含义和起源(Freud, 1909/1955, p. 213)。

我的另一个分析者很长时间以来都不愿抱怨她的母亲，即使她似乎有充分的理由这么做。一天她告诉我，她小时候经常玩一个游戏，想象自己是某个Betwick教授(这里我更改了名字)，“一个在地下室做实验的疯狂科学家”。我们谈论这个教授的人格的各个方面，然后转向那个名字本身。对于wick，她想到了witch(女巫)，wicca(一种女巫宗教)，然后想到了wicked(邪恶)，又立刻主动讲出了这种说法“No rest for the wicked”(恶人不能休息)，这是她的家人经常讲的一句话。我问道，“那就是你这么努力工作的原因吗?”，因为她经常说自己是个工作狂；可能她觉得自己是邪恶的，不停地工作正是在为此付出代价。她笑了一下，接着我们讨论了很久，关乎工作，邪恶的诅咒，“西方的邪恶女巫”，以及她偶尔把自己想象成女巫的事情，等等。然后我们转向名字的第一个部分：Bet。尽管一开始她对此没有任何想法，但最终她联想到了母亲名字Elizabeth的简称。母亲几乎一直被叫做Elizabeth，只有少数几个人会叫她Betty，Beth，甚至是Bet。对此我说，“Wicked Betty”(邪恶的贝蒂)，然后是“Betty the witch”(女巫贝蒂)，与此同时分析者大笑了起来。

我在那一刻结束了分析，并且在下一次会谈把讨论引向了关于她母亲的一些更邪恶的方面，以及分析者为什么给了她最爱的人这样一个名字：是为了在不自知的情况下嘲笑母亲吗(她自己、母亲或家里的其他人都没有把这两者联系起来，这可能部分是因为她对那个名字的第一个部分，发音更像bate，而不是bet)？是为了在她自身中找出她在母亲身上看到的邪恶吗？为了保护自己免受母亲邪恶面的影响吗？毫无疑问，这些都是的，而且不止这些。我的解释，“邪恶的贝蒂”和“女巫贝蒂”，没有关闭继续讨论其中任何一个的可能性，而是打开了一扇大门，引出了大量的联想材料。此外，鉴于她无意识地选择了这个绰号(Betwick)，可能带有些许攻击性和嘲笑，我的说法使得她可以享受这种攻击性，享受嘲笑她母亲的乐趣，而这是她决不允许自己公然去做的事。笑声许可了她的一些攻击性的表达——在分析的设置中我使得这一表达合乎社会规范，这让她可以用一种不用受罚且没有危险的方式看到，她心中长

久地存在着对母亲的攻击性(甚至是一种想激怒[bait]她或对她发火[bate]的 99
愿望)。也可以这么说,她的无意识自行构造出了一种满足了她的一些攻击冲动的俏皮话,而我只是拼读出了这一俏皮话。我相信,这对我们彼此来说,都是一个有趣的经历。

当我们探求被压抑之物时,一定要鼓励对于冲动的言语表达,神经症患者将这些冲动小心地锁藏起来,而有时是如此地小心,以至于他已经忘了保险柜里还有东西,或者甚至忘了他最后把保险柜埋在了哪儿。这需要我们知道,我们是在和神经症患者还是精神病患者一起工作,由此我们才可以把这样的表达放置在合适的层面。当我的一位严重抑制的神经症分析者,跟他的前任分析家讲述一个涉及她的攻击性幻想时,她的第一反应是去评估他是否真地想要和她一起将幻想付诸现实。尽管这样的幻想可能是某些精神病患者处在特殊环境中的一种危险的征兆,这个分析者给了她充足的证据——他在生活中相当克制,以及他总是倾向于为每件事惩罚自己而非痛斥别人。把幻想放置在"现实"层面上,就好像她认为这是他可以做到的事情,她有效地阻止了分析者再度提及任何其他攻击性幻想,而分析不久之后也失败了。对于神经症患者而言,在念头和行动、想和做之间有一个严格的屏障,我们可以非常放心地鼓励冲动的言语表达,不管那有多么激烈。和精神病患者一起工作,通常就不是这么回事了,因此能够区分神经症和精神病是非常重要的。确实,和神经症患者一起工作,我们必须接待梦和幻想的方方面面——冲动的组成部分就包含其中,因为它们有实在的面向,并且可能之前从未被付诸言说,且常常导致重复性的行为,直到它们以尽可能多的方式得到表述之后。与其试图评估她的分析者是否正计划将幻想付诸现实,这个分析家如果能够重复分析者所使用的饱含力比多投注的词,在话语层面上接纳其幻想中的攻击性,这样就很好。在和我的分析中,他做了一个梦,梦里有一只将死的马(a dying horse),让他联想到了我,我带着些许温暖重复道,"将死的(dying)",从而点出并强调这背后的攻击性,同时告诉分析者,即使他害怕自己可能会对我做什么,我对此并不担心。我并没有把这当作是针对我——一个活生生的人类存在的,而是转移的一个普遍的面向而已,也就是,是针对我之外的某人或某物。(见第七章)

100 更多有关解释的例子——如果这些解释是可以被理解的，总是需要提供在会谈中分析者话语的丰富背景，也包括对整体背景的大概描述，理想的做法是，呈现出完整的分析，以使得任何一个解释都可以被理解，但是这几乎是不可能的——可在接下来的章节中找到。①

① 因为我还没有在这本书中介绍拉康的对象 *a* 的概念（见第八章的一个概略的描述），我就没有在此讨论另一种解释，即分析家，尤其是在分析的后期阶段，通过不同形式的切分以及其他不太容易被归为解释的干预，尝试从基本幻想（见第六章）中抽取出对象 *a*，并且使分析者与之分离（关于这些技术的说明，有人称它们为“解释的另一面”，见法文杂志《弗洛伊德事业》[La cause freudienne]第 32 期（École de la Cause Freudienne，1996），题为《您什么也没说》（*Vous ne dites rien*）的文章）。我也没有介绍拉康的“主人”（或“一元”）能指 S_1，以及“二元”能指 S_2（见第十章的一个简短讨论）；因此我在这里也没有讨论这种解释，即分析家有时在分析者能够提供一个 S_2 之前就切断了他，S_2 是 S_1 的意义，而 S_1 纯粹是无意义的；留待一本关于技术的更进阶的书中去讨论，在那里冲动和享乐可以得到详细论述。关于后一种解释，可见索莱尔（Soler，1996）的评论：

另一种（形式的）解释……没有说出什么东西：它分离出了拉康称之为的一个非语义的能指，这个能指处在链条之外，被清空了意指，却充满着享乐……这种切断并不会让一个人理解到什么，反而缩减了意指。我甚至可以说，它阉割了意指，不是出于意义的考虑，而是为了分离出主体被迫要服从的符号。（p. 30）英语读者可以在诺布斯（Nobus，2000，第四章）那里找到一些有关拉康对解释的后期观念的出色的说明。

第六章

对梦、白日梦和幻想进行工作

在分析中，通过梦引出的被压抑之物，远远超过任何其他方法做到的。 101

——弗洛伊德（Freud，1923a/1961，p. 117）

没人可以把对梦的解释当成一种单独的行动：它始终是分析工作的一部分。

——弗洛伊德（Freud，1925a/1961，p. 128）

大量的分析材料通常是由梦和幻想提供的。为什么呢？因为经由梦的创造，无意识“参与”到分析工作中，至少在某个层面上是通过增补分析者讲述的生活故事，影射分析者遗漏的记忆而做到的。在某些情况中，当分析者在分析之初，首次提供她生活故事的宽泛概要时，她也许就是无法想起这些记忆，却在它们被梦的元素（也即是说，它们是前意识内容）唤起的时候，轻易就想起来了。在其他情况中，分析者也许真地忘掉了（也就是，压抑了）它们。无意识拐弯抹角地影射这些被遗漏了的记忆；梦、白日梦和幻想通常并不直接呈现记忆，而是提供画面的片段，或与过去场景联系在一起的元素：名字、地方、颜色、声音、气味，等等。这些场景直接重现在其中的情况是非常少见的，相反，它们通常以一种新的方式，一种热切的方式，浮现在脑海中，让我们可以触及与那些场景相关的想法，但是，假如那些场景以另一种方式浮现出来的话，它们也许就不会被唤起。在分析者的梦的产物中，过去场景的这种创造性（再）呈现，允许我们推断它们影射的场景中的其他动机、意图或欲望，而不是分析者只是在她对生活的寻常话语中报告它们时，我们自己可能会有的动机、意图 102

或欲望。

我们如何在分析中利用梦、白日梦和幻想呢？分析者可能自发地试图从整体上解读一个梦——经过一些替换，可以或多或少很快就适用于她的生活的一个故事（例如，依照她在和一个最近遇到的男人的关系中试图去做的事，来解读启动一辆寒酸的黄色敞篷车的梦）——但分析家必须引出，分析者对梦的口头报告中的几乎每一个词和短语的联想，且不排斥她粗略且准备好了的总括性解释："寒酸的？""黄色的？""敞篷车？"，他必须提问。她对那些元素的联想很可能脱离了分析者萌芽中的关系。作为选择（或者结合前一种方法），分析者也许自发地尝试通过用其他元素替换一两个元素，来对梦"解码"，就像约瑟夫所做的那样，把法老的七只肥牛和七只瘦牛的梦，解释为七年的富足和七年的饥荒。分析者自发尝试的第一个方针对应于，弗洛伊德在《梦的解析》(Freud，1900/1958，pp. 96－97）中描述的释梦的"象征"方法。第二个方针对应于"解码"方法。它们是前精神分析时期占主导地位的两种方法。

然而，更具启发性的是，在弗洛伊德的方法中，他把分析者对梦、白日梦或幻想的描述中的每一个词或表达，视为一个潜在出发点，通向与分析者生活和幻想相关的完整一系列的想法。我的一个分析者曾想起一个很震撼的过去场景（很长时间里他都声称对此一无所知的一个场景，这也许是在它发生的不久之后），这仅仅是通过出现在他做过的梦里的一个物体的颜色而联想到的，起初他的描述是"蓝色或绿色的"。跟随弗洛伊德的建议，我们把一个可供选择的两种元素（"蓝色或绿色"）都当作要联想的词①，即使分析者觉得他正在用后者改正前者，我仍然鼓励他对两者都进行联想。他最终得出结论：梦中之
103 物的颜色，就是小时候他家餐厅里地毯的"粉末蓝"。他突然想起，有一天他躺在那个地毯上，听到隔壁房间传来的声音。他走过去，顺着餐厅和客厅之间的百叶门，看到母亲和哥哥在地上性交，他们的身体看起来被百叶窗切成奇怪的水平分层。多亏了我们对梦的联想工作，他才想起那个场景，他一直就有的，

① 弗洛伊德(Freud，1900/1958，pp. 516－517）使这种建议变得相当普遍："在分析梦的过程中，我坚持认为应该摒弃对确定性的所有估计，梦里发生这样或那样的事的微乎其微的可能性应该被视为就是确定无疑的……怀疑给分析制造了一种妨碍性的影响，而分析揭露出它只是心理阻抗的一个衍生物和工具。"

围绕那时性交中的局部身体的干扰性意象，逐渐减少了。这个梦元素（“蓝色或绿色”）影射的场景，本来很难从梦的显内容中推测出来，这就像在一个商店里选购一个笔记本一样。然而，这个场景却似乎成了一种潜在思想而进入梦的建构中。

如我在第二章提到的那样，没有梦会因为太短，对一个分析毫无价值，而该被摒弃。即使分析者除了“和一个雨衣有关”以外什么也不记得，还是有些有用的工作可做的，前提是分析家坚持让分析者对此进行联想。分析者经常毫不迟疑地认为短的、记忆模糊的或晦涩的梦一点用处也没有。他们被诱导着认为，只有那些略微详尽且记得清的梦，才对分析目标有用，因为他们自然而然地指望解释显内容，而非尝试去挖掘*隐内容*，后者是由每一个不同的梦元素所唤起的全部一系列的想法、记忆和感受。然而，分析者忘掉了一个梦的大部分内容这种事实，很可能暗示这和令分析者非常不快的主题，一个受压抑的主题有关，这给了我们更充分的理由去尝试，对她还记得的那一小部分进行工作。*毕竟，遗忘是压抑的一个迹象*。同样地，当分析者宣称她对一个梦只有模糊不清的记忆时，也是如此。我们应该竖起耳朵留意这种事实：相对于其他的梦，它也许充满了更强烈的感情，这恰好是她为什么更难想起它的原因。

我的一个分析者有一次提到一个很长的梦，他唯一记得的细节是“克里斯帕斯”（Chrysippus）这个名字和一种模糊的感觉：在梦中，他正在寻找他（克里斯帕斯）的作品。尽管他一开始不情愿思考这样一个“残缺的梦”，但当我促使他说出有关克里斯帕斯的任何想法的时候，他还是提供了如下的联想：他是个斯多葛学派哲学家，而分析者最近一直在“钻研”（boning up）斯多葛学派的逻辑。然后他想到，他在某处读到过“克里斯帕斯像亚里士多德一样伟大”，虽然因为他的作品丢失了，而很难证实这种说法。片刻停顿后，他补充道，因为他还未出版过他自己的作品，所以对他而言，我肯定就像亚里士多德，反之他就像克里斯帕斯，这暗示他想要像我一样“著作颇丰”的愿望。“如果不是更好 104
的话！（也要像你一样）”他补充道。虽然如同他对梦的回忆那样简短，但（他的联想）还是引出了有关分析者的抱负，以及他与我的竞争的全部一连串的想法和愿望，但一开始他是不情愿讲这后一个主题的。

在一个分析的早期，分析家通常只需要引出分析者对不同的梦元素的联想。在这个过程中想起的记忆，有助于填补分析者的生活故事，而且通常使分析者确信，梦中出现的东西，比她最初倾向于认为的要多得多。不必让分析者完全对一个梦中的每一个元素都进行联想，因为有些联想可能引入重要的方向，并且就本身而言就值得探索。

例如，我的一个分析者曾告诉我一个非常详尽的梦，在这里出于当前的目的，我把它缩短了：

> 他在一个关门后的商店里，并且感觉还有两个人在那儿，那两人都来自《2001：太空漫游》。他转过身来，看到了达斯·维德，后者杀掉了那两个人。（在描述这个梦的时候，他说，那一定是《星球大战》，而不是《2001》）达斯·维德说他打算杀了分析者，后者拖延时间，说他得去趟洗手间。达斯·维德跟着他一同进去。当他走向小便池的时候，他听到达斯·维德拔出一把枪，随后感到枪抵在他的脖子后面。突然他感觉到自己后脑勺中了一枪，并疑惑自己为什么没有听到枪声。他解释说，“如果我听到了的话，我就会死”。他抬起手，在脑袋上摸到一个洞。“那么，死就是这种感觉了”，他对自己说。
>
> 他往回走出商店，他的家人正在那儿。他试图和妹妹讲话，可她听不见。他站在她面前，她却从他身上穿了过去——他是无形的！
>
> 在下一个场景中，他在一个大厅。他的朋友们也在那里，他试图跟他们讲话，但是他们都听不到。
>
> 然后场景切换了，他和另外三四个人在一辆车上。他发觉这是在去一个会议的路上，可是他们不知道怎么走。不过他知道，但是给他们指路的时候，他们却听不见。他爬到驾驶位，然后开始驾车。有人说，“看，车自己在开。”
>
> 他们抵达目的地后，他在房子四周游荡，想着这是柯南·奥布莱恩的房子。他进入洗手间，在马桶里撒尿。这时一个女人走了进来，他想这一定就是柯南的妻子。她看着马桶里面的水，然后说道，“噢，真是怪事。”她看不见他，却可以看到水。他欣喜地想到，“毕竟我对这个世界还是有些
> 105 影响的！我要试试吸引她的注意力。”他抓住她的胸，她咯咯地笑起来。

“我终于联系上人了，”他这样想着，然后醒了过来。

在这个(我已经简化过的)梦里，有这么多场景和细节，以至于我们原本明显难以在单次会谈上探究它们全部。在他讲述梦的那个会谈中，我们对梦的讨论集中于(在这里进一步被浓缩)少数几个要点上，他在后来的会谈中也转向过这个梦，但从来不是以一种面面俱到的方式。他一开始就说，他一直觉得自己对这个世界影响甚微，自己是无形的，不过那个梦提供了一线希望。他说，《星球大战》的关键在于，达斯·维德是卢克·天行者的父亲；他继续说道，那个梦讲的是，在你被自己的父亲杀死之后，你如何在这个世界上存活。然后他停了下来。

我问道，“撒尿的时候呢?”。他回应说，撒尿是一种竞争：他曾谈过他的哥哥，“我是不会和他比赛撒尿的。”在兄弟般竞争中伙伴们是平等的，但在父子之间却不是。他暗示了，父子间的(撒尿)比赛，决非像兄弟间那样是无谓的。

至于柯南·奥布莱恩，分析者指出，柯南在大卫·莱特曼去了CBS后，取代了后者的位置。那时柯南并不知名，并且一再为他早年在真人秀上的表现道歉。分析者提到，每当他听到柯南道歉，他就会非常激动，觉得柯南不应该这么做，因为他很优秀。他声称不知道自己为什么对此这么激动。我在此处结束了会谈，我认为相比于在那时展开梦的所有的线头(我也知道就在第二天我们还有一次会谈)，以他并不理解与自己有关的某些东西而结束会谈要更有用些。

在我们的下一次会谈中，分析者报告说，他对这个梦想到了更多，特别是对于我切分会谈的那个点上。他说他意识到自己认同了柯南，并且就像柯南那样，他应该停止为自己的“早期作品”道歉。他过去一直着手的作品“还不错”，他认为，“事实上，挺好的。”有趣的是，在那两次会谈间的晚上，他第一次梦到自己与妻子性交(他通常只会梦到别人的妻子)。这可能和他很快接受了自己作品的效果和质量以及他的成就不无关系。尽管我们没有探索梦的每一个角落和缝隙，也没有考察其中实现的每一个可能的愿望，但是许多重要的节点被定位出来了，而且梦促成了分析的所有变化。

106 分析者也许被某个梦迷住了，以至于在未来的分析中又重新提起，并提出了更多的联想。然而，甚至是在分析者没有回到那个特殊的梦的时候，分析家也不必担心分析者来不及联想的材料会永远消失。正如弗洛伊德(Freud，1911b/1958)告诉我们的：

> 我们可以确信无疑地认为，造就了当前这个梦的每一个渴望的冲动，会在其他梦中再现，只要它还未被理解过，还未脱离无意识的支配。因此，很多时候，完成梦的解释的最好方式是放下它，并且把注意力投入到一个新梦中去，这个新梦也许以一种可能更易理解的形式，包含了同样的材料。(p. 92)

如我早些时候表明那样，通常建议，允许分析者主导分析的开始，以及提出不同的讨论主题，而不是定期地指导分析者对先前会谈中描述过的梦进行联想(或者回到分析家在前面会谈中发现是格外有趣或重要的任何具体主题)。分析家担心某种开局或至关重要的联想，会因他未能在下一次会谈中再转向它们而丢失，但他也许会发现，通过夺取分析者在治疗中的角色，他会失去更多。分析者很可能逐渐感觉到，她只是在那里回答分析家的问题，跟随他的询问，而这与她提出自己的生活问题，以及由她自己掌控分析是截然不同的。

一旦分析顺利展开，而且分析者接受了分析计划，分析家当然可以暂时主导分析。然而更普遍的是，分析家可以指出分析者在下一次会谈中提出的材料和前一次会谈中对一个梦的讨论之间的话语上的或者主题上的联系——通常的做法是，只强调(即，标点)两种情况中都使用过的一个惯用语或形容词，或者说些尽可能简短的话，比如“像上一次在梦里那样?”

尽管弗洛伊德(Freud，1911b/1958，p. 92)曾说过，“在一个会谈中所作的解释的数量，应该被视为充足的，并且如果梦的内容没有被完全探索的话，也不要认为这是一种损失。”然而有某些梦困扰着分析者，或者促使分析者把它们当成了他们分析的某些部分的象征，数月或数年来时不时地再度回到它们。也许应该至少用几次会谈来分析它们，而且在以后某些时刻也没理由排斥讨论它们。梦应该被视为可能是无穷无尽的，对它们的解释并没有预先制定好的停止点，因此也没有所谓的梦的“完整解释”。分析者会自发停止猜测一个梦的含义，这发生在它不再激发她这样做的时候，不再使她烦恼、困惑或好奇的时候，或者其他更要紧的材料涌现的时候。 107

我的一个分析者曾做过一个非常详细的梦，她梦到自己在一个被迫紧急着陆的飞机上。在梦里，她正琢磨着把自己的行李从架子上拿下来，然后飞行员来到主客舱帮她拿包——结果发现是一盒牛奶。她对这个梦的最初讨论，围绕着飞行员在使飞机安全着陆的过程中扮演的角色，因为多年来，她想象过飞机坠入大海，以及自己在飞行途中惊恐发作。她发现自己很难信任男人，以及接受他们的援助或任何类型的爱意。然而，她依然对随身行李中的那盒牛奶感到困惑。而且是在几个月以后，她才直接转向由此唤起的母性主题，详细地说明了男人在她生孩子的想法中扮演的角色，这是让她感到相当矛盾的事。在过去几个月里，这个梦充当了非常有用的跳跃点，让她探索自己在这方面的想法和感受，而且引出的梦的解释，在很多方面都不同于她最初提出的对这个梦的解释。①

用上不止一次会谈的时间去解释一个梦，这在事情已经超出了仅仅引出对梦的所有不同元素的联想的阶段时，是格外有用的，因为这是他开始探索可能出现在梦中的潜在愿望的时候。很多分析者在会谈中描述他们的梦之前，会自发地开始对其进行联想，这表明了他们自己承担了大量的分析工作，因而分析家能够把注意力更多地集中在，倾听分析者还未联想过的、省略了联想过程的，或者漠不关心的那些梦元素（这并非是说，分析者在自己思考梦的期间有过的联想，和当她对分析家大声地讲出这个梦的时候，她有过的联想是完全相同的，因为额外的动力随后开始起作用：和另外一个人讲话并且想象他会想什么，以及听自己大声地把话讲出来，这可以有多重解读）。但是少数分析者会开始自发尝试去探索愿望，或梦里面实现了的愿望，而这就是分析家必须经常加倍努力的地方。

① 有时候这种梦，对于在第五章中简要提及的那种更广泛的建构，会是个有用的出发点。

在梦中寻找愿望

108 完全解释这样一个梦，和完成整个分析极为类似……这和阐释一个单一症状(可能是主要的症状)是一样的。有必要用整个分析来说明它；在治疗过程中，我们必须尽力抓住的，首先是这个，然后是那个，抓住症状的一个又一个的一小片意义，直到把它们全部拼接起来。类似地，对于一个出现在分析早期阶段的梦，不要抱有过多期待。如果解释的企图让一个单一的……热切的冲动重见天日了的话，我们就该对此感到满足。

——弗洛伊德(Freud，1911b/1958，p. 93)

能清楚地表达出愿望或梦中上演的愿望，无疑是项壮举。而且对于怎么做到这一点，并没有固定不变的规则。① 有时候，一个愿望可以稍微直接地被辨别出来。例如，如果一个分析者梦到错过了火车，而且火车让梦者联想到一次即将拜访她母亲的旅程，这就好像是，她内心有一种不想去拜访母亲的愿望(尽管这可能不是她唯一的愿望)。她也许有意识地告诉自己，想到要去看她的母亲，她就很兴奋。但是，她的梦就好像讲出了一个有些不一样的故事。然而并未立即告诉我们的是她为什么不想去：她害怕自己的母亲吗？生她的气吗？对她的母亲感到羞愧吗？担心自己对母亲的吸引力？在这里，分析者必须要被引导着去接纳这种想法，即她的某一部分并不想去，而且一定要被鼓励去探索那部分可能是什么。她越是难以想象为什么自己也许并不想去，那个梦就越有可能触及了某些被压抑之物。不管那是一个想惩罚她母亲的无意识愿望，是对她的父亲——当他向母亲承诺自己会出现的时候，经常不能信守诺言——的一种认同，还是任何其他什么动机。虽然这样一个相对坦率的梦中愿望，即不想去的愿望，可以很轻易地表达出来，但是对愿望的一个更全面的陈述，会是非常复杂的。例如，对于 missing the train(错过火车)这种表达，如

① 注意，很多分析家在很久以前就已经放弃了寻找梦中的愿望，不管是有意识的愿望，还是无意识的(例如，见 Segal，1964，pp. 18 - 20)。

果分析者联想到了“missing the boat”(错失机会)，那么梦中实现的，可能是一个想印证她父亲信念的欲望，即他的女儿永远也做不好事，或者当有人真的需要她的时候，她总是不在。她也许因此是站在父亲这边去对抗母亲。梦在被描述时的相对单纯性，不应该被认为是在暗示，梦者的愿望一定就是直白或明显的。

有时候一个愿望是从一系列场景中发展出来的，它们每一个都组成了表 109
达愿望的思想的一部分。例如，可以考虑一个构造很简单的梦，在梦的第一个场景中，分析者的母亲死了——她在现实生活中绝对没生病；而在第二个场景中，分析者发现自己很自由，她追逐并且达成了自己最珍视的目标。在最基本的层面上，这个梦可以被解读为，说出了某些类似于“如果我的母亲死了的话，我就终于可以自由地做自己了。”的东西，其中的愿望大致上能够这样表述：“我希望我的母亲死去，这样我就终于可以做我自己了。”至少在分析的早期阶段，分析者不太可能像这样把两个场景放在一块，而更可能表达出对这样并存的场景的困惑，在这些场景中，某些东西会使她悲痛醒来，且是如此兴奋。梦本身并不提供“如果……那么……”这样的从句，来连接这两个场景(如果我的母亲死了的话，那么我就终于自由了)：经常得由分析家来提供(见 Freud，1900/1958，pp. 310 - 326)。

应该清楚的是，愿望或者梦中暗含的愿望，并不必然是非常复杂或完全不可言喻的。正如弗洛伊德(Freud，1923a/1961)告诉我们的：

> 我们只是太容易忘记，一个梦通常就像任何其他思想一样遵循这样的规则：因审查机制的松懈以及无意识力量的增强成为可能，因审查机构的运作和无意识的修改而被歪曲。(p. 112)

很多时候，梦里面表达的思想也许非常像分析者在分析会谈中表达的其他想法。我们不用去寻找非常夸张深奥或难懂的东西。

有时，多重愿望可以相当容易地被辨识出来，而且那些愿望也许是互补或对立的，可以说是彼此抵消了。我的一个分析者梦到我们正在进行一个面对面的会谈(然而事实上，我们的所有会谈一直都是通过电话进行的)，并且他是站着的。他突然意识到,像那样站着是多么的尴尬,然后他就坐在旁边一个舒服的扶手椅上。在讨论这个梦的过程中,他指出,他这样做,有某些想独立的而且几乎是挑衅的态度在里面,因为他并没有问我是否可以坐着,或者应该坐在哪儿,而是径直过去做了自认为合适的事。同时,他要坐在舒服的扶手椅上的这个决定,让他觉得这表明了他对分析的态度正在改变,表明他正要放下自己的防卫:他站着时更警觉,而且可以如其所愿地立刻离开房间,就像多个月
110 以来他一直维持着自己的防卫,准备随时退出分析。他表示自己关注的是,扶手椅简直是太让人放松、太让人感到亲切了:如果他突然想要离开的话,想要摆脱扶手椅就没那么容易了。

这个梦因此让他觉得是自相矛盾的,梦好像表达了一种想要维护他自己,不用在意我怎么想,而自主行事的愿望,但另一方面,又表达了一种允许他自己适应分析,变得和我更亲密且更少些防卫的愿望。对于站在我面前,他所赋予的双重含意同样让他迷惑:他把这视为既是一种尊敬的姿态(就好像他正在学校里站在老校长面前,或者站在一个上司面前),也是一种能够蔑视我的姿态。去坐着,既是停止这么顺从,同时也是停止蔑视我,在那之前他的态度一直有种顺从和轻蔑,自卑和优越的古怪混合物的特征,

尽管这个梦暗含的意义和愿望,也许看起来有些矛盾,但是我们必须认真对待它们:不要企图把它们缩减为一个单一相容的意义或愿望。这样做会歪曲不同的分析者的态度、动机和愿望的复杂性。没有一种先验的理由去认为,人们对其他人或事物的态度是一致的。而且,试图人为地制造某种一致性是很愚蠢的。

在某些情况下,从一个梦中找到一个愿望,有点像大海捞针。不管一个人最终是得出结论认为,并非每个梦都会满足一个愿望——不赞同弗洛伊德的有时是绝对的(Freud,1900/1958,p. 121),有时又是缓和的断言(Freud,1920/1955,p. 32,1923/1961,p. 118)——或者仅仅是觉得一个人已然无法对梦的分析取得更多的成果了,重点都是,在对梦工作的时候留意潜在的愿望。

反直觉的愿望

> 有一种知识是你可以在梦里面理解的,它和你醒来时带出的东西毫

无关系。这就是释梦如此重要的原因。

——拉康(Lacan,1973—1974,1973.12.18)

引导分析者在梦、白如梦和幻想中寻找愿望时,频繁遇到的一种障碍是,其中表达的愿望对分析者而言,在她的清醒生活中常常是反直觉的,在很多情况下,和她有意识地认为自己想要的恰好相反。很多梦满足的愿望是,想要惩罚,想要关系或工作出状况,或者想在许多生活规划上失败。分析者很少会凭直觉说,"我一定是想要搞砸自己的学业——我好奇的是为什么",接着推测可能是,她父亲说她永远也做不好事情,而她无意识地想要证明他是对的;或者是想向这个世界证明,她不是那个所谓的完美且成功的家庭的一份子。对于这些可能的动机,分析者可能会回应:"我为什么想要证明他是对的? 那对我有什么好处?"当然了,但是仅仅因为从惯常的角度看起来那对她没有任何"好处",并不意味着,她不是无意识地想要证明他就是对的。可能她以此摆脱的是某些本质上对她有"害"的东西,但是还是有某些动机驱使她去这么做。我们凡人追求所有类型的,在我们的更深思熟虑中认为是对自己有害的东西。弗洛伊德(Freud,1900/1958,p. 476)一开始满足于把那些好像包含了自我惩罚的梦,解释为是在满足"受虐冲动";然而,正如我们会看到的那样,那并不能解释所有这样的梦。 111

在梦中上演的*显性愿望*——例如,梦到自己起晚了,错过了一个重要的考试,且无法达到举行考试的教室——和压倒性的或毕生的愿望或者这种愿望背后的愿望之间,通常有很大区别:例如,想要蔑视某些权威人物,或者向被分析者视为过度要求的父母尖声呼救。分析者可能仅仅是因这样的梦而痛苦,而且由于梦中明显的受虐张力而无法在其中寻找任何愿望;随着时间的推移,分析家一定要试图让他们透过表面看本质。

弗洛伊德(Freud,1920/1955,p. 32)后来提出了另一种方式来思考"惩罚的梦":他暗示,他们常常"不过是用适宜的惩罚来替代被禁止的愿望满足。"例如,梦到被扔进监狱,也许满足了想犯罪入狱的愿望。我的一个分析者做过一个非常详细的梦,在梦中他正试图躲避侦察,因为他才越狱。他看到一个穿着黑色外套的男人(他后来提到,他的父亲有一件类似的外套),并且无意中听到那个男人对一个男孩说,“有很多不同类型的性变态,你要留意他们;如果你发现了他们,就得杀了他们。”男人和男孩突然注意到了分析者,然后拔出刀追赶他。那个男人一刀插进分析者的脖子,这让分析者在一种极度的焦虑中醒了过来。

他体验到的焦虑成功地把他的注意力,从梦中那个男人说的有关性变态的话中转移开来。在梦中他受到的惩罚(脖子被捅了一刀),在这里也许可以理解为一种信号:分析者做过一种他自认为是性变态的事。在那种意义上,梦满足了他的愿望,让他像他眼中的性变态那样行事,但梦并不是在展现讨论
112 中的“变态行为”之举动,而是上演了他觉得自己应该为做了这样的事而受到的惩罚的举动(如我们稍后会看到的那样,同样有可能的是,梦满足的愿望是,让他因为做了这样的事而被一个父亲般的人物惩罚——一个父亲般的人来制止他的滑稽动作,并让他规矩点。)①

有意识的愿望对比无意识的愿望

人必须得对一个有着多种含义的梦习以为常。

——弗洛伊德(Freud,1925a/1961,p. 130)

当代临床工作者好像很少注意到,弗洛伊德区分了梦中表达的有意识愿

① 拉康(Lacan,1988b,pp. 127 - 179)讨论了一个梦(基于从雷蒙·格诺的小说 *On est toujours trop bon avec les femmes* 里发现的材料),一个男人在他的清醒时的生活中,想要公开谴责英国国王是个混蛋,或者反对他(格诺的这本小说,很可能是基于弗洛伊德对鼠人案例研究中的评论[Freud,1909/1955,p. 179]),因为在英国这样做是违法的,会被处以死刑,所以那个男人取而代之的是梦到自己的头被砍掉了。上演在梦中的惩罚,(以一种替代性的方式)代表了他想骂国王是混蛋的愿望

我的几个分析者描述过“(真理)入侵性的”(intruthive)想法,他们想象自己的脑袋(或者身体的其他部位),因为不同却相关的缘由被砍了下来。其他人也报告过反复受罚的梦和白日梦——和这种事实有关,即他们觉得自己本该很早就会因为和一个兄弟姐妹的过早性行为受到惩罚的,那种性行为至少被父母一方发现过,却在那时未受处罚,这显然是由于父母(在一个特别自由主义的时代)的这种观念:那是“完美且自然的”,或者是出于一种想要隐瞒另一方父母的愿望,后者知道了也许会大发脾气。在所有的这样的情况中,未能因为他们知道通常被认为是不对的事而受到惩罚,会导致非常严重的,而且有时会妨害生活的焦虑。

望和无意识愿望。弗洛伊德敦促我们注意有意识的愿望，但若是在分析治疗的背景中整体而言适宜的话，也要在对无意识愿望的搜寻中，继续我们对梦的工作。毕竟，后者是梦最能帮助我们抵达的。

我的一个分析者曾告诉我，在我们会谈的前一晚，他做过一个梦，不过内容已经忘记了。在我们的下一次会谈上，他跟我说他记起了先前忘掉的那个梦，梦的内容大概是这样的：

> 他正在做一个心脏移植手术。有一个塑料自封袋，是打算用来放他的心脏的，要么是用来处理他的心脏，要么只是在手术期间，打算借此把心脏放置在一个无菌的医疗环境中，然后再放回他的胸腔。他无意中听到护士们的谈话，说他也许要做个搭桥，而不是移植。他想改变主意，但为时已晚。他想起来一走了之，但也晚了。

他说，醒来时，他立马把这个梦和分析联系起来：通过分析，他正在获得 113
一个新的心(脏)。他不认为自己"心胸开阔"(big-hearted)，因为这对他而言意味着情绪化、热情以及平易近人。获得一个新的心脏将意味着变得更热情，更与人亲近。

我们接着讨论这个梦，他说在治疗一开始，他就对分析抱有怀疑，对他来说，分析似乎和他的精神信仰与实践相冲突。偶尔，他会对分析"改变态度"(change of heart)，并盘算着离开。然而，他称分析为他的精神道路的"链条上的最新一环"，不过当他说"最新的一环"(the latest link)时，说成了"最后一环"(the last link)。这就好像，他觉得分析不知怎么地成了他的最后机会。尽管他正当壮年而且身体健康，但他最近已经开始想象自己得了阿尔茨海默病或心脏病，并且被死亡念头搞得心事重重。

会谈期间，我们还没有进展到他对护士和塑料自封袋进行联想的那个阶段——我想，得在以后的会谈中处理了——因为我觉得更重要的是强调这种事实，即这个梦凸显了手术的必然性：即使他想要结束，分析也停不下来。我说，"你有一种愿望，想让它停止是不可能的。""是的"，他说，"想要退出的话，太迟了——如果我退出了，我会内疚，而且我知道你会说服我留下来……（这是不可能停下来的）会终止我的怀疑和犹豫。我能做的就是顺其自然。”

我们也许会说，这至少是分析者表达在梦里的*有意识*的愿望之一。一个*无意识*愿望在我们讨论动词短语“被迫”（to be forced）的过程中展现出来，这个短语是分析者在描述和联想这个梦的时候多次使用过的：结果发现是，他经常幻想有个女人强迫他去做许多不同的事，而且事实上他一度接触过一个女性施虐狂。在他的很多性幻想中被强迫都是一个重要元素，而在他的日常生活中，没什么诸如自己正被迫做某些事的感觉，更让他感到矛盾：这让他想反抗，而且还暗自感到满足；他控制着这种感觉，且感到不爽，还精心策划了某些情境，以便获得一种受迫感。他发现做决定很难——尤其是重要的人生决断——而且希望某些人或事会强迫他做出那些决定，打消他的怀疑和担忧。有人也许会暗示，这就好像是，在梦中他希望自己的医生（即他的分析家）会强迫他做完手术。

他先前的“灵魂导师”没有哪个逼迫过他承诺去做什么事，他最终带着失
114 望，相继离他们而去。他对他们的态度从未屈从到让他觉得自己无法离去，因此他总是试图回避（即“绕开”bypass）自己感觉是如此急需的手术。一个新的心脏会让他能够做决定，但是难以摆脱的困境是，只有在他已经获得了一个新的心脏之后，他才能决定去要一个新的心脏！

那么，无意识的愿望似乎是，想被大他者逼迫去做他想做的，做他知道自己要做的（以及想被告知，选择离开是无济于事的）。这里的悖论可以说是，正是通过这样被阉割（失去所有的自主权），他才相信自己能克服那种阉割，后者源自他认为自己终其一生都不能做出选择，并依照这些决定行事；不能接受一种选择必然会切断其他可能性，因此会限制他做任何事以及成为某种人。也就是说，要想克服阉割，就得先被阉割（接受换心手术）。实际上，他经常抱怨，他的父亲没教过他“怎么成为一个男人”；这似乎暗示了，他的父亲本来可以教会他怎么成为一个男人的，前提是他的父亲让他知道，有勇气阉割他意味着什么的话。无意识愿望——而且这是个极其普遍的愿望，正如我在第四章和第五章中表明的那样，尽管实践者倾向于对此视而不见——是父亲/医生/分析家会提供他渴望的阉割，这是分析者的生父或养

父未能提供的阉割。[1] 不过，这不是我和分析者在会谈期间讨论的那个愿望，为了今后参考，我只是把它记了下来，并觉得如果我把这样一个貌似离谱的愿望讲了出来的话，分析者也许会被吓跑（最好是让他自己来构想，而且我估计，他以后会用自己的话把它讲出来的）。

白日梦和幻想

> 幻想如果不是……一个如所有愿望那般天真的愿望的话，又是什么呢。
>
> ——拉康（Lacan，2004，pp. 61－62）

> 在精神分析圈子里，没人谈论性了。分析杂志，当你打开它们的时候，是你所能想象得到的最纯洁的杂志了。
>
> ——拉康（Lacan，2005a，p. 29）

对于大多数人而言，白日梦和幻想，相比于他们的夜间产物，更难记住。跨过青春期并步入成年，当很多人花大量的时间做白日梦时，他们常常故意润 115
饰他们的白日梦，并且把它们引向某些方向。很少有人真地意识到，他们仍旧在做白日梦——毫无疑问，这至少部分归咎于他们的白日梦有种反直觉的本质。快速闪过他们脑海的，让他们觉得是不快或者十分残忍的念头。而且他们甚至都不认为那是白日梦，因为照一般说法，白日梦本该是令人愉快的，让梦想成真的。他们想竭尽全力尽快忘掉它们。

曾经在分析中，人们得被鼓励去注意他们脑海中转瞬即逝的想法、形象和场景（而且其形式是一种"真相侵扰性的想法"，正如我在第五章中这样称呼它们）。严格来说，唯一会被他们当成幻想的是，出现在脑海里的有关性的想法、形象和场景。但是令人惊讶的是，大多数人倾向于记得的性幻想是那么的少，哪怕这样的幻想一再被唤起，哪怕自己在频繁的自慰里一再沉溺。这就好像

① 他的感觉是，大他者的欲望是（或者本该是）去阉割他，而且在某些层面上，他的欲望是（让他自己）被阉割。

性高潮要到的时刻，伴随着自慰的幻想并没有引起片刻深思，而且还常常完全地从意识中“蒸发”。

很多分析者很难回想某个自慰幻想，特别是在这样的幻想和分析者在日常生活中看待自己的方式如此明显地相冲突的时候。① 例如，某个分析者只能想到，她想象自己的男老板看着她被另一个男人调戏，然而她在现实生活中视自己为一个和男人建立平等的人际和伙伴关系的现代职业女性。另一个分析者会想象自己感兴趣的女人和另一个男人性交，而他在一旁看着，然而他认为自己想和女人有一种“全面关系”：她会是他的恋人，最好的朋友，灵魂伴侣，以及他聪明的另一面——简言之，就是某个他愿意与之分享一切的人。毫
116 不奇怪的是，某些幻想如此彻底地否定了某人在日常生活中认为自己想要的东西，因而被忘记得如此迅速。20 世纪 50 年代以来，很多分析家似乎因为那种遗忘，而理所当然地忽视性幻想的那些反直觉的方面，而这充分说明了分析家放弃理解被压抑之物到了何种程度。

分析者可能至少会把这种性想法和画面视为幻想，但她不太可能认为闪现在脑海里的攻击性的想法和画面也是；后者让她觉得是离奇且烦人的，而且可能还是费解的，但就其本身而言绝不是幻想。如果她带着她的宝宝，并且想象宝宝从楼梯上掉下去，她会在惊恐中竭尽所能地抹除这样的想法，断然将这令人憎恶的画面完全抛诸脑后，如果有可能的话，绝不会再想起来。如果她在晚上被噪音吵醒，并开始想象自己从衣柜中拿出一根棒球棍，悄悄下楼，让入侵者措手不及，打得他不省人事，一棍接着一棍——这种残忍一下子使画面消散了，使她带着一身汗和怦怦直跳的心清醒过来——她不太可能认为那是一

---

① 在很多情况中，分析家必须在少数几次会谈中询问，分析者是否记得自慰幻想（所以，分析者意识到分析家想让她注意、回忆以及谈论它们），或者如果那（自慰幻想）听起来过于“劲暴”的话，他们会用“性幻想”代替。只问一次通常是不够的，甚至是在分析者真的提到了这种幻想的时候，她也可能是用模糊的词语来描述。分析家经常得问很多“轻率的”问题，以便真正了解幻想里都有些什么。相比于她生活的其他方面，分析者也许更不情愿谈论这样的幻想，觉得如果谈论它们的话，那么她对它们的隐秘享受（即享乐）会被剥夺，或者不知怎么地会被毁掉。分析家一定不要抵抗用来克服分析者对谈论这样的事情的阻抗的努力，因为要不然的话，他就放任了自己让治疗回避敏感话题的阻抗。分析者的症状总是以某种方式和性相关，并且或早或晚地，我们必须要在每一次分析中全面且开放地讨论让分析者兴奋的是什么。

种幻想！她会更倾向于觉得这类似于一个噩梦(确实,我们好像找不到词汇,来描述我们清醒时浮现在脑海中的这样令人毛骨悚然的情节,*昼魇*(daymare)似乎是唯一恰当的一个),并且决不情愿在其中看出任何可能的热切冲动。[①] 有人也许会说,在我们这个时代,性成了大众文化的一部分——接管了原来由大多数精神分析家对性的兴趣——因而分析者更可能否认他们的攻击冲动而非性冲动中的任何渴望的成分,后者相比于前者,在当前更被接受(至少在美国是这样)。

经常被忘记的是,白日梦和幻想就像梦一样是会伪装的,并且如果我们想要解释它们的话,也必须得对其进行联想。我的一个分析者曾经想起,他有过一闪而过的关于他兄弟的“肮脏(nasty)想法”,然后想象他自己遭遇一个“严重(nasty)事故”。他觉得这是他因自己可能对其他人的攻击性冲动,而惩罚自己的典型方式。他很快就把这当成他颇为普遍的“受虐倾向”的一部分。他从未有那么一刻想过,他最初的幻想,可以说是,他的兄弟经历了一次严重事故,而且他用自己来替代他兄弟,是一种伪装,会把幻想渲染得对他部分清醒的意识而言更可接受的东西。当我说,“去想象你的兄弟经历一次事故……” 117
他回应道,“就现在来说*那*只是个白日梦而已!”

有时候,梦、白日梦和幻想中的元素不得不被理解为,其意思是和它们看起来想要展现出的任何意思相反(见 Freud,1900/1958,pp. 245 - 246,471)。和我一起工作过的一个女人,她的母亲向她明确表明,她(女儿)不准有自己的男人。在她的性幻想中,她的男性伴侣有一整个后宫,而她只是其中一员。尽管这表面上顺从了她的母亲的禁令,让她没有属于自己的男人,然而至少在某个层面上,这个幻想仅仅是用一夫多妻制代替了一夫一妻制：它满足了一种伪装的愿望,即想要和一个男人建立一种独有的关系(或者我们可以说,这个幻想用一种伪装的形式,满足了她的这种愿望)。她也幻想过,她正满足一个又丑又老的男人一时突发的性幻想;在某个层面上,这些幻想上演的是,她服从了母亲的愿望,即她诱惑并服务于所有男人,不管他们是多么令人讨厌;而在另一个层面上,它们只是用衰老的好色之徒,替代了她梦中的年轻帅气的

① 她也会很不情愿看到自己在“昼魇”中唤起的状态和性兴奋之间有任何可能的联系。

男人。

分析者常常很难弄明白，那些看起来表达在“她的”幻想中的愿望怎么就是她自己的；它们似乎不是她自己的，就像她知道的其他人的愿望（而且经常是她极为憎恶的愿望）不是她自己的。我的一个分析者想起并且描述了一个自慰幻想，其中他听到自己脑海里在说，“好，让我们把她发动起来吧。”（Okey，Let’s get her started）他突然意识到，这些就是他的父亲过去常常在谈论他的汽车的时候说出来的话。[1] 分析者说，正如他的父亲说起自己的车，就像它是一个女人一样，分析者和自己的阴茎说话的时候，也像是把它当成一个女人（他父亲的女人）。在某些层面上，这就好像是，他父亲的欲望（让某些东西启动）在幻想中上演。我在那里切分了会谈，而在下一次会谈上，分析者报告说，我们对幻想的讨论起到了一种驱魔的作用——他感觉就好像自己的身体不再是他母亲的身体了：“我有一个属于自己的身体了”，他说，“我五脏俱全。”

人的欲望是大他者的欲望

> 驱动幻想的是未被满足的愿望，而且每一个幻想都是一个愿望的满足。
>
> ——弗洛伊德（Freud，1908/1959，p. 146）

118 若分析者发现自己有那种似乎是不属于自己的幻想，她可能会感受到她认为是栖居在自己身上的那些欲望的侵扰和异化。这是生活中不可避免的真相，即我们吸收其他人的欲望，把它们当成我们自己的。而且我们的幻想经常以一种伪装的或不那么伪装的形式，上演了其他人的欲望。正如拉康经常讲的，“人的欲望是大他者的欲望”（例如，见 Lacan，2006，p. 628），这种构想有好

---

① 这种明显的简单的幻想，正如米勒（Miller，1996，p. 11）的断言“幻想是一个被享受的句子，一个藏着享乐的加密信息。”

几种含义，和我们在这里的讨论最贴切的一种是，我们要他者想要的东西。① 尽管如此，分析者经常很不情愿把她幻想中的东西，看成是在表达愿望，因为它们不像是她自己的。然而，如果她还要认清占据着她的欲望，想要让它们感觉起来就像是她自己的，而不只是他者的欲望的话，她就必须得克服那种不情愿。鉴于人的欲望和其他人的欲望联系得如此紧密，严格来说，谈论“某人自己的欲望”——就好像人可以*拥有*欲望，好像人可以是欲望的唯一拥有者——是愚蠢的，而且重要的是，让分析者能感觉到她和占据着她的欲望合二为一或和平共处。②

我的一个分析者有一连串令她感到厌恶和可耻的性幻想。在这些幻想中，一个女人正在舔另一个女人的性器官，其中一个往往要比另一个年纪大得多。有时候，很清楚的是，是分析者自己在舔，但很多时候并不清楚是谁在舔谁。在分析的过程中，变得清晰的是，在她的脑海中舔和疗伤是联系在一起的（例如，一只狗或猫舔一个伤口），而且，引申开来，是在让某些事物变得更好。这就好像，在那个幻想中，她正试图愈合母亲的伤口，后者用自己的态度和话语非常清楚地让女儿觉得自己（母亲）被剥夺了一根阴茎，而且她强烈地感觉自己缺乏生殖器，并期待分析者为此补偿她，弥补她受到的伤害（就好像女儿得为母亲的“阉割”负责一样）。

分析者一开始并没有觉得，她已经承担起了在生殖器方面补偿或治疗她母亲的责任（这对分析者自己来说，也并非不成问题），但是她确实承认了，长久以来她做了一切可能的事，来让她母亲的生活尽可能好过一些，让她远离麻烦，并且在各方面都遵从她的意愿。在母亲的“祭坛”上作出必要的牺牲，是这个女儿摆脱她的纠缠的方式：只有她满足了母亲，她才觉得自己可以摆脱她， 119
尔后才可以考虑满足自己。在这些幻想中，她确保了母亲的满足，让自己成为母亲享乐的工具（正如拉康所说的，“大他者的亨乐”），而且我们可以在某种意义上说，这些幻想上演了“大他者的欲望”（Lacan，2006，pp. 823 - 826），即使它

① 其他含义可见 Fink（1997，pp. 54 - 56，2004，pp. 26，31 - 32，119）。

② 正如弗洛伊德（Freud，1933/1964，p. 80）提出来的，以及拉康经常重复的，“Wo Eswar，soli Icb werden”（它［陌异的欲望］曾在之处，我必生成）（Lacan，2006，p. 801）。

们也被用来保护分析者避免被母亲“完全淹没”。这些幻想所包含的意义和动机太多了(在这里我无法探索它们全部)①,但是它们还阐明了,在一个幻想中,主体自身的欲望在何处停止以及大他者的欲望从哪里开始的难以言说的程度。一旦各种意义和动机被打开,这些坚持了多年的幻想会完全消亡,并且会被要旨相当不同的性幻想所取代。

一个男性分析者跟我讲了他的一些性幻想,其中有一个女人和另一个有着大阴茎的男人——在幻想中,至少可以明确地说,后者获得了性满足。分析者把大阴茎和他的父亲联系在一起,他想起自己还是个孩子的时候,对父亲的“巨大阴茎”印象深刻(小男孩对自己的阴茎和他父亲成人尺寸的阴茎的比较,在我的印象中,实际上是男人对自己的阴茎太小的担忧的持续不断的源泉)。对这种事实,即幻想中的父亲般的人物是那个被满足的男人,他联想到父亲和他之间的关系的很多方面——这个我们讨论过很多次了。他意识到,在某种意义上说,他过去一直在支持父亲,而且感觉父亲需要他这个儿子把事情搞砸,这样父亲就能够纠正过来,并且让他儿子看看事情应该怎么做。正如分析者提到的,“(我一直)把自己当成一个有待他解决的问题”([I have been] situating myself as a problem for him to solve)。② 这使父亲能够在很多领域展示他的卓尔不群,并且支撑着他自己的父亲意象,即一个比自己的儿子能干的父亲。至于父亲般人物在幻想中是那个性交的男人这种事实,分析者说,
120 “也许那会让他闭上嘴!”。父亲花了很多时间和精力去批评儿子,而儿子永远也不会找到话可以让父亲闭嘴,或许性可以?

对这些幻想的讨论,导致另外一些会谈触及了这种事实:分析者总是因自己是个“白痴”——因为在学校里表现得很糟糕,而且以各种方式惹麻

---

① 我就在这里补充,他们的满足仍然有进一步的联系:女儿觉得,相比她的母亲,她无法让自己获得更多的满足,因为不然的话,母亲会感到“被愚弄”了,并且会毫不含糊地让她知道这一点。注意,用法语做分析时,英语词汇“*licking*”(舔)的其他的含义——打或者惩罚——无关紧要。

② 事实上,他说这个的时候,说漏了嘴,实际上说成,“(我一直)把自己当成一个有待他被解决的问题,”([I have been]situating myself as a problem for him to be solved),当我促使他考虑那可能暗示着什么的时候,对此他说,对他而言,他的父亲是一个有待解决的问题,一个他自己不得不去解决的问题。

烦——而责怪自己，并且永远也不会把任何责任归咎到他父亲身上（此外，他还是个孩子的时候，如果他抱怨父亲对待他的方式的话，父亲会取笑他）。他有个亲戚似乎像他孩童时那样"笨手笨脚"，他意识到自己对此激昂地评论说，那个亲戚的父母肯定把他逼得太紧了，把他当成一个问题儿童（就像分析者自己的父母那样对待过他），而且那个亲戚肯定在报复他们。可能他自己孩提时的很多"坏行为"，不仅受到（来自父亲的）想支持那种优于自己的问题孩子的父亲意象的愿望，也受到想糟蹋他父亲的好名声（家庭名声）的愿望秘密地驱使着。

在他的性幻想中，分析者确保了他父亲的满足，让自己成为父亲的享乐工具：他遵从了他觉得父亲对他的要求——即他是个犯错的人，无法得体地向一个女人示爱——以及他觉得父亲想要的（要比他的儿子优越，在所有女人面前比他更有魅力）。即使这些幻想上演了"大他者的欲望"，它们同时也在一个"肮脏"场景中，涉及了他的父亲，这个场景带有同性恋弦外之音和些许通奸式强奸意味的背景（这些是我还没有提到的一些幻想中的细节）。即使分析者在这些幻想中用行动支持了他的父亲——即他充当了"大他者的担保人"（Lacan，2006，p. 824）——他同时也在暗中捣鬼。基于他的生活背景来讨论这些幻想，有助于引出分析者对他父亲的一些愤怒，这倾向于以一种对他周围其他人或者对我的愤怒的替代形式表现出来，并且使他在生活中面对大他者的立场的某些方面显现了出来（即他的"基本幻想"［fundamental fantasy］的某些方面，这个概念我会进一步地讨论的）。

焦虑的梦和噩梦

弗洛伊德指出，在真相可能会显露的那一刻，梦会唤醒我们。

—拉康（Lacan，2007，p. 64）

有一类梦如此扰人，以至于看起来里面绝不可能有一种渴求的成分。某 121
些梦带来如此强烈的焦虑，乃至唤醒了梦者，并且被当成一场噩梦。弗洛伊德（Freud，1900/1958，p. 580）假设，在这种情况中，审查机制未能成功伪装极不为前意识所接受的愿望，而且梦突然被终止了。梦因此未能保护睡眠，未能让梦者继续沉睡。25 年后，他提出了一个稍微不同的说明：他假设，至少在很多这样的情况中，梦构造中的审查机制并未适当地履行自己的职责——它未能伪装好上演在梦中的愿望，这种愿望可能受到梦者的道德谴责——而且，以一种孤注一掷的努力引入了焦虑，以此迷惑梦者，让梦者倾向于只注意到上演在梦中的愿望产生的焦虑，而不会注意到可以在其中找到的满足（Freud，1925a/1961，p. 132）。

在我的一个分析者描述的梦中，他在公司的一片公共区域和一个女性下属打得火热，而在那个地方他可能会被很多同事看到。他对这种想法感到非常焦虑，即他也许被某人看到了——这会让他丢掉工作，他的妻子也会发现他被炒鱿鱼的缘由——而且他一再地试图让那个下属和他一起去他的私人办公室，但毫无效果。那种焦虑在他有关梦的想法中挥之不去，使得他忽略了最重要的部分，即他对自己在梦里面想象与之亲热的那个特别的女人的吸引力，以及他从公开的挑逗行为中获得的快乐。在那种意义上，焦虑起到的作用是，向他掩饰一种表达在梦中的非常明显的热切冲动。它同样也用于掩盖一个可能的愿望：想让他妻子发现他玩弄女性，这样她会逼迫他停止这么干，并惩罚他的不忠（即使他坚持这么做，他也会因为这种不忠而相当不安）。

另一个男人告诉我一个非常详细的梦，在梦中他应该在某时某地和他妻子碰面，但诸事不顺，而且他醒来时，还带着因为让他妻子等待而产生的焦虑。当我说，梦展现了他让妻子一直等待的这一幕，然后问他是否可以说也许他就是想让她等待，他立刻指出，他一直在想，他总是太快满足她的每一个请求，而忽略了只是让她需要他本身就好了，让她（对他）的欲望保持活跃，这是一些他觉得自己并不特别擅长的事。（梦里的其他元素，以及他对它们的联想，暗示了在他妻子和母亲之间的一种联系，而且显示出，作为一个学生时，他是多么享受尽可能地晚回家，而让他的母亲一直在家里等着）。他在梦结尾处的焦虑，起到了一种有效的屏蔽作用，使他无法识别出梦公然满足了的一个愿望：让他的妻子久等。

122 梦中出现的焦虑因此经常就是一个诱饵：在很多梦中，而且在从人们想象得到的还要多的梦中，焦虑用作伪装欲望，或者转移对愿望的注意力。虽然如此，弗洛伊德也为那些一点也不符合愿望满足类型的梦留有余地。

在《超越快乐原则》(Freud，1920/1955)中，他介绍了强制性重复("一种想重复的冲动")这个概念，并概述了这种类型的梦：梦者反复地再体验一种创伤性经历，希望将一些焦虑引入她在现实中还未准备好应对的情境中，弗洛伊德将这种焦虑联系于一种准备好的状态，或者为一个问题准备就绪的第一阶段。例如，某人经历了一场毫无预警的火车事故，她也许会发现自己一再地梦到事发前的时刻以及事故本身，希望以某种方式为即将发生的撞车做准备或者保护好自己，好像做好准备或被保护这种事实会让自己幸免于创伤(如果不是由于火车事故而造成的身体伤害，也至少是她对此的创伤性反应)。这就好像她回溯性地尝试将一些令人焦虑的期盼，一些就绪的准备，引入到更早期的事件中。弗洛伊德(p. 32)假设，精神会自发尝试"掌控刺激物"，并在这样的压倒性情况中继续努力这么做，即使这是无谓的尝试。

在我的经验中，临床工作者在这种情况中所能做的是，鼓励分析者尽情讲出围绕着创伤的所有材料——她和其中涉及的所有人的关系，她在那时的生活，以及事件的后果——直到附着在创伤上的所有力比多枯竭为止。在我的一个分析者的情况中，二十多年来她一直反复做噩梦，梦到她遭遇过的一场车祸，而导致她最好的朋友死亡的正是那场车祸。我们用了几年的分析来梳理她和她好朋友关系的方方面面，她和事故中的所有其他演员的关系，她在那时的生活，等等。最终，她的噩梦停止了，并且迄今为止都没有再出现过。

拉康(Lacan，2006)提供了一种思考噩梦的方式，这种噩梦采取的形式*并非*那种对一个早期事件的简单重复。他暗示，其噩梦性质源于这种事实：不是我们的某个愿望(用他的话来说是，我们的某个"欲望")，而是我们的某个要求在这样的梦中得到了满足。

> 无论如何，它是一种经验的事实，即当我的梦开始顺应我的要求(不是顺应现实，正如人们错误地认为梦能保护我们的睡眠)时——或者顺应了在这里证明是和他者的要求等同的东西时——我醒了。(p. 624)

在他看来，我们经常向他者要求我们甚至都不想他们给我们的东西， 123

在某种意义上说，因为如果他们真地给了，这会导致我们的欲望熄灭，我们的欲望（对他来说，这总是对某些其他的，某些更多的东西的欲望）是我们最亲爱的东西，相比于满足欲望，我们更关心的是拥有以及体验欲望。因为正是对欲望的拥有以及体验，而不是它的满足，才让我们感觉自己活着。一般来说，我们更喜欢的并非是获得我们要求之物——即使在我们没有获得它的时候，我们表达了不满——因此我们才能继续欲望着。拉康在理论上说明了，我们从自己的要求正要在其中被满足的梦中惊恐地醒来，因为那会导致我们的欲望破碎和熄灭。这样的梦威胁着要破坏我们作为欲望之存在，而这欲望正是我们最宝贵的东西（在很多情况中，比满足要宝贵得多）。

某个分析者报告了她亲历的一场噩梦，在梦里她要男友和她一起搬到另一个城市去，而且他也同意了。乍看起来，在梦中她似乎得到了自己想要的，但是她对自己和男友的处境的讨论清楚地表明，尽管她考虑过要他一同搬走，但是当她很清楚他不想搬到那个城市时，她最大的愿望是他不要像她的父亲那样总是立刻妥协，不要听任她摆布。我们可以这么说，她最珍视的欲望是，他不要放弃他自己的欲望！当他在梦里这样做了的时候，她对他的欲望——为了她而成为某个样子，成为某种人——就破碎了。这就像是，她正在被剥夺她对某种类型的男人的欲望：这种男人知道他自己想要什么，不会为了她而妥协。

基本幻想

> 无意识是这种事实，即存在通过言说而享受，而且……对此什么也不想知。
>
> ——拉康（Lacan，1998a，pp. 104 - 105）

尽管分析者经常在很短几年的分析过程中，提出相当多的不同幻想，但拉康假设，事实上，所有的这些特殊的幻想都起源于同一个结构：一个“基本幻想”（例如，可见 Lacan，2006，p. 614），它定义了主体和大他者最基本的关系，或与大他者有关的最基本的立场。① 浮现在分析者大脑中的各种各样的场景，白日梦以及自慰幻想，都被拉康视为基本幻想的组合，而且通常呈现出基 124
本幻想的某一个方面，虽然是以一种伪装的形式。或者，换个方式说，种种场景、白日梦和自慰幻想归根结底都是一个“单一”的基本幻想，而这个幻想在结构化分析者与其生活中的重要他人的关系中起到了重要作用。

在这里我不会很详细地讨论基本幻想，因为我在其他地方已经讨论过了(Fink[1995，pp. 61－68，1997，pp. 56－71]；也可在本书第九章中见到一些进一步评论)，但是我想指出，通常的想法是，在分析的开始，分析者的基本幻想对她来说是难以忍受的。她无法忍受带给她满足的幻想的念头——她无法忍受去思考是什么带给她享受——因为她发现这太应该受到谴责了，违背了她觉得自己所是的以及所代表的一切。她“对此什么也不想知……”(Lacan，1998a，p. 105)。如果她的基本幻想涉及，比如说，被一个男人嘲笑和批评(嘲笑和批评一直是她从她父亲那里获得关注的主要形式)，而且她精心安排了和她遇到的每一个新认识的男人之间发生的事情，以便他会嘲笑和批评她(或者选择那些本来就有那种倾向的男人)，这可能让她在幻想的层面上获得满足，但是却在她对自己的理想和目标方面适得其反。而且她通过巧妙地或不那么巧妙地诱导他们符合她基本幻想中的样子，“污染”的关系越多，她就可能会觉得那种幻想越是难以忍受。在分析的过程中，让她对她如此之多的梦、白日梦和幻想的进行描述和联想时，分析家的目标显然是，如拉康(Lacan，1978)提到的那样，去引导她修改那种基本幻想，去重构或“穿越”它，

要觉察以及清晰地表述某人的基本幻想，这并不容易；这如果不需要很多年，也会用上好些个月的分析时间。实际上，我的感觉是，当一个分析者说出了一个基本幻想的大多数元素，使得它们可以被表达得清楚且令人信服的时候，改变就已经开始了，并且出现其他某些东西：一个新的幻想。这是精神分析工作的一个惯常特征：相比于明确描述某些她在当前仍然受其控制的东西，分析者更有能力去描述某些不再紧抓着她不放的东西。例如，前面提到的分析者，其父亲经常会出现在他的性幻想中，虽然是以一种伪装的形式。当他

① 关于什么可能是他对这个术语的最早的使用，可见 Lacan(1988a，p. 17)。

125 生活中的某些冲突达到最高点时，但是同样也是在几年的分析后，当他准备好跨越相对于如此成问题的大他者的这种立场时——就是说，当他接近于重构他的基本幻想的时候，他能够详尽地描述出他的基本幻想的很多方面（涉及同时存在的，一方面支持在各方面都优于他的父亲，另一方面通过败坏他父亲的“好名声”来“修理”他）。

因为重构基本幻想是一个分析的后期阶段努力的目标，所以我将把更完整的讨论留到关于技术的一个进阶作品里面去（感兴趣的读者可以在 Fink [1995，1997]里面找到对其主要是理论上的讨论）。

第七章

处理转移和反转移

确切无疑的是，(转移)和患者感受到的一种或一波感情保持一致，然 126
而，通过把它简单地定义为出现在分析中的复制品，越来越清楚的是，其中更大一部分肯定始终不被主体注意到。

——拉康(Lacan，2006，p. 461)

识 别 转 移

在当代精神分析文献中，*转移*(tranference)这个术语基本上几乎慢慢地命名了发生在分析家办公室里的一切。弗洛伊德(Freud，1905a/1953，p. 116)引入的术语“Ubertragung”——被翻译为转移(transference)，但是字面上的意思是传递(transmission)，翻译(translation)，换位(transposition)，或施用(application)(从一种习语或辖域到另一种)——指涉的是“分析过程中……被唤起的冲动和幻想的新版本或复制品”，在幻想中“用分析家这个人来替代一些早期的人。换句话说：全部一系列的心理经验被唤醒，不是作为过去的附属物，而是适应于当前这个分析家。”这些翻译或换位可以采取几种不同的一般形式：

· 在感知层面上——不管是视觉、听觉、嗅觉、触觉还是其他的——分析家的某些特征让分析者想起了双亲之一(或者过去的某个重要他人)，比如她的声音，她的眼睛、头发、皮肤的颜色，她的体型，在会谈的开始和结束握手时感觉到的她手掌上的汗或凉意，等等。

有时，分析家有个鼻子就够了，不管它实际的形状和尺寸如何，因为分析者 127
会把它“视为”像他母亲那样的(他也许会指出，例如，只有在他从某个角度或以某种眼光看的时候,才让他想起了她)。换句话说,不是分析家的某些真实特征,而是他投射给她的与他母亲——在那个特殊的时刻,他正与之纠缠不清母亲——有关的某些东西,与那种特别的面部特征有关联的某些东西,让他想起了母亲。可以说,就像是在一种知觉辖域中,他"在她身上看到了它"。

· 分析家的某些"编码"特征,或者她的助理,或者环境让分析者想起了双亲之一(或过去的某个重要他人),比如她的年龄、穿衣风格(衣服、珠宝、妆容以及配饰),这些可能暗示了一种特殊的社会阶层,或者要形成某种外形风格的努力(职业的、休闲的、民族风的、凌乱的、坏女孩、学院风或上流社会的时髦风格,等等);她的用词,文法以及通常的说话方式(这些可能也表明了某些与社会阶层,志向、教育程度、出身国家或地区有关的东西);或者她对办公室风格、位置和装饰风格的选择(所有的这些使她置身于不同的社会、语言学、符号学的编码背景中)。

这些特征包括了一种或另一种*符号系统*——在一个特殊的文化或语系内部演化而来的符号系统(即使群体内部不止讲一种语言,表现出不止一种文化)。[①] 像往常一样,分析者可以"自由"地把分析家的着装、讲话方式等,解读为分析家根本没有意在表达的含义;毕竟,我们无法控制或者决定我们自己的讲话、着装或行为的含义——这是由其他人决定的(Fink,2005b,pp. 574 - 575)。

· 分析家这边的某些情感表达,也许会让分析者想到双亲之一(或者过
128 去的某个重要他人),比如在治疗的某些时刻,脸红表现出的尴尬;在她声音里一种犹豫或震颤,双手动来动去,在椅子上蠕动,双腿交叉或者不交叉表现出的紧张;恐慌的神情,面部血流加速,或者姿势的僵硬中反映出来的焦虑;一种明显克制的语调,唐突的手势,转移到其他人身上的牢骚所反映出来的被压制的愤怒(例如,她可能对分析者很生气,却带着愤怒和电话那边的人讲话),等等。所有这些可觉察到的情绪,也许会让分析者想起自己在过去的其他人身

---

① 请注意,转移的很多这样的符号学特征,同时包含了感知上的以及语言学上的成分。例如,分析家的实际年龄,也许分析者可以从各种官方的或非官方的途径上获知。但是分析者可能通过看、听或和她在一起,而对她的年龄有一种明显不同的印象。类似地,分析家的穿衣风格,也同时包含了感知的和符号的成分:例如,前者包含了颜色、裁剪、质感,以及这种穿衣风格呈现出一般面貌;后者包含了像品牌、价位、社群内涵之类的东西。并且不管衣着是时髦、过时,还是完全不合潮流的(尽管这些可以说是同时包含了感知的和符号的成分)。

上看到过的这类情绪，这些情绪可以放置在*情感效应*（*affective effects*）的标题下。它们涉及的是力比多，而不是形象或符号本身。①

实际上，分析家不用真的感觉到或者表现出任何情绪，来让分析者“觉察”到她身上散发出来的一种特殊情绪：在很多情况中，分析者会把他从母亲那里觉察到的情绪投射到她身上——那是些使他不安，而且仍然与他纠缠在一起的情绪。

尽管我不相信弗洛伊德讲出了分析家（及其外在）的那些可以用作转移的素材的所有不同特征——感知的、符号的和情感的——但是他无疑从未把转移限制为患者对分析家的一连串的正向或负向的情感。然而，这可以说是对转移的最普遍的理解，例如，马兰（Malan，1995/2001，p. 21）承认，“这个词渐渐地被更轻率地用于患者可能对治疗师有的*任何*情感。”可能这样说会更好一点：这是对转移的最普遍的误解，因为转移的复杂性远不止于此。

转移的构造

> 我们很快就觉察到，转移就其本身而言只是一种重复，而重复是指被遗忘的过去，不仅被转移到医生身上，而且也被转移到当前情景的所有其他方面。
>
> ——弗洛伊德（Freud，1914a/1958，p. 151）
>
> 我更想放下转移这个概念的实证的全部，而强调它的多价性，及其包含的几种辖域：象征、想象和实在。
>
> ——拉康（1988a，pp. 112－113）

当分析家的某个特征让分析者想到了过去的时候，发生了什么？② 让我 129

① 虽然如此，但要注意，分析者经常会透过视觉或听觉，感知到分析家的情绪，因此这里也有一种感知的成分在里面。此外，如果分析家焦虑不安的时候改变了用词，那么也可能会有一种语言学的成分在里面。

② 费伦奇（Ferenczi，1909/1990，p. 18）把分析者的这种感觉——他在分析家身上找到一个让他想起过去某个重要人物的单一特征时，他觉得分析家就像是那个人——比作被称为*借代*（*synecdoche*，部分代表整体）的修辞。

们假设，分析家偶尔戴眼镜，而且假设她的眼镜和分析者母亲的类似，即使分析家和分析者年纪相仿。如果分析者对其母亲的感情一直都是很积极的，我们也许会预计他把某些这样积极的感情转移到分析家身上，并且在会谈中很合作。另一方面，如果分析者对其母亲的感情一直都是很消极的，我们可能会预计他把某些这样消极的感情置换到分析家身上，并且在会谈中对她抱有敌意。

但是，即便有时候在分析家看来，在分析者用各种方式表达出来的情感中，转移是显而易见的，不管那是故意表现出来的，还是无心的；但对分析家来说，它们可能更经常地是以其他方式显现出来：和母亲关系很糟的分析者，也许在会谈期间保持着公开的热情和表面上的合作，却暗地里对戴着眼镜的分析家毫不信任，他甚至向自己发誓要对她隐瞒自己所有最好的洞见。他也许努力使分析家确信，他在认真对待她的解释，却一直暗中嘲笑，并且尽其所能地把她的工作视为像拖鞋之于游鱼那样毫无用处。他也许不会流露出任何情绪化的迹象，而且难以觉察到自己对她有任何负面感情；然而，他对她采取的立场，可能类似于他对母亲的，一种包含了暗中抗议和反抗的立场。

现在让我们想象一个更普遍的情况：分析者说，并且愿意相信，他和母亲的关系挺好的。然而，他在生活中的很多行为所表明的正好相反（例如，他从未采纳过她的建议，从未追求过她满意的任何女人，也决不为她所推荐的职业做准备，等等）。实际上，经常需要很多时间才能让分析者推翻其最初的断言——他们家和万事兴。压抑经常是这样的，他们在意识层面上确信自己和某个父母的关系极好，没有任何问题，然而最后他们发现自己对父母采取了一种对抗立场，而且其根源令他们难以理解。

当这样一个分析者看到分析家戴着和他母亲类似款式的眼镜时，他的转
130 移性对抗立场不太可能表现为轻蔑的脸色或某种情感爆发。然而这最终也许会导致反复的迟到，长久的沉默，过早离开，缺席以及休假，而且分析者会用看似合理的理由来自圆其说（他老板总让他加班、工作太累了、他得赶着去看医生、他的破车老是抛锚，等等）。并且这样做的时候，他并不必然是言而无信的：他在给出他想得到的理由，而且那很可能是他能想得到的唯一理由。

在这里这么说可能是不合理的，即分析者对其母亲，因此也是对分析家有

“无意识的愤怒”，因为严格来说，如果某些东西是无意识的话，那么它就不是一种感情：*它还未变成一种感情，它只有在被感觉到的时候才会变成一种感情。*[①] 然而，和他母亲关系中被压抑的方面，在分析者形成的对抗立场中表现了出来，而这也许是他自己未意识到的。

因此转移决不是只局限于情感领域的模型或形式：就像分析者的症状可能反映了一个完整的家庭结构，转移也可能包含了一个同样高度复杂的结构的一种重复。可以看看接下来的我短暂督导过的一个案例。在该案例中，分析者会陷入长久的沉默，而她的分析家忍无可忍了。一开始分析家和我都推断，分析者觉得她需要详细描述的材料太令她羞耻了，以至于难以启齿，或者可能是觉得因为她从未跟任何人谈到过，所以她经受过的实在事件本身正在抵抗象征化——也就是说，在抵抗被付诸语言。不久后，结果证明是，分析者曾被一个男性实践者强奸过；在他的办公室被强奸的过程中，她一直保持着沉默，即便她知道母亲在离她很近的等候室里。这时候，她的分析家和我开始疑惑，她是否正在把治疗当成一种强奸，哪怕她的分析家是女性——换句话说，我们推测她把自己对之前的那个男性实践者的恐惧意象，投射给了她目前的女性分析家。

然而，讨论这种可能的关联性并未让分析者松口。她仍然沉默——好像就是这么顽固——而且在会谈期间还明显不安，会谈后也很紧张，却还是渴望来分析。对一些残缺的梦和少数联想的缓慢且乏味的工作最终揭露出，分析 131
者还是个孩子的时候，多年来在她母亲外出不在家时，她的父亲会带着色欲触碰她。他威胁说，如果她敢对母亲透露哪怕一个字，她就会被赶出家门，几十年来，她从未吐露过这个秘密。*她在分析中正在复制的家庭情境，被证明是相当复杂的：*她长久的沉默是一种保护以及忠于她父亲的方式，且无疑是在父亲碰她，而她安静躺着时感受到的害怕和性唤起状态的再体验的一种方式；是向她母亲/分析家隐瞒自己吸引到父亲的注意，而带来的那种令她无所适从的

---

① 正如弗洛伊德(Freud,1915b/1957,p. 178)所说的，“严格来说……没有无意识的情感，有的只是无意识的想法”，而且“我们无法像说无意识的想法那样去断言无意识情感的存在”(Freud,1916—1917/1963,p. 409)。不过，他偶尔会把内疚当成例外。

胜利的一种方式；是使她母亲/分析家免受父亲的不忠和女儿的共谋带来的双重震惊的一种方式；而且，毫无疑问地，也是达成其他目的一种方式。

这样复杂的转移，常常是很难察觉的，而且可能很难说明为什么大多数临床工作者把转移简单地视为分析者在某时某刻对分析家的感受方式。[①] 有人甚至会假定，他们在觉察复杂转移上的困难，导致了他们参与到被称作为"搜寻情感"的行动中去，不停地询问分析者，"那让你感觉怎么样?"。*就好像情感是一切*（转移性的或非转移性的）的关键，然而情况显然并非如此。[②] 当代的
132 临床工作者也严重倾向于把棘手的沉默，以及很多其他治疗难题（例如，缺乏联想、无法想起梦或白日梦、迟到、取消会谈、爽约等）归结为分析者这边对治疗的故意阻抗，而不是从大处着眼。这样的治疗难题通常起因于（1）这种事

---

① 拉尔夫·格林森(Greenson，1967，p. 155)做得稍好一些，他把转移定义为"对当前这个人的情感、冲动、态度、幻想和防御的体验，但这并不适用于那个人，而是起源于和童年早期的重要人物有关的反应的一种重复，被无意识地置换到了当前人物身上。"拉康(Lacan，1988a，p. 273)曾以浪漫绘画时期的寓言式风格，对转移提供了一个相当有诗意的"定义"："错误在欺骗中逃之夭夭，却被误解捕获。"

② 情感可能会帮助我们找出被压抑的材料，但是最终我们首要的是接受压抑而非情感的指引。情感和想法（或欲望）通常在一开始彼此相连，但受到压抑时，它们倾向于彼此分离开来，无法同时被发现：分析者很生气但又不知道为什么，或者对于儿时的事故历历在目，却感受不到那时有过的任何情感。正如弗洛伊德(Freud，1916—1917/1963，p. 409)主张的，"（和一个被压抑的想法联系在一起的）情感的最直接的变迁是被转化为焦虑。"换句话说，当我们碰到焦虑时，我们可以假定，某种想法（一种寄予希望的想法）已经被压抑了，而且与之联系在一起的情感，不考虑它的初衷的话，可以说是被放逐了。在分析者心里，它似乎不再和任何事件、处境或想法有关，而被转化成焦虑。这焦虑是在附着其上的观念内容被压抑时，"*任何*情感冲动兑换成的或可以兑换的通用货币。"(pp. 403 - 404)。

在这种意义上，情感常常是一种诱饵：它诱使我们认为，至少在某个水平上，分析者被某些事搞得心烦意乱，而不是非常乐在其中；或者至少就某方面而言，他担惊受怕，而不是充满渴望。焦虑是压抑的一种相当可靠的信号，但它却并未指出我们要去哪里寻找压抑，或者最初的情感是什么。而且其他的情感也可以用作诱饵：分析者也许感到悲伤，却暗中狂喜；或者可能在他哀悼一个未公开承认的爱人之丧失时，却看起来很乐观。

可能当代的临床工作者不停地搜寻情感，是因为他们把自己和患者之间的"融洽关系"当作心理治疗的终极目的(比如 Malan，1995/2001，pp. 84 - 85)，他们觉得在一个会谈中表达出来的情感越强烈，关系也就越融洽。给予融洽关系特权，会使治疗师让情感优于一切。拉康(Lacan，1988a，p. 57)早在 1954 年就批评过这种给情感过分特权的现象："主体在会谈中公开表明毫不奇怪的，甚至是毫不陌生的情感被当成了不起的成功。这就是这种基本误解导致的下场。"精神分析中对情感的一个稍微更详细的讨论，可见 Fink(2004，pp. 50 - 52)。

实，即要详细描述之前从未被描述过的东西并不容易；(2) 一个早期情境的重复，而这可能非常复杂且难以阐明的；或者(3) 分析家正在做的或没有做的事，例如拒绝帮助分析者清楚地表达之前从未被表达过的东西(实际上，这使得分析者和她自己都回避了那种困难的任务)，或者没有努力搞明白分析者可能在重复什么样的早期处境。①

这就是拉康(Lacan，2006，p. 595)决定采取一种完全对立于很多当代临床工作者的观点的原因，他说，“除了分析家自己的阻抗以外，没有其他的阻抗了，”②这个观点是说，当分析家倾向于断定是分析者在阻抗时，这通常是他们自己的失败，而不是分析者的。换句话说，治疗难题更容易出现于分析家自己采取了弗洛伊德(Freud，1900/1958，p. 639)所说的“鸵鸟政策”时——把头埋进沙子里，这样就看不到了。因为“任何打断了分析工作进程的东西都是一种阻抗”(p. 517；也可见 Freud，1915a/1958，p. 162)，把分析家对治疗的妨碍定性为一种阻抗，是非常合理的。

转移无处不在

> 即使我们假设，我们必须把转移视为分析情境的一种产物。我们仍然可以说，这种情境无法凭空产生这种现象，并且可以说，为了产生这种现象，在分析情境之外必定有先存的可能性，这是分析情境以某种可以说是独特的方式而兼具的可能性。
>
> ——拉康(Lacan，1978，pp. 124－125)

在分析情境中，从转移中发现的那种从一种辖域到另一种辖域的置换，也 133
可以在其他很多情境中找到。我们大多数人都经历过很快就喜欢或者讨厌某个我们刚遇到的人，仅仅是因为她像我们喜欢或讨厌的某人，或者同名，或者有一些其他的让我们想起某个喜欢或讨厌的人的特征(外貌、职业、声音，等等)。

这样的转移可能会让我们做傻事，例如，太快地误信他人，避开了可能与

---

① 注意弗洛伊德(Freud，1920/1955，p. 21)的评论——“患者在转移中重复了所有这些讨厌的处境，和痛苦的情感。”——中的“处境”这个词

② 亦可见 Lacan(1993，p. 48)，他在里面说过，“患者的阻抗总是你自己的(阻抗)”，以及(Lacan，1976—1977，1977.1.11)中，他说，“阻抗在分析家自己那里找到了它的出发点。”

我们有很多共同之处的人，甚至是爱上与我们爱过的人表面上相似，而内在品质并不相同的人。(我的一个分析者告诉我，七岁时他迷上了他在夏令营的第一天遇到的一个女孩，她看起来简直就是他的姐姐。)实际上，坠入情网的过程和恋爱的经验，很大程度上归功于转移：一个人在刚开始爱的越激烈，就越有可能是像转移中发现的那种“张冠李戴”在起作用，就越有可能是在一个早先所爱之人和一个现爱人之间做出的一种“错误连接”(Freud & Breuer，1893—1895/1955，p. 302)①最狂热的爱通常涉及完全误认他人的相异性，以及把各种各样合意的品质大规模地投射给某个不甚了解的人。这种投射的对象有时甚至会抗议道，他或她想因其本身而被爱，而不是被放置在一个崇高的位置上，或者被理想化。在很多情况中，就在他者的真实品质开始显露，以及由恋人投射给被爱之人的那种完美，经发现是虚幻的时候，人们就不爱了。②

类似地，转移通常对学生和他们的老师之间的关系起到很重要的作用。学生常常很快就假定他们的老师有渊博的知识，并且迷恋起他们来，只有在后来才明白他们的知识有限。起初他们认为老师们基本上是无所不知的，这很可能是他们小时候对他们父母的想法。而且就像他们最终会意识到的父母的知识有限一样，在适当的时候，他们也会感知到老师们的知识的局限，在这个过程中，他们对老师的迷恋慢慢地就大大降低了。他们最初视老师为那种“假
134 设知道的主体”(见第五章)，是让学生爱慕的人，但最终他们或多或少都从崇高位置跌落下来，导致失望、幻灭，甚至是绝望——这有时发生在好多年以后。分析者对知识的爱，对他希望在分析家那里发现的知识的爱，在分析中几乎从头到尾都起到一个重要的作用。就像苏格拉底的门徒，他们相信苏格拉底有渊博的知识，即使他声称自己没有(除了有关爱的)，他们能够追求知识，恰好是因为他们相信苏格拉底拥有知识。分析者能够参与到追求关于他们自己的知识的艰难任务中去，也恰好是因为他们相信分析家拥有这样的知识。事实上，拉康把这种信念视为和患者的分析的必不可少的动力。

---

① 正如弗洛伊德(Freud ，1915a/1958，p. 168)所言，“这是每种恋爱状态的基本特征”。

② 对于这个主题，可以写上一整本书，但因为这是我的下一个写作项目，所以我就不打算在这里作更多的评论了。

然而，尽管转移可以在生活的很多方面中找到，并且可以采取很多不同的伪装(对自己的会计师有好感、更无所顾忌的商店行窃、①嘲笑公路巡警、严格遵守规矩，等等)，但是我们在精神分析情境中遇到的一切，并非都是转移。

并非一切都是转移

> 转移推动了无意识的运作。
>
> ——拉康(Lacan，1978，p. 267)

我的一个分析者的前分析家，似乎在他们的几乎全部的固定时长会谈中都会迟到十来分钟。分析者并不觉得被父母哪一方格外忽视，比如总是在送他上学的时候，或者在他课外活动之后去接他的时候迟到，也没有对此的抱怨。所以他最终向他的分析家表达了对他一再迟到的厌烦的时候，我们很难就其本身把这视为一种转移。他对她感到厌烦，就像他可能会这样对别人一样，因为她表现得好像，她的时间远比他的更有价值。当然，他也许对她要比对一个做过同样的事的水管工人，要感到更加的心烦，因为她在他生活中具有的重要性，部分是由其他转移造成的，但是他对她一再的迟到而感到的厌烦，就其本身而言不应该被称为转移。

也不应该假定这反映了他对待自己周围人的方式——例如，假定他肯定 135
会立马想到每个人都表现得好像他们觉得自己的时间价值远远高于他的——正如临床工作者经常会如此快速地这样推测。我们不要立马得出结论，认为分析者对待分析家的方式，一定就类似于他在日常生活中对待其他人的方式，就好像分析者对不同的人作出的反应没什么两样。② 毕竟，分析家相比于他生活中的其他人，更可能在他面前把自己当成一个空白屏幕或“镜子”(Freud，1912b/1958，p. 118)，相比于和同事、朋友以及没理由会是“没个性的女人”(改

---

① 我的几个分析者，在他们青少年时期陷入的那些麻烦，和他们对自己父亲强烈的但被置换了的愤怒之间，做过非常清晰的连接。

② 然而，这是“动力学心理治疗的一个根本前提”，据鲍尔和米尔斯(Bauer & Mills 1989/1994，p. 200)所说，“患者(与他们的治疗师)互相影响的方式与他们的功能的特有模式相一致。”令人奇怪的是，这种前提有悖于他们的另一个推测：治疗师非常个人的“实际表现”对患者面对治疗师的态度与行为有很大影响。这两种情况似乎不能共存。

述自罗伯特·穆西尔[Robert Musil]未完成的小说的标题)的恋人在一起,和她在一起时他会投射以及重复过去关系和处境的更多方面。尽管转移可以在生活的方方面面中找到——人们显然都在工作场所和家里投射和重复着——但在他们的剧本中,他们通常还是有和他人产生联系的几种不同方式。例如,与人友善且合作,奉承他人,和另外一些人竞争以及拒绝合作。若暗示分析者应对其他人的方式与他对待分析家是一样的,就太牵强了:用皮尔斯(Pierce)的话来说(见 Eco,1984),这是一种绑架(abduction),而不是推论(deduction)!

当然,也有这样的情况:分析者假定别人总是想羞辱他,或觉得他一文不值,并且分析家所做的一切都会被解读为是在确认他的假设。但是,经常地,就像在我先前提到的一个分析者——他的分析家总是迟到——的情况中,不是分析者的“惯常存在方式”或者他的“自卑情结”在起作用(通过所谓的投射性认同或任何其他方式),而是分析家的“惯常存在方式”或反转移使她蓄意迟到。

经常很有用的是,看看在分析者对这样的事情的厌烦中,是否还有其他什么东西;所以分析家必须识别出他们自己对这样的情境的推动作用。这并非意味着,他们应该向自己的分析者吐露心声,在会谈中和分析者一起探索他们自己迟到的
136 可能原因。而是说,他们应该明确承诺以后会准时,以及在督导中或者他们自己的分析中,修通那些正在搞事的无意识动机。可能是分析家逐渐开始讨厌分析者了;可能是她觉得分析者很悠闲,因此她可以在会谈前简单地办几件事,而不会使他感觉被打扰了;或者可能是他毫无怨言而微妙地鼓励了她的迟到,因为他很享受比她优越的感觉,或者乐于和她处在一种紧张的关系中。当然,很多其他的东西可能也起到了作用,但是它们至少像在转移关系中那样,和分析家与分析者个人之间的实际关系有很大关联;实际上,在很多情况中,不是转移,而是反转移起到了主导作用。①

---

① 在我看来,温尼科特(Winnicott,1949,p. 70)通过引入“客观的反转移”(objective countertransference)这个术语(他下的定义是,“分析家基于客观的观察,对患者的真实人格与行为的反应中的爱与恨”),混淆了与反转移有关的问题,后来有某些作者(例如,见 Spotnitz,1999,p. 229)把这和“主观的反转移”(subjective countertransference)做了个区分。我怀疑,我们很难找到哪两个分析家能基于他们对患者的“客观观察”,以哪怕是最接近的方式对“患者的真实人格与行为”持有相同看法,而且任何想区分反转移中主观与客观成分的企图注定很快就会失败。拉康(Lacan,1976—1977,1976.12.16)宣称,在分析后期“无意识依然大他者”(the unconscious remains Other),这意味着分析家还是会误解以及误认她自己的动机、感受和反应。

希望这应该是很明显的事，即反转移并不比转移更简单：它也可能涉及重复一个带有想象、象征和实在成分的早期或类似情境（例如，分析家把家里的问题带到办公室里，或者把和某个分析者之间的问题带到和另一个分析者的工作中）。正如我在第四章中提到的，拉康（Lacan，2006，p. 225）在描述反转移的时候，把它非常宽泛地定义为在分析的“辩证过程中的特定时刻，分析家的偏见、激情和困难，甚或他的不充分信息的全部总和”（也可见于 Lacan，1988a，p. 23）。

这种宽泛的定义使得我们可以看到，哪怕是分析家对精神分析理论的观点，也以一种反转移的方式运作；如果她相信“投射性认同”的存在，她很可能（正如我们会在这一章后面看到的那样）把前面提到的分析者对她一再迟到的厌烦，视为至少部分是他的错：她也许倾向于认为，分析者把自己的信念——每个人都认为自己的愿望比他的更重要，或者会利用他——“投射给她”，结果*使*她满足了他的期待。鉴于分析家未能研究重要的精神分析文献，他们可能不单有“不充分的信息”，而且也鉴于他们信奉的精神分析概念，他们随手就把治疗难题的责任从分析家身上转嫁给了分析者。反转移包括了分析家自己的 137
理论偏见和一叶障目，不管其形式如何：不管分析家是否拒绝考虑其他理论，是否发现她无法看到除了自己的先存观念和她从媒体中了解到的流行心理学允许她看到的东西以外的任何东西；依赖她偶然在读的东西，每周再概念化案例；在会谈中过度依赖理论，以至于他无法听到分析者实际上在讲什么，并且试图把会谈中正在发生的事情硬塞入一个钟爱的理论框架中；还是试图用案例来支持她自己最近构想的理论，使“事实”符合她自己的理论框架。在我看来，所有这些都可以被视为分析家反转移的重要部分。

如何处理转移

如果精神分析是种方法，那么它把自己放置在爱的位置上。

——拉康（Lacan，1973—1974，1973.12.18）

既然现在已经说了一些有关如何识别分析情境中什么是由转移导致的，

以及什么不是(反而是由于反转移导致的),[1]那么现在让我们转向所谓的*处理*转移吧。

尽管迄今为止我概述过的转移因素,也许会让读者觉得抽象,但是不管是从处于接受转移的那一端的分析家的有利位置来考虑,还是从深陷转移之中的分析者的位置来考虑,转移的经验都绝不抽象。

正向转移

> 我想说的是,正向转移发生在,正在讨论中的这个人,在这个案例中的分析家,受到我们的喜爱的时候;负向转移发生在我们留心他的时候。
>
> ——拉康(Lacan,1978,p. 124)

在某些情况下,分析者发现自己很多时候都在想分析家,对她的生活感到
138 好奇,而且可能甚至试图弄清更多有关她的事;换句话说,他已经逐渐迷恋起,甚或是有些痴迷他几乎不怎么了解的某个人,而且这个人几乎没有他感兴趣过的女人的任何特征(如果过去确实有某些女人使他感兴趣过的话)。分析家也许不会在身体上吸引到他,可能大或小他几十岁,可能在穿着上是他觉得不好看的,或者让他觉得是在表明一种让他反感的文化或阶级背景,而且还出于某些原因,他可能发现自己对她非常热心,并且迫切地期待和她的每一次会谈。(这种迷恋也经常发生在那些和他们的分析家同性别的分析者身上。)

分析者感觉自己找到了某个真正听他讲话的人,某个能理解他的人,而且也许是某个在适当的时候会伸出援手的人。分析者觉得她知识渊博——已经知道或者可能知道他的问题所在以及解决方法。简言之,他把她视为过去的一个正面人物,视为某个至少在某个时刻似乎会对他敞开大门的人,愿意且能够帮助他的人。然而,*他并不把自己的转移当作转移*。他并不会对自己说,"我对自己的分析家有这样感觉的唯一理由是,她让我想到了我儿时对母亲的

---

① 注意,甚至是分析情境本身的基本限制,比如在一个特别的场合和预定的时间会面,定期付费等,也能成为转移的素材,因为拒绝成为"系统"的一部分的分析者,也许会反抗这种代表了当权派和独裁主义价值观的这种限制,并且让分析家本人对此负责。

感觉,而且她还表现得就像是我的母亲。”相反,他把这体验为此时此地对这个特殊的人的一种强烈感情。他深陷其中无法自拔:他对分析家的强烈感情,对他来说是非常真切的。

只要他的转移采取这种形式,并且不妨碍到他在治疗中正在进行的工作,*就没有必要用任何方式干预,来缓和他的热情。*[①] 精神分析会利用由分析情境及其促成的身份误认而引起的这种兴奋(力比多能量)。而并不像某些其他形式的治疗那样,试图中和或者驱散它。某个接受我的督导的人说,她为这种事情苦恼着,即她的一个男性分析者告诉她,“有时我想,我坐上公交过来治疗的唯一理由是,你很好看,”我回应道,“至少你知道了发生在你身上的这种事。”后来她向我指出,不管是什么审美的或者色情的兴趣把分析者带到治疗上来都没关系,只要这促使他参与到探索和改变他的生活的工作中来,意识到这一点对她以及治疗都非常有帮助。当分析者对分析家有这种正向的转移时,分析家努力让分析者出于对她的爱,而开始费时费力的分析进程,开始回想起他过去的某些部分,以及他通常不会注意到的白日梦和幻想,并且开始对 139
它们进行联想。这是艰难的工作,而分析者需要动用他所能获得的一切动力。

想想精神分析开始于一个爱情故事:安娜·欧(Anna O,她的真名叫伯莎·帕彭海姆[Bertha Pappenheim])出于对约瑟夫·布洛伊尔的爱而提出了“谈话疗法”,这个体贴的年轻医生早晚出诊,每次和她工作数小时。他是唯一的那个会让她注意到其出现的人,并且是在她的治疗的某些阶段里她唯一想与之交谈的人(Freud & Breuer,1893—1895/1955,pp. 21 - 47)。(精神分析的)开端是爱。而她的爱是由这样一个男人激起的,不管她觉得他好看与否,她假定了他了解她的状况,并且是个知道如何治疗她的受人尊敬的医师(即使如历史表明的那样,事实上她才是那个知道详情的人,而他足够聪明地跟随了她的引导)。即使精神分析从其中诞生的那个爱情故事中的当事人,并没有在

---

① 如弗洛伊德(Freud,1916—1917/1963,p. 443)所言,我们“不必为(转移)烦心,只要它的运作有利于分析的共同工作。”依据 Gill(1982,p. 81),费伦奇、兰克和赖希都坚持认为,“一种强烈的正向转移,特别是在分析的一开始,只是一种需要揭露的阻抗的征兆。”因此,*他们*很可能会主张,为了缓和分析者的热情,有必要用这样的方式去干预。事实上,赖希相信,正向转移总是隐藏了一种更基本的、更原始的负向转移。

那之后幸福地生活在一起，但事实依旧不变，由一种信念——另一方拥有知识——激起的爱，是安娜·欧所发明的治疗的主要动力。

由我督导的很多临床心理学的毕业生，会立刻试图消除患者的这种信念：他们知识渊博，知道什么使他烦恼。他们经常是，正如他们所说的，出于诚实而这样做，并且是为了使患者确信，患者在此种关系中的能力和临床工作者一样。虽然他们的目标可能很好——而且确实，患者才是那个有最多知识的人，而实践者所知甚少，特别是在治疗的开端——但是他们经常导致患者相信他们能够帮到他的信念破灭。与其"授权"给他，他们宁愿剥夺他的信念，最终使他灰心丧气。他觉得自己在这个领域中不具备任何有用的知识。如果他有的话，首先他就不会让自己陷入这样的困境。去相信某人拥有能帮到他的知识，通常对他来说是非常重要的；而消除这种信念，就是在剥夺他最后一点希望。因此，企图干预患者对分析家的知识的转移，会导致绝望。

在一开始就试图说服患者，他拥有的知识并不比临床工作者少，这在临床工作者自己很年轻而又在一个培训机构里工作的情况下是最有可能成功的——这个机构里面所有的治疗师要么才开始约见他们的第一个患者，要么只有一两年的经验。因为在这种情况中可以说，患者们通常意识到，他们所获
140 得的东西物有所值，也就是说，他们的治疗师，相比于他们在社区里可能找到的其他从业多年的治疗师，拥有相对较少的"专业知识"。

然而，绝大多数情况下患者只会觉得，临床工作者"解释就是掩饰"，并且只是在谦虚，或者是想照顾他的自卑感。苏格拉底宣称自己(除了爱)一无所知，这从未使他的信徒信服，他们仍然相信他是名副其实的知识源泉。这指向精神分析技术的一个极其重要的方面：企图消除或"清算"分析者的转移，注定要失败，因为分析家的否定声明——例如，"我不可能知道问题所在，在这里你才是那个知道的人"——会被分析者当成是来自他所投射成的某个人：一个非常渊博的人(他问自己，不然的话，为什么她最想做的是一个临床工作者呢?)。企图通过评论转移，或者在转移中(即当某人是分析者的转移对象，而不是第三方，比如朋友、同事或顾问医生的时候)进行解释来缓和转移的某些更麻烦的方面，出于同样的原因通常注定会失败。例如，如果分析者觉得分析

家在生他的气，并且分析家否认自己有任何这样的愤怒，那么她的否认将仍然会被听成是来自分析者假定会生气的某个人。实际上，分析者也许把否认本身视为一种愤怒的信号。

然而，大多数分析家好像同意弗洛伊德（Freud，1913/1958）的观点，即我们一定要解释转移，不管它在什么时候开始导致阻抗：

> 只要患者的沟通和想法不受阻碍，转移的主题就应该原封不动。我们必须得等待，直到转移变成了一种阻抗——对转移的处理，是整个过程中最微妙的一部分。（p. 139）

他们好像没有意识到，分析家作为转移的对象来解释转移，并不能帮自己摆脱转移，而只会再产生转移。因为，如拉康（Lacan，2006，p. 591）所言，“分析家的言语，（总是）被听成是来自转移性的大他者的。”例如，如果分析家已经变成了类似某个爱挑剔的父母人物，那么她的解释将会被听成批评性的；如果她变成了某个性感的母性人物，那么她的解释就会被听成是诱惑性的。我们并不通过解释转移而在转移之外取得某种元位置（metaposition，像Levenson，1995，p. 88，这样的治疗师声称，我们还是可以进行“元交流”[metacommunicate]的）。我们在转移中要时刻留心。如拉康（Lacan，1967—1968，1967. 12. 29）所言，“并没有转移的转移”（no transference of the transference），意思是说就像在语言之外并没有位置可以让我们不必借助语言本身而在整体上讨论语言那样，也没有哪种方式可以使我们完全摆脱转移 141
情境，来讨论转移中正在发生什么（也可见于Lacan，1998b，p. 428）。对转移的解释是一种恶性循环！

分析家们尝试过把分析者分成两部分：“体验型自我”和“观察型自我”（Sterba，1934），借此避开这种恶性循环。在他们看来，窍门在于邀请观察型自我——他们视其为“理性的”——摆脱转移（这被假定为是由体验型自我参与的），而进入到某种元空间中去，一个处于转移之外的空间，在那里分析家和分析者能够作为“通情达理的”观察型自我相遇，并且可以对不理性的、不明理的体验型自我，对陷入转移/反转移之中的体验型自我之间正在发生的事达成一致。①

听起来好像我是在讽刺，但是很多作者恰恰是在用这些词语讲话，就好像“理性的”“不理性的”“通情达理的”和“不明理的”是简单有用的分类，②完全
142 可以和一个或另一个心理机构联系在一起，而且就好像——即使从转移关系的温床里“挤出点时间”的，通情达理的，“不动情感的”观察型自我之间可以对

---

① 在这种程度上——对转移的解释很可能是通过促进分析者的“观察型自我”的发展而有成效——正如拉康（Lacan，1967—1968，1967.12.29）所言，通常会导致“被假定知道的主体的消解”，也就是说，导致分析的动力消失。然而，很多分析家同意吉尔（Gill，1982，p. 73）的观点，后者认为“对转移的暗示”和“转移的阻抗……（在分析中）无处不在”，并且如果不是经常的话，也应该“一贯地”得到解释（p. 27）。毫不奇怪，他们的目标通常是“帮助（分析者）理解自己”（p. 66）——换句话说是，促进分析者的“观察型自我”的发展，这（观察型自我）相当于他们身上一种有意识的主体，不是假设知道的主体，而是真正知道的主体。

② 如果有一种东西是我们能够期待分析家从他们对精神分析的研究和体验中学到的话，那就是，存在很多不同类型的原因以及不同的逻辑（在最低限度上，包括命题逻辑、模态逻辑和直觉逻辑）。别的不说，起码有和不同的诊断分类相关联的各种形式的合理性。例如，有一种强迫形式的理性（在很多方面，和我们当代的资本主义形式及其对时间和金钱的等同高度相关），一种癔症形式的理性（在很多方面与前者相反），等等。见拉康（Lacan，2007，1998a）的关于四种话语的文本，正如他这样称呼它们，以及我对其的讨论（Fink，1995，第九章），我们也许可以用另一种方式说，“原因”只不过是对某人的时间和空间的全部偏见。正如麦卡尔平（Macalpine，1950/1990，p. 196）提出的，“尤其不幸的是，当恰好是精神分析证明了‘理性的’行为可以被追溯到‘非理性的’根基的时候，这两者之间的对立出现了。见我在第四章的脚注中对很多 20 世纪的理论家赋予“理性的观察型自我”的功能的评论。

鉴于神经症根据一种“要么……要么……”的逻辑而运作，我们可以推测，性倒错根据一种“既……又……”的逻辑运作，精神病根据一种“既不……也不……”的逻辑运作。“要么……要么……”的逻辑对我们来说，可以常见于大多数普通形式的哲学和数学。这种逻辑意味着，如果 A 是 B 的话，那么 A 就不是非 B(例如，如果苏格拉底终有一死的话，那么他就不能不死）。当神经症中有一种逻辑上的矛盾时（即，当一个人断言，苏格拉底既是会死的，也是不死的），一个命题是有意识的，而另一个是无意识的（例如，患神经症的男人也许在意识上认为自己是男性，而在无意识中认为自己是女性；他通常只有在大量的分析之后，才能在意识上认为自己两者都是）。性倒错者遵循一种“既……也……”的逻辑（A 可以既是 B，也是非 B），不需要将矛盾的断言安置在不同的心理机构中，并且可以在意识上相当确信，自己和其他人既有男性的一面，也有女性的一面（见 Fink，2003）。而精神病患者遵循一种“既不……也不……”的逻辑，一旦精神病发作，并且在对一种也许使他的世界恢复意义的幻觉的可能建构之前，发现 A 并不等同于 A，因为词未能和物保持连接，而是和事物分离（见第十章）。因此他可以肯定 A 既不是 B，也不是非 B。对不同的诊断分类中运作的不同逻辑的这种有些推测性的和非正式的特征描述，希望至少会让读者觉得我的主张——没有单一形式的理性——是可信的。

正在发生的事达成一致——在他们返回温床的时候就会改变什么(除了鼓动分析者以后抑制任何转移反应之外)。例如,分析者可能还是一如往常地对批评非常敏感,但是当他记起自己和分析家讨论过,这种情感是他孩提时不断地感受到的父亲的批评,而这正是他如今对批评过分敏感的源头,他也许开始"说服自己"不要愤怒。结果是,他还是会很生气,但也会在了解到这种事实后学着如何抑制自己的愤怒,而不是行动起来。或者,他仍然会把女人对他的评论总是当成一种诱惑,但是也会学着如何"劝规自己",每次都提醒自己之所以那样看待女人的评论,是由于发生在他和母亲之间的一些事让他这样。这就是谋求分析者的观察型自我的帮助的用处(或者无用,视情况而定)。①

吉尔(Gill,1982)是非克莱因分析学派中(我会在本章后面讨论克莱因)系统解释转移的最重要的支持者,然而,他认可的某些观点(他似乎把这视作一种简单的例外,即使他在自己的书中对此重复过相当多的次数)看起来还是证实了拉康的观点,即解释转移通常是无意义的。吉尔指出,在他作品的第二卷所提供的完整会谈的文字稿中,人们可以看到"分析转移会对转移本身产生影响,这是多么常见,而这种影响经常导致解释所针对的那种相互作用的模式的 143

① 对转移的解释和"观察型自我"的进一步讨论,可见 Fink(2004,pp. 5 - 9)。"观察型自我"也被很多分析家认为是"自我的健康部分",他们希望和这个部分建立一个同盟。拉康(Lacan,2006,p. 591)讽刺性地把自我的这个部分称为"像我们一样思考的部分"也就是说,像分析家思考的那样而思考的部分。吉尔(Gill,1982,pp. 9 - 15)把"合作的""观察型自我"和他口中的"促进性的转移"联系在一起,把"体验型自我"和他说的"妨碍性的转移"联系在一起。

那些试图促进分析者发展这样一个观察型自我的人,相信精神分析治疗应该通过向这种观察型自我灌输知识来进行。然而,正如我在第五章中提到的那样,关键不在于让分析者习得关于他正在做什么的知识,而在于让分析者改变,而且知识并不必然是改变的关键——实际上,它很可能阻碍改变。这种方法经常导致分析者做出如前所述的评论:"我非常清楚自己正在做什么,但是我很难让自己停下来。"尽管一个观察型自我已经在分析者身上培养出来了,正在激发行为的被压抑之物却仍然未被触及。正如弗洛伊德(Freud,1937/1964,p. 233)所言,"我们已经增长了他的知识,却并未给他带来什么改变。"

拉康(Lacan,1978)对此做了如下评论:

> 呼唤主体的一个健康部分,并假定这一部分和现实联系在一起,并且能够跟随分析家一起评判在转移中正在发生什么,这是误认为正是主体的这个部分在转移中被捕获——误认为就是(自我的)那个部分关上了门、窗或百叶窗,或者随你怎么说,而一个人想与之交流的那种美(无意识)就藏在其后,除了想让百叶窗再被打开以外,别无所求。(p. 131)

上演”(Gill & Hoffman,1982,p. 8;类似的评论在 pp. 4,105,107)。例如他指出,一个男性分析家和被吉尔称为“患者 E”的男人一起工作时,做了一个解释,大意是患者担心自己和分析家的关系中,有一种亲密的、同性恋的意味(homosexual component),而患者把解释“听成一种同性恋意味的接近”(homosexual approach)或诱惑(come-on)(p. 105)。在那种案例中,分析家明显地有段时间一直让患者觉得是在鼓励他和分析家建立一种同性恋的纽带,而且分析家的解释被患者当成是在确认他预先存在的感觉。被吉尔称为“患者 G”的另一个分析者,显然有段时间一直觉得自己在和分析家竞争,而且输得很彻底。当他的分析家对此详细地加以评论时,分析者“把每一个解释都当成(了)竞赛的上演。连同这本身的解释”——例如,分析家提出,“我说你把这当成一种我正在打败你的竞赛,这种说法也是这场击败你的比赛中的另一个举动”——“也被当成是分析家的冷淡和高人一等。”(p. 170)当他的分析家告诉他说,他看起来是在寻求分析家的赞同,患者断定这只是他陷入困境和失败的又一个方面而已。当分析家评论说,患者感觉分析家正在贬低他时,患者把这种评论当作另一种贬低(pp. 162－164)。分析家的言语被听成是来自分析者把分析家当成的那个人的,而不是来自分析家认为他就是,或者希望是的那个人,也不是来自某个客观的外在观察者。在这个意义上说,解释转移——这据说是为了“解决”或“消除”转移——最终只不过是促进了转移,而这使转移更激烈,更难以处理。①

144 这是拉康派分析家经常会提出非常简短的解释的一个原因,这种解释省略了陈述的主体(例如,避免说“我认为”),并且本质上是由分析者自己的言辞组成的——可能是以一种稍微不同的顺序组合在一起的——这样就会让分析者并不能完全清楚*是谁*授权了它们。这让这样的解释(见第五章)更难以被当

---

① 正如格洛弗(Glover,1995,p. 130)提出的,“转移神经症首先就会因对转移的解释而得到滋养。”然而,他的兴趣似乎一直是,为了让转移神经症主体更紧张而解释转移。斯特雷奇(Strachey,1934/1990,p. 79,脚注 31)相信最有效的解释(他称之为“引发改变的解释”)是对转移的解释,并且他把这归结于这种事实,即“在分析情境中,给出解释的人和被解释的它即我冲动的对象是同一个人。”我反而会主张说,这恰好就是对转移的解释为什么经常是最不怎么有效的解释的原因。

成是“来自转移的大他者的”，也更难被拒绝。

尽管对转移的解释有整卷的理论上考量，而且第二卷会谈文本还意图向读者表明如何识别和解释转移，但是吉尔只提供了非常少的证据，来证明对转移的解释会在他提到的分析者身上带来持久改变。患者E对亲密和同性恋的恐惧的可能源头以及发展，甚至从未被提到过，而且患者G和权威人物的竞争的可能原因也未被讨论过。这两个患者都相当清楚地表明，恐惧和竞争是他们和他人诸多关系的特色，但是读者从未能够瞥见这和患者的历史之间的联系。正如对分析家来说，听出分析者在会谈期间所讲述的故事中的“对转移的暗示”(Gill，1982，p. 21)可能是很重要的一样，让分析者详细地描述这些暗示也很重要。事实上，在吉尔和霍夫曼收集的会谈中，对转移的每一个直接的解释，都导致了一种令人左右为难和混乱的处境，报告案例的分析家只有克服极大的困难，才能从中抽离出来。不经意地，吉尔和霍夫曼似乎已经提供了充足的证据来证明，*解释转移会适得其反*。

尽管我们看不到他们提到的患者获得了什么好处，但我们能看到的是文本里面提到的某些分析家的企图，他们想在每一处找出对转移的暗示，并且想系统性地解释转移，这导致他们忽视了精神分析技术最基础的方面：

· 他们忽视了*口误*(患者G说，“我正在对自己生的气”(my being angry with me)而不是“我正在对他生的气”(my being angry with him)，这实际上暗示了某些非常不一样的东西；Gill & Hoffman，1982，p. 174)

· 他们未能注意到*混合隐喻*(对于治疗即将结束，患者G说，“时间快没了，带沙的水晶球”(the crystal ball with the sand)结束于7月21号，这明显指的是“沙漏”(hourglass)，而不是“水晶球”(crystal ball)，因此这很明显地点明了患者的观点，即他的分析家即使不是一个预言家，或者说至少他相信是，也是个能预知未来的人，p. 156) 145

· 他们很少要患者们*把话讲完*，这会让患者审查数量惊人的想法，具中很多想法的开头似乎都是对分析家的想法或情感的直接暗示(例如，“你真的……”(You really...)，p. 170；也可见于 pp. 152. 160. 163. 169 和 176)。这让人怀疑，如果这些分析家只花稍微多一点的努力让患者*自由联想*的话(可能他们正在错误的地方寻找转移)，那么他们就不必如此艰难地设法引出对“转移的间接暗示”了。

· 他们不理会*分析者用词的特殊性*（患者 E 使用了*同性恋*（*homosexual*）这个词指涉特殊的性行为，然而，他的分析家随意地使用这个词，就好像他才是那个决定这个词的含义的人；pp. 104 - 105），而且他们忽视了他们的患者非常模棱两可的表达，就好像那完全是可理解的。①

· 他们让患者没完没了地讲述一周的细枝末节，而不是鼓励患者谈论某些更切题的东西，似乎把寻找“对转移的暗示”作为一种孤注一掷的努力，好让患者在会谈期间讲出某些重要的东西（Gill，1982，pp. 21 - 22；Gill & Hoffman，1982，pp. 149 - 154）。

在我看来，如果分析家遵从前面章节中概述的基本原则，相比她专注在转移上（或者其他什么东西），并试图依据关于她以及她和分析者的关系的意味，来理解分析者讲的一切，她从转移的所有多变的形式中感知到转移本身的可能性要大得多。可以这么说，后者可能会导致她滑入想象辖域，并让她忽视象征辖域。②

146 过度正向的转移

> 我们无权争辩说，出现在分析治疗过程中的恋爱状态，有一种“真”爱的特征。
>
> ——弗洛伊德（Freud，1915a/1958，p. 168）

如前所述，只要分析家能够把分析者对分析的热情和对分析家的迷恋，调

① 实际上，这种处理语言的方法对吉尔（Gill，1982）来说似乎是很普通的，他引用了弗洛伊德和其他分析家的大量模棱两可的构想，但好像没注意到这些构想是用于多重解释的。有时他甚至更进一步地说，他知道自己引用的分析家真正想表达的是什么，即使他们没有直截了当地说出他以为的意思。

② 有趣的是，鲍尔和米尔斯（Bauer & Mills，1989/1994，p. 198）注意到，“推动对转移的此时此地的利用的一个重要因素，来自迅速兴起的短程心理治疗”——换句话说，来自希望找到一种方式可以绕开探索患者的过去的更长程计划的实践者（以及对他们施压的保险公司）。鲍尔和米尔斯惯于使用像“成熟的”和“适应不良的”行为的这样的概念，这暗示他们及其“动力学”或“精神动力学心理治疗”学派的同事，主要关心的是让他们的患者恢复到“正常的功能”水平，这是我在第九章中要深入批评的一种方法。

动到真正的精神分析工作中去，除了不要动摇分析者的信念——分析家拥有关于什么困扰着他以及如何帮助他的知识——以外，分析家不需要做什么特别的事。然而，现在让我们假设，分析者已经到了深深迷恋分析家的地步，以至于他不是来会谈中工作的，而只是为了沐浴在分析家的非凡闪亮的风采中。如果把他的爱解释为实际上不是针对分析家的，而是某个其他人的[①]，这并没有好处的话，那要做什么呢？因为在这里转移已经变成了对分析工作的一种阻抗："任何东西只要是打断了治疗的连续性，就可能是阻抗的一种表现"(Freud，1915a/1958，p. 162)。[②] 既然解释要么必定失败，要么通过呼唤一个被假定为并不处在恋爱中的观察型自我而使主体异化，那么我们具体可以做什么呢？

一般而言，最好的策略是，采取严格的最少的必要措施让分析者回到工作中来。分析家应该避免指责分析者爱上她。当分析者什么也不说的时候，只是少给他一点眼神接触和注意就够了；当他似乎只是待在那里就很满足的时候，表现出无聊就好了；或者询问他的梦、白如梦和幻想，这样做也许就足够了。若有必要，分析家也许会在当前处境和分析者已经报告过的类似的过去场景之间做个连接(例如，在他童年的那些快乐时光中，在他母亲烤面包的时候，他满足地躺在厨房的地板上，享受着烤箱的温暖和迷人的气味)。可以只强调处境的相似性，而不用明确指向分析者的爱——这种爱也许是分析者并 147
未真正意识到的，感到骄傲的，或者想要公开承认的。

在任何情况下，分析家都应该让自己首先关注一个完全不同的问题：为什么这种转移爱的表现会出现在此刻？尤其是当转移爱不是出现在分析刚开始的时候(强烈的爱出现在分析之初，也许暗示了精神病的征兆，而不是神经症。)，但是过后，通常会发生的是，当分析者根本不能谈论什么事，不能把创伤性经历付诸语言时，他已经把他的注意力转移到和分析家相关的某些事情上

---

① 这就是苏格拉底对亚西比德(Alcibiades)做的事，苏格拉底说，亚西比德并非真地是为了苏格拉底说的，而是为了说服阿加顿(Agathon)(《会饮篇》)；见 Lacan(1991)。

② 弗洛伊德(Freud，1913/1958，pp. 139，144)把以阻抗形式出现的转移称为 ÜbertTagungswiderstand，这被斯特雷奇翻译为"转移-阻抗"(transference-resistance)。见拉康(Lacan，1978，p. 130)对此的评论。

了。他在企图回想或者构想某些事的时候很受挫，并且他的注意力已经转移到房间里和他同在的仅有的另一个人身上了。他也许突然想到与分析家有关且困扰着他的事(例如，那天她和他握手的方式，她的穿着，她的办公室中的一件新艺术品，或者她在最近某次会谈上的某些评论)，他也许突然想起和分析家有关的某些积极的事(例如，她和他打招呼时的笑容，她的步态，或者她的风采)。

在这样的情况下，转移还没有像前面的例子中提到的那样变成一种阻抗，那时分析者只是想来沐浴在分析家的风采中。另一方面，由创伤性的实在对象征化的工作的*抵抗*，已经*使转移*变成一种分散注意力的策略了，把分析者注意力从他正试图下定决心处理的问题的“病原内核”(pathogenic nucleus; Freud，1912a/1958)中引开，并且转向某些并不明显相干的事情上去。① 正如拉康(Lacan，1978，p. 145)提出的，“转移既是回忆的障碍物，也是无意识关闭的表现，而这起因于错失良机。”换句话说，转移出现在分析者发现自己(用或者不用分析家的协助)不能离那种病原内核更近一点，不能“正中要害”的那一刻。②

分析者当然不需要刻意创造一个分散注意力的事物。实际上，他可能很少在这样的情况下意识到它：他和分析家一样，被分散注意力的策略给愚弄了。如果分析家能够识别这里的转移是一种分散注意力的东西的话，她就会意识到，他们正在接近病原内核，并且会试图找到方法帮助分析者继续深入其
148 中。转移如此一贯地出现在这样的时刻，以至于我们确实应该，而且可能得总是假定，一种具体的转移是阻抗的*产物*(被理解为实在对象征化的抵抗，也可以理解为分析者不愿对分析家讲出某些事，是因为害怕分析家的反应，不管那是批评，还是道德上的指责，还是失去分析家眼中的尊重)，而不是假定转移本

---

① 正如拉康(Lacan，1988a，p. 36)提出的，“阻抗是言说施加在接近这种(病原)内核过程中的转调(或迂回话语)。”见我对这个话题的详细的讨论(Fink，2004，pp. 25 - 26，以及脚注 24，pp. 170 - 173)

② 拉康(Lacan，1978，p. 130)也提出过这样的观点：“转移是无意识的交流被打断的方式，是无意识再次关闭的方式。转移远非是把权力转交给无意识的信号，相反，它是无意识的关闭的信号。”

身变成一种阻抗。毕竟，如果之前它不是一种阻抗，那么为什么现在突然就是了呢？

不那么正向的转移

> 在它自身内外，转移等同于对主体间性的反对。
>
> ——拉康（Lacan，1968a，p. 18）

作为一种把注意力从对实在的象征化的艰难工作中引来的东西而出现时，转移并非总是特别正向的。当分析者被艰难的任务挫败时，他可能认为分析家不是在帮助他，或者甚至是故意不帮他，因为他相信分析家知道他正在寻找的答案，并且如果分析家拒绝给出答案的话，那么一定是故意对他有所保留！然而，既然她很可能实际上并没有答案，她最好是避免根据表面来判断那时涌现在分析者脑海里的任何与她有关的负面想法，并且尝试帮助分析者解决目前的问题。

这需要分析家这边的一种高度反直觉的立场：她必须牢牢记住，大多数（希望是绝大多数）分析者对她的正向和负向想法以及反应，与她本人，与她这个有自己的个性、好恶、价值观的活生生的、呼吸着的人类，并没有什么关系，而更多的是和她在分析者的心理经济中已占据了的业已存在的位置有关，这恰恰就是我们把其称为转移的原因！然而，这似乎成了最容易忘掉的事。而且临床工作者几乎是不可救药地倾向于陷入这样的思考陷阱，误以为这和他们有关，然而事实并非如此（而且当它就是和他们有关的时候，他们反而认为不是，正如我们会在后面看到的）。*鉴于分析家已经设法把自己的反转移保持在最低限度，分析者对她的想法以及反应，和他们参与的工作有关，而和分析家本人无关。*

正如拉康（Lacan，1968a，p. 18）提醒我们的，转移的存在“等同于对主体间性的反对。”分析情境并不是两个不同的个体作为主体而相遇的一场座谈会， 149
因为一方（可以说是）让自己成为另一方的全部投射的对象。这意味着，她自己的主体性的基本要素在这种相遇中消隐靠边了。即使拉康在20世纪50年代是主体性概念的支持者，但他逐渐看到，把分析情境当作一种主体间性来谈论是在忽视转移的存在。①

① 论述精神分析和心理治疗中所谓的主体间的、人际的和关系的方法的很多文献，看起来采用了各种不同形式的主体对主体的观点。正如涉及批评治疗设置里的权力关系时，这些方法可能会很诱人一样，我们会疑惑，某些理论家寻求的分析家和分析者之间的那种平等，是否不同于费伦奇在20世纪早期实验过的那样，那时他和他的患者们会轮流在躺椅上接受对方的分析。在这种实验很快就被证明是无效的时候，费伦奇就放弃了。

值得注意的是，博勒斯(Bollas，1983)；被许多关系学派学者所引用，他试图通过把大他者定位在作为分析家的他自己身上，来借鉴拉康的这个术语。他写道，"这是我们当前对转移的理解上的一种特色，分析者的自由联想的大他者来源，是精神分析家的反转移"(p. 3)。这把拉康认为是对分析情境至关重要的三元系统——分析者的自我，大他者(作为分析者的无意识)，和分析家的自我——缩减为一个二元系统，这相当于把象征界瓦解为想象界。例如，与其只是问分析者"海伦"，为什么她认为自己会经常陷入沉默(或者在这种时候她正在想什么，来看看在弗洛伊德学派的以无意识而为人知晓的"大他者场所"中——"anderer Schauplatz"；Freud，1990 1958，pp. 48，536；这个词弗洛伊德借用自费希纳[Fechner]——发生了些什么。或者看看在过去是否有人像那样在她面前陷入沉默过，看看这种停顿是否和她的历史有关)，博勒斯是这样回应她的，即对她来说，"跟这个陌生人(分析家)讲话，以及……把这种最简单的事托付给他，一定很难"(p. 13)。他所有的推测，都基于他自己的感觉：和某个陌生人讲话的感觉一定就是什么样的(比如我的很多分析者，开始的时候就没有这样的困难)。此外，这种解释，就像他基于自己的反转移所做的几个其他的解释一样，少有效果。而且海伦的沉默，似乎只有在联系于她与母亲相处的经验时才会停止——也就是，她的与母亲相关的历史。注意，如果他只是问一句，在过去是否有人像这样在她面前陷入过沉默，这可能就是她本来会在一开始(即将近一年前)告知他的事，因为就是她的母亲这样做过。他借由自己的主体性而采取的迂回——即，他企图依靠自己在分析设置中和她相处的个人经历来理解她的经历——看起来毫无效果，这是他基于自己的个性和反转移做出一连串的猜测，然而似乎都不得要领。而且这种迂回(想凭借他自己的主体性来理解她的主体性的这种企图)，因他未能询问可以想象得到的任何最基本的问题而成为必然。(至于对反转移的其他这样的使用，可见于我在第八章的注释中对雷尼克(Renik)的作品的评论)

奥格登，这个和关系的和主体间性方法联系在一起的分析家，也推崇依靠自己的主体性而采取冗长的迂回。他甚至把自己出神的想法和白日梦——这明显地占据了他和患者的会谈的大部分时间(Ogden，1994，pp. 464 - 467)——称作为"分析的第三方"(the analytic third)，煞费苦心地在因患者而发生的事和他自己的未被识别出的想法，他的机修工不公平地对待他等之间寻找(可以说是发明)某种联系。除了看出这种事实，即他通过使用第三方(*third*)这个词——这通常在精神分析中用来指涉俄狄浦斯三角，以及，在拉康派的三元环中，用来指涉打断了母亲和孩子之间，或者分析家和分析者之间想象的二元关系的象征界——而混淆了事情。我们也应该注意到，如果一个人看得很仔细并且有丰富的创造力的话，那么他或她通常可以在任意两种事物之间找到一种联系。此外，奥格登本来没有必要这么全面地分析他自己无聊的白日梦的，前提是他出于这样的目的而干预：让患者在会谈中投入到富有成效的工作中去，而不是让他们单调乏味地不停地讲同样的事，或者陷入15到20分钟的长久的沉默中(p. 478)。

例如，在B夫人的案例中，奥格登相当令人难以置信地在两年里(频率为每周五次(转下页)

这对分析家来说是反直觉的：时刻记住分析者的看似和她有关的大量想 150
法和反应，实际上和她毫无关系，因为在日常生活中，我们大多数人倾向于把别人对我们的想法和说的话当成是非常有针对性的。但是即便在日常生活中，我们经常也能意识到，别人对我们的想法和所说的种种，跟我们个人没有什么关系，而和他们自己当前的挣扎与冲突密切相关（不管他们觉得被忽视了，还是自感不足，嫉妒他们周围的人，生每一个人的气，或者任何情况，这会让人疑惑一种主体间的关系是否是可能的）。而且，尽管在爱情中，我们很多人倾向于把恋人对我们的批评信以为真，但是考虑到关系中的转移与投射的
普遍性，我们最好能意识到，这些批评与恋人的生活中的其他人（不管是过去 151
的某个人还是其自身）有关。

在日常生活中，很有用的做法是，学会不要把自己当成别人批评（或者玩

（接上页） 会谈）一直允许她避谈大量有关她父母的事，因为她觉得自己无法“公平而又准确地”（p. 479）描述他们！她显然倾向于给出一种“不公平”的描述——即，抱怨他们，把他们描述成是在她成长过程中很让她讨厌的人——而且她毫无疑问地倾向于给出不公平的和不准确的描述（难道每一种描述在某种程度上不都是不公平或不准确的吗？）只需要简单地问一句“也许你就是想给一种不公平的描述？“你担心自己会对我隐瞒你父母实际样子”，或者“然而，对你来说，跟我谈谈他们就是极其重要的事。”相反，他允许她没完没了地谈论日常琐事，对他们两个来说，这毫不令人惊讶地变成了一种令人头脑发木的体验（她越来越想不到要说什么，他已经接受了她的说法，即“当她找到合适的方法和语言的时候，她会谈谈他们的”[p. 479]，这明显是在拒绝自由联想）。在放弃了利用言语来了解她的历史之后，作为最后手段，奥格登通过他个人在会谈中对自己的健康的担忧和沉思的细节（诚然，这也许不同于他在和其他患者的会谈中的担忧和沉思）试图找到对分析中正在发生的事的解释，一种很难让读者吃惊的，基于被告知的有关患者自己的很少的实情的解释。与其把分析家在这里的想法和感受视为莫名其妙地是由患者引起的，或者由分析的某些创造物（所谓的分析的第三方）引起的，我想说，从奥格登的技术来看，是有害的，以至于并未通过与她的历史相联系，而注意到患者在分析中的困境（她怨恨她的分析家，毫无疑问，这是一个像他父亲那样的，看起来对她毫无兴趣或者很少注意到她的男人，这可能至少部分是因为他没有要求她谈论她很可能已经知道自己需要谈论的事情）。与其把他的“主体间”反应看作是反映了他对患者的一种增强了的调和，而不太像是他的解释的客观性的某种担保，我更倾向于把它视为，因他自己未能鼓励分析者谈论她不想谈论的问题，并且未能解释她和她父亲之间的关系而引起的一种疾病。如果他把她的历史的阐述——即，象征的维度——视为需要唤起的“第三方”，视为和某种转移的/反转移的第三方是对立的，我会猜想，分析也许会向前推进得更快些，而且对分析者和分析家两者共同而言也少些苦恼——后者遭受了他相当震惊的所称的一种“躯体妄想”（p. 481）的痛苦。可能他抱怨的，“我们彼此都困在自己的主体性之中”（p. 470），可以说恰好是因为他未能对可以把他拉出来的东西进行工作。

笑，讽刺或贬低）的实际对象，甚至是对别人的赞扬也是如此，而在分析设置中，这样会更有用。鉴于分析者并不把转移体验为“只是一种投射”，反而把他对分析家的厌烦视为真的和她有关，*分析家必须非常努力地不要把批评放在心上，也不要针锋相对*。如果她做不到，那么她最终会和分析者争辩（“我一直以来都在设法帮助你”），反驳他的指责（“但是我昨天给了你两个新的解释”），反击回去（“你才是那个不合作的人”），或者只是生气。相反，她必须设法使自己处在不同的水平：她必须学会如何不表现得就像她是批评的真正对象，而且要时刻记住（至少努力这么做）她正在处理转移。①

在和分析者的交流中，分析家的目标是不要指责分析者把可怕的东西投射给了她，因为她是这么好的一个人；也不要要求他无论如何也要在心里把让他火冒三丈的过去人物，和好心好意的分析家本人分开。因为如果他成功地把他们完全区分开的话，他就不会再向她投射了。那会很快地使治疗完全陷入困境，因为当分析者不能记住他们过去和他人的关系的某些方面时，他们经常会和分析家一起重复这些关系的方面，这意味着，分析还是可以触及它们的，尽管是用一种伪装且有些笨拙的方式。我的一个分析者的记忆总是很迂回，有一次他在谈论家境巨变之前，他和父亲一起生活的状况。他想起自己和父亲一起坐在餐桌上，却无法想象那曾是一幅怎样的画面。他突然想到我对他很生气，这让我可以推测，这并不是说他的这种感觉和我之前做过的事或说过的话有关，而是说他的父亲有时会在餐桌上生他的气。他证实了这一点，他说父亲总是吼着叫他“吃他的肉”，而儿时的分析者常常觉得肉是很恶心的。因此他父亲对他的愤怒首先是在转移投射中显露出来，并且只有在那之后才成为一种回忆。

152 如果这种重复真地被挫败了的话——例如，假如我按部就班地总是在分析者觉得我很生气、欢乐或者多疑时，就和他争论（以至于，例如，他会有一种对我的更“基于现实”的观点，并且不会把我和其他人搞混）——分析就会失去

① 彼此以相同的方式做出回应，这是我在其他地方（Fink，2004）称为被捕获在想象的转移之中的一种现象。反之，把自己放在一个不同的层面上，记住自己正在处理的是转移，这涉及的是象征的转移。

分析者的过去信息的一个主要来源。正如弗洛伊德(Freud,1920/1955,p. 18)提出的,“患者无法记起他所压抑的一切,而且他无法记起的东西可能正好是其中很重要的部分。”挫败他对不能想起的东西的重复,就是在破坏治疗。①

因此分析家必须接受所有的投射,比如说,她不能跟分析者讲,“你把我和你的母亲搞混淆了,我和她一点都不像。”因为这会彰显她自己的个人特征,而且会阻碍未来的这种投射。因此她必须小心行事:她不能拒绝分析者的投射,而且也不能以牙还牙(这也许是她在日常生活中倾向于做的事)。以牙还牙,像小孩子(或者很多成年人和国家)一样针锋相对,会无可救药地陷入想象维度,这是“情感总是相互的”(feelings are always mutual;Lacan,1988a,p. 32,1973—1974,1973.12.13)的维度,一方的爱引起另一方的爱,一方的恨引起另一方的恨。分析家一定不要恰好“在其上”,而要处于一种不同的维度:象征维度。② 她一定不

---

① 拉康(Lacan,1978,p. 128)提出,重复的症结在于和某物“总是失之交臂”,“错失了机会”:重复是因为我们在最后一刻转身远离了它,我们错失了自己的目标。而且“如果转移只是一种重复的话,那么它总是对同样的错失(或失败)的重复”(p. 143)。

② 当温尼科特(Winnicott,1960/1965c,p. 161)提到“分析家的专业态度”和“*他用心投入的工作*”时,他似乎指出了非常相似的东西:“专业态度很像象征主义,其中假定了*分析家和患者之间有一种间隔*,而象征就处在间隙之中。”

萨斯(Szasz,1963)对转移这个概念的起源提供一种新奇的描述,暗示安娜·欧和布洛伊尔陷入一种个人对个人的(自我对自我)的关系之中,这种关系太过于火热而难以处理(布洛伊尔对她的治疗如此上心,以至于他的妻子嫉妒起了他的患者;当布洛伊尔最终向自己承认了他对安娜·欧的感情的本质时,他对她们感到极其内疚,并且终止了治疗,而这个时候,安娜·欧突然产生了一种癔症性怀孕的症状)。我们无疑可以用拉康的术语把这种关系描述为一种想象的关系,因为双方都像一个活生生的呼吸着的个体,而彼此相连。弗洛伊德并非这种关系中的一方,因此没有陷入其中,因而能够想到,安娜·欧可能会爱上任何一个这样的医生,一个如此上心治疗她的医生,一个多年来早晚拜访她的医生。她爱上了布洛伊尔,弗洛伊德猜测,这不是因为布洛伊尔自己的性格和怪癖,而是因为他是那些爱过她的早期人物的一个象征,一个替身。萨斯暗示弗洛伊德的转移的概念意味着分析家并不被当成一个对象——即,像任何其他对象那样——而是“(另一个对象的)一个象征”(p. 442),这和拉康所说的象征界有点接近了,象征界可以让分析家意识到患者的情感很少是针对分析家本人的,更多是关于某个他人或他物的。然而,萨斯看起来更想表明的是,分析家指责他们的患者以一种防御的方式,把东西转移到他们身上,而且告诉他们自己这样的指责是基于“中立的描述”(p. 433)。他把这视为分析家拥有的能够让他们自己脱身的一种便捷方式:“患者真正爱的或者恨的并非是分析家,而是某个其他人。还有什么是更可靠的呢?”(p. 438)。他忽略了这种事实:分析家可以,而且也应该尽可能地让自己在分析中像一个空白屏幕,这样患者对分析家的任何的爱或恨才实际上是对某个别人的,而不是针对她本人的。

153 要指出这种简单的投射的事实（她一定不要说“你正在投射！”或者“你其实是在生别人的气”），而是在让人分神的转移反应产生之前，找到一种言归正传的方式。①

可以考虑一下这样的例子：我和某个分析者的工作在一开始相当顺利，即使他警告过我，他之前的分析在冗长沉默中陷入困境。几个月以来，他一直在描述自己的过去和当前的困境，但是随着时间的流逝，他带到会谈中的东西越来越少了：一个梦的简短片段，一个转瞬即逝的想法，或者一个白日梦的短短一瞥。在提供了那些片段或短短一瞥之后，他会陷入沉默，声称在会谈之前就对此没有任何想法，并且会谈中也没有任何联想。我尽了最大的努力让他描述梦、想法或白日梦的不同细节，但是几个月以来事情变得更糟了，他在接连的会谈上提供的材料越来越少。

154 不久后他就开始非常有规律地缺席会谈，对此他只会说，他无话可说时就会觉得会谈让他很痛苦。他继续为自己的会谈付费，不管他是否到场了，即使

---

① 某些分析家好像非常在意分析者会把自己和“坏父母”联系在一起，以至于他们忽视了他呈现的材料中的相当多的一部分。我的一个分析者 20 多年来接受过各种各样的治疗，而且治疗师都是女性，20 多年来，他一直确信，他所有的问题都围绕着他的父亲。在我们几周的预备性分析中，一些材料浮现了出来，导致他的思考有一种至少是暂时的辩证逆转。他突然意识到，尽管他仍然有很多和他父亲有关的问题，但是他还以某些方式憎恨他的母亲，而且正在蓄意破坏自己的生活来存心伤害她。这样推测并不牵强，即他的女性治疗师想要他把她们和他生活中的积极人物联系起来，并且因此或多或少不经意地把他的注意力主要地引向他的父亲——她们觉得，在他的投射中，她们不会被轻易地和他的父亲混合在一起——这在很大程度上，使得她们可以置身事外。（说来也奇怪，在我们一起的工作的很短几周内，他和女友在一起时的勃起困难大幅度地减轻了。）

另一方面，很多分析家非常努力地几乎是在分析者谈论的一切中寻找“转移的暗示”，这不是为了避免他的投射，而是想让他认为，他讨论的一切，都以某种方式，围绕着分析家打转。吉尔（Gill，1982）提供了一个例子，在其中一个患者在会谈中谈论他对妻子爆发的一次愤怒，而且吉尔鼓动患者认为自己可能也对分析家很愤怒。吉尔抱着这种可能性，即“这样一个解释也许会被反驳说，患者正在谈论的是他的*妻子*，*而不是分析家*”（p. 65）吉尔未能意识到的是，分析家恰好是用这种方式激怒了患者，因此才使得他的解释得到证实。然而，是他的解释本身激怒了患者。在这样的例子中，情况经常很可能是，不是分析者，而是分析家自己才是那个生气的人，才是那个期待分析者对她生气的人，因为她做过某些她自认为并不怎么样的事。鉴于“情感总是相互的”（Lacan，1988a，p. 32），分析家总是可以找到一种方式让分析者像她一样，或者像她期待的那样生气。

我知道这不是一个很有利的征兆，我也没有对他的缺席感到特别受挫，直到这变得越来越频繁，超过了一周一次。他的个人史的某些方面让我倾向于认为，在某种层面上，他可能想让我大声叫嚷着要他回到分析工作上来。他的父亲一直是一个有些虚弱无能的人，有一次他因自己的孩子们吵闹而生气，而把一把椅子砸到孩子们的卧室的门厅正下面的一个房间的墙上，并且威胁说，“下次它会从另一个方向飞过来。”分析者不是很明白那是什么意思，但是那从未真正发生过。不过，分析者觉得，他本该为儿时以及青春期时做过的很多事情而受到惩罚。分析者对他父亲的愤怒（似乎是因为没有惩罚他，而这本来会减轻分析者不断地自我惩罚的负担）被紧紧地层层包裹着，而他对我的愤怒才开始浮现出来，特别是在一个梦中。在那个梦里，我以动物的形式出现，而且事实上是饿死了，然后又被分析者复活。他一再的缺席可能已经是对我的愤怒的一种无意的表达，并且是（或者是）想让我提供他觉得自己应得的惩罚的一种无意识的企图。

在一段有些混乱的时期，分析者有点想终止分析，在那之后我突然意识到，他可能正在重复他童年早期发生过的事情：在他和妹妹玩性游戏的某一刻（其间他的母亲来过一次，但是没有理会这种“完美的天性”——这是他后来觉得自己应该为此受罚的事件之一），他想到一个点子，而且明显完全是由他自己想出来的，即他勃起的阴茎“也许应该进入（她的阴道）。”在他提出要把自己的阴茎放到那里去之前，他显然从未见过她的阴道，而且他把她的阴道描述成“像一个又大又红的伤口”。她尖叫道，“不！”，拒绝了他的提议，并且再也不愿“扮演医生”了。他非常强烈地认同了她（他身上甚至有一个非常敏感的点，就在他的男性生殖器的一边，他自己把这个点描述为她的阴蒂在他身体上的一种镜像），而且我推测他正在用颠倒的角色，来重复这个场景的某些方面：在分析中他对我的举动类似于他妹妹对他的——他会一直扮演到某个程度，然后停下来。他对我的刺探有一点反应，但是后来又拒不开口了，决不靠自己再往前走。

是在让他更明确地谈论那个特殊场景，和他对此的全部想法和感受的过 155
程中，我才能结束使分析陷入困境的那种“沉默相待”（silent treatment）。似乎一直在困扰他的一个问题是，他是否本该逼他的妹妹接着往下玩。在某些层面上，他好像认为，如果他这样做了，他就不会变得像这样对阴道怕得要死，实际上，在和他妹妹的那一幕之后，他再也没有看过阴道。鉴于分析中正在发生的是那种场景的一种重复，所以他似乎正在怀疑的是，我是否会逼他更进一步——换句话说，我是否会对他做他自己没有对妹妹做过的事？

看起来是分析者在试图构想这种几乎是难以想象的问题时遇到的难题（“我本该强奸她的吗？”），才使得他把注意力转向和我的关系上：想象我会对他不满，因此使他难以出席会谈并谈话；想要我为某事（一个想法？一个愿望？）惩罚他，还同时希望逃脱惩罚。回到我所假定的重复的源头，而不是向他暗示我们在分析中所处的困境（我刺探，他回避），类似于他先前和妹妹的处境，这种推测性的对比充其量只相当于，给他有关分析中正在发生的事的一点知识，并且不会改变任何与*起初正在导致重复的被压抑之物*有关的东西，通过这种方式我们能够超越分析中的这种停滞时刻。我没有解释他的转移反应——长久的沉默和缺席——而是集中在他打断的事情上：对早期的童年场景的一个更完整的讨论。

行动搬演

> 但是如果随着分析的推进，转移带有了敌意或者过分的张力，因而需要压抑的话，记得给行动搬演（acting out）让一条路。
>
> ——弗洛伊德（Freud，1914a/1958，p. 151）

就像分析家一定要接受分析者的投射，不管那是恭维的还是贬损的，因为它们可能指出了被压抑之物的某些方面的关键，她也得接受他的“行动搬演”。“行动搬演”是一个很精神分析的概念，而最近几十年来在一般的心理学用法中逐渐仅仅意味着“行为恶劣”或“举止不当”（见我在第九章中对后一个术语的讨论），但是弗洛伊德引进这个术语指的是，分析者在咨询室外，以一种替换
156 的方式，表达自己未能在咨询室里表达的某些东西的行为，而这并不必然是他自己的或分析家的任何过错导致的。在描述这个术语的时候，弗洛伊德（Freud，1914a/1958）说：

> 患者不记得他忘掉了的和压抑了的事，而用行动搬演出来。他不借由回忆重温，而用行动再现。他重复着，而且当然也并不知道自己正在重复。(p. 150)

鉴于我刚讨论的患者设法每周缺席一次或多次会谈，我们或许可以说，他正在把自己不记得的某些事行动搬演出来：他妹妹对他痛苦的沉默以待，他可能想逼迫她的欲望。(某些当代的分析家也许会把会谈中的这种长久的沉默，称为"治疗内的行动搬演"(acting in)，因为这是被压抑之物在会谈中的表现，它表现为一种行动，即为保持沉默。)①

分析家可以尝试着鼓励分析者讲话，哪怕是喊叫着讲话，而不是用行动搬演；是用语言表达他的愤怒，而不是摔东西或揍人。但是如果她试图阻止分析者的所有行动，她可能最终会截断分析的某个可能的重要信息来源。而且，行动搬演可以作为分析家的一种补救药：就像孩子们觉得他们的父母拒绝听他们讲话的时候，他们有时会在外面参与到破坏性的或自我破坏的活动中去，分析者也会在他们觉得自己的分析家在拒绝倾听他们正试图表达的事情，或者在拒绝认真对待他们正在说的话时，而有时在咨询室外参与到自我破坏的活动中去。换句话说，分析者的行动搬演应该被当成智者一言。②

完全负向的转移

> 经常有人要我对这样的情况给点建议，即医生抱怨他已经向患者指出了其阻抗，然而并没有什么改变出现，实际上，阻抗变得更加剧烈了，而且整个情境相比以往更加复杂难懂了。
>
> ——弗洛伊德(Freud，1914a/1958，p. 155)

---

① 可见于 Ormont(1969)。某些分析家，例如斯特巴(Sterba，1940/1990，p. 85)，不加区别地用*行动搬演*这个术语来描述分析者采取的任何形式的行动，不管是会谈之内还是会谈以外的。

② 注意，有时"行动搬演"也许适用于拉康(Lacan，2004，p. 148)称作为"不用分析的转移"的情境中——例如，在青少年和老师上演了他们不能在家里表达的事情的情境中。也可见于拉康(Lacan，1988b，pp. 420 - 421)。关于拉康对恩斯特·克里斯报告的一个案例中的行动搬演的诸多讨论的评论，可见 Fink(2004，第二章)。

面临分析者这边持续存在的公开的消极性时，分析家应该考虑到几种不同的
157 可能性——除了和一个优秀的（或者可能是和一个新的）督导开始工作这种不言自明的选择以外，毕竟，持续的督导对于所有分析工作来说都是至关重要的。

如果分析家一直在标点分析者的言语，试图给出解释，而且她的标点和解释除了会激怒分析者以外毫无用处，即使她是逐渐进行的，是在分析者看起来已经准备好了去听它们的那个时刻进行的，那么首先她应该考虑到她可能误诊了分析者：可能他是精神病性的，而不是神经症，那么她得在治疗中彻底地调整自己（见第十章）。像对待神经症主体那样和一个精神病主体一起工作，很容易导致严重的负向转移；我督导过一些案例，其中很多不会被一个神经症主体视为迫害性的事情——比如标点、解释、突然切分会谈、做记录，甚至回复语音留言或给会谈录像（这经常是某些培训项目中的督导建议分析家所做的事，不管患者的偏执水平如何）——导致了精神病分析者的严重的负性反应，有时甚至导致治疗的终止。

如果分析者的转移起初至少是轻微正向的，但是缓慢而又坚定地变成了一种相当负向的转移，并且如果分析家企图把这种负向和分析者过去的人物联系起来，且（在一个督导的帮助下）再概念化这个案例而毫无用处的话，那么分析家一定要考虑到这种可能性，即她在分析者心里已经和其非常生气或怨恨的某个父母或看护者紧密联系在一起了，以至于她在那时候什么也做不了。她能采取的唯一的做法是，把分析者转介给另一个分析家，最好是一个不同性别的分析家。①

尽管在像这样一个介绍性文本中有太多其他的原因可以解释分析者这边的持续存在的过度的消极性，不过下一小节也许至少可以澄清以及超越它们中的某些部分。②

---

① 见格雷特·比布林·莱纳（Bibrig-Lehner，1936/1990）对这种观点的有用讨论。

② 对负向转移的讨论，可见 Miller（2005），而这只占据了拉康对负向转移做出的直接评论的很少一部分，米勒提供了如下想法/推测：（1）鉴于分析者进入分析时，经常带着这种感受，即他们什么也不知道，并且在很多方面都是空洞的或欠缺的，因此他们对分析家越来越生气，他们相信后者无所不知或者是个完满理想人物（在这里，分析者想成为的人与分析家所是之间有一种对抗；pp. 33－34）；（2）负向转移产生于压抑被解除的时刻（pp. 90－92），这至少部分是因为分析者压根就不想知道一直被压抑的东西（我想补充，也可能部分是因为如果分析家作了一个解释，导致压抑被解除，那么她就向分析者证明了，他无法凭自己从压抑中解脱出来，而这是强迫症主体格外讨厌的）。

处理转移/反转移的僵局 158

自我分析的不完整性带来的危险是格外大的。一个人太快地满足于片面的说明，而这后面的阻抗也许很容易隐藏某些可能是更重要的东西。

——弗洛伊德(Freud，1935/1964，p. 234)

真正的自我分析是不可能的，不然的话就不会有(神经症)疾病了。

——弗洛伊德(Freud，1985，p. 281)

分析工作会在不同的时间，出于广泛不同的原因而陷入困境。其中很多原因可以归咎于广义上的反转移——即，作为“在辩证过程中的特定时刻，分析家的偏见、激情、困难，甚或是(她的)不充分信息的总和”的反转移(Lacan，2006，p. 225)。分析家以一种特殊的方式逐渐地概念化个案，并用一种特殊的方式向分析者表现自己(这两者实际上在理论上是密不可分的)，这种概念化和立场——正如它们在分析中的某个时刻可能会很有用那样——如今正在阻碍进一步的发展。

分析家应该如何前行呢？如果我们在这里把分析家看成是已经陷入了和分析者的一种特别的想象关系之中的话——看成是对分析者拥有的她的意象，以及她自己的与分析者有关的意象有某种投注——我们就得承认，她已经对那些和她的概念化不相符的东西听而不闻了，并且对构想案例的其他方式也视而不见。这种概念化对她来说已经变得很珍贵，而且在某种程度上，她巩固了围绕这种概念化的作为一个分析家的自我感觉。简言之，她已经从自己作为象征大他者，以及分析者欲望的实在原因的角色中跌落下来了，并陷入一种自我对自我的困境之中——说“自我对自我”是因为她已经通过自己对个案的生硬概念化而把分析者具体化为一个自我。

在这里，明显的解决办法是引入鲜活的气息，那种由象征提供的气息。这个案例的象征路标和因素需要得到重新考虑，而这对某人自己来说，如果不是全然不可能的话，也是极其困难的。就像一个人如果没有分析家的帮助的话，很难认出以及改变其自身的症状和重复模式的象征(即无意识)坐标和决定因素——这就是充分的自我分析是不可能的原因(那些认为这是可能的人,在何
159 为分析以及分析可以做到什么的问题上自欺欺人)——没有其他人的帮助,或者说督导的帮助,而想在个人以及概念上这两个层面中,从一个案例中抽身,从一个全新的角度再度构想个案,几乎是不可能的。

督导师从不和被督导者的分析者一起待在咨询室中,因此他就无法被分析者利用或者拒绝,不然就恰好相反(例如,当弗洛伊德说他的某个女性分析者漂亮迷人时,你可以确信,他因自己的反转移而对她说错话了)。督导师也不可能感觉自己处在困境中——即,感觉被分析者的要求弄得心烦,或者很想满足他们。督导师不太可能掉入这种陷阱:基于相貌、着装、语调、手势等诸如此类的特征而把分析者和他自己过去的某人联系在一起。换句话说,督导师自然会被放置在一个对大量的想象诱惑免疫的位置。当然,他自己多少有点僵化的理论观点很可能使他对某些东西视而不见,但至少*他的无视不太可能和分析家自己的完全一样*。督导师有的只是分析者的措辞,这是鉴于它们或多或少是由被督导者如实报告的。换言之,督导师能够立马把分析者放置在一个象征的层面上,而不用陷入想象的困境之中(当然,有些想象层面上的影响出现在督导师和被督导者之间的督导过程中。)

督导师因此能够听到的分析者的话语,要比分析家自己可能听到的要更多,这并不必然是由于他有多年经验或者"非凡洞见",而是因为他可以远离咨询室中无可避免的想象辖域的诸多方面。我的很多毕业生惊讶于他们的受训治疗师同行能够提供一个案例的如此之多的新视角,并且能够在他们未注意到的象征材料中做出这么多的连接,因而他们倾向于认为,他们的同学一定远比他们有洞察力——直到他们站在对方的角度,并在督导角色中找到自己的位置,使他们的同学惊讶于他们自己的洞察力。①

---

① 拉康(Lacan,2006)对此做了如下评论:

不过那些可能折服于(某些分析家的)令人费解的天赋的年轻分析家……除了想到他们自己经受的成功的督导以外,找不到更好的方式来消除错觉了。如果从联系于(分析者的)现实的角度来看的话,那种督导是否是可能的还是个问题。因为在督导中,相比联系于患者的现实,督导师反而表现出一种先见之明……而这使得这种经验至少对他 (转下页)

是对案例的象征材料近乎直接的接触，才使得督导在重新构造案例上如此富有成效，不管这是由一个资深的分析家，还是一群真挚的同仁督导的。① 甚至是在一个人从业颇久的情况下也是如此，而这向资深的分析家暗示了定期给一群同仁呈现案例的实用性和重要性（三个臭皮匠胜过一个诸葛亮）。督导最好是长期的，而不是只局限在培训的短短几年中。 160

在我多年的被督导和督导其他人的工作中，可以说，我一直能够在微观和宏观两种层面上看到和体验到督导的好处。在微观层面上，我们经常会发现，在一个会谈中象征层面上呈现的某些东西，分析家没有听到，哪怕他在笔记中记录下来了。有一次，某个患者有一个口误，而他的治疗师并未听出来，直到后者在和我的督导中把它重复给我听（患者把他自己描述成"不受欢迎"[in short demand]的那种人，而他明显是想说"很受欢迎"[in short supply]）。在另一种情况中，在一个患者说她"厌倦了成为别人的取食对象"，与她在同一个会谈中描述的她生活在一个冰箱里面的梦之间的非常直接的象征联系被忽视了。在第三种情况中，患者对隐喻："下面一无所有"（nothing underneath）以及"没有杆子"（no rod），的重复使用——她很明显想通过这种隐喻表达的是"没有骨气"（no backbone）——治疗师没有听进去，不然的话她就会注意到阉 161

（接上页） 以及被督导者来说一样有启发性。被督导者展现出的这样的天赋越少——某些人认为，这种天赋越是难以传达，那么他们要列出的与技术有关的秘密的待办清单也越大——情况就越是如此。

这种令人费解的现象的缘由是，被督导者作为主体话语的一个过滤器，甚或是一个折射器，而且以这样的方式把一种现成的立体投影呈现给了督导师，这从一开始就引出了主体的话语所构成的乐谱可以在其基础上被阅读的三四个音域。（pp. 252 - 253）

拉康提出，在最好的情况下，被督导者可以学着把他自己放置在象征的位置上，这也是督导师被自动安置其上的位置，即便是在被督导者和分析者处在咨询室里时。

如果被督导者可以被督导师推动到一个主体的位置，一个不同于"contrôle"这个语义不详的术语（这个词只有在英语中，才能被"supervision"[督导]代替）所暗示的那种的位置，他从这种练习中获得的最大的好处会是，学会把自己放置在第二种主体性的位置上，这种处境会自动地把督导师放置在其上的一种位置。（p. 253）

这明显是一种永远都不可能彻底到达的理想位置，因此才需要持续的督导。

① 出于督导的目的而对会谈录像，这种做法也许违背了督导的原则，因为视频可能会对督导师和同事产生想象的影响，而这有时会遮蔽象征的材料，带给他们一种错误的印象：治疗中*实际上*发生的事，是一个人用眼睛看到的，比如身体语言。（见第八章）

割焦虑。

在稍微更宏观的层面上，我可以引用一个案例，在督导中基于分析家报告给我的一个梦，我轻而易举地对她的案例概念化提出了一种辩证的逆转。分析者一再向女性分析家把自己描述成一直是抚育不足的受害者，而且分析家一直觉得自己无法应付分析者想被她抚育的无休止的要求（分析家似乎也难以对分析者想在会谈外和她保持联系的要求设限）。在分析者描述的一个梦中，她发现自己在一辆公车上被几个女人围着，她们每一个都拿着成堆的尿布。讨论了一会后，我向分析家指出，她的这种感觉可能并没有那么严重，即她觉得自己在儿时一直被母亲严重地忽视，以至于她开始相信自己有这么多的屎，对*任何*母亲来说都太难应付了。分析家发现这是她思考这个案例的一个极其有用的逆转，并且这减轻了她一直以来感受到的压力，即想屈从于分析者的至少是部分的各种要求。

督导师以及我的同事们——不管是在个人咨询中，还是在更正式的讲座上——给我提供过类似的逆转观点，这使得我可以在自己开展的分析中引入了新方法。这凸显了和督导师以及同事谈论自己最困难和麻烦的案例的重要性，而不只是谈论那些进展顺利的案例。后一种是我们最倾向于（甚至是被鼓励）展示的案例，以此告诉其他人自己干的挺好，而且他们应该把患者转介给我们。

在某些情况中，从被督导者报给我的材料来看，很明显的是，他们一直只跟随分析者话语的单个可能的思路（出于某些私人的或理论上的原因，这是他们能够理解的唯一的一个，或者最让他们感兴趣的一个思路），而轻视了这种事实，即其他的方向明显可见，并且可以使人想到对这个案例的非常不一样的观点。如果一个思路已经穷尽了，或者导致了一种暂时的困境，那么是时候探索其他的思路了。

在其他情况中，只通过少量的象征材料——关于家庭、早期生活事件、学业、第一段关系、梦、白日梦等的细节——我就清楚分析家已经陷入分析者的日常生活故事，以及寻求解决当前困难的请求中去了。分析者坚持把分析家视为某个只是倾听抱怨的人，或者能解决他问题的专家，而分析家允许了分析
162 者在会谈中一直抱怨（可能会觉得分析者的生活是，或者曾是极其可怕的），或者陷入了圈套（可能很高兴被视为专家），而且一直在提供答案，而不是推动分

析者努力去阐明他自己的问题。

我想，少数分析家会反对我在这里提出的持续督导的重要性。然而，我想评论一下凯斯门特（Casement，1991）围绕督导提出的一种未必真实的方法，他称之为“内在督导”（尤其见于 pp. 30－32）。凯斯门特提到，在被督导的过程中，分析家慢慢地发展出一种内化的督导：她想象自己听到督导师的声音，或者像督导师那样看待事物，这和她自己的声音和对事物的观察一同存在。凯斯门特看起来相信，培养出这种内在督导，使得分析家可以参与到治疗中去，同时能够保持距离。他把分析家的这种分裂明确地联系于，斯特巴（Sterba，1934）提出的在分析者的“观察型自我”和“体验型自我”之间培养的那种分裂。我在第五章提到，这样一种分裂只不过使分析者进一步被异化，这会鼓励他就像他是另一个人那样观察自己（在这种情况中，是像分析家那样），并且就像他自己的冲动是外在于他的那样来检查它们。凯斯门特会让我们重复或者延长分析家的这种异化（是“在他们自己作为患者的经验中，治疗师才建立了后来的内在督导的根基”，p. 31），即使这有时可能会导致（分析家）“全神贯注于一种可以妨碍自由悬浮注意的自我监控”（p. 51）显然这里有一种自我管理功能的运作，因为分析家“学着观察自己（很可能像他们的督导师观察他们那样），患者也一样。”（p. 32）。凯斯门特似乎也鼓励督导师凭他们自己的意愿来塑造被督导者，而不是帮助被督导者找到他自己作为分析家的路径和风格，后者无疑是拉康（Lacan，1975b，p. 183）所提倡的方法，他说，“不要效仿我。”

尽管一方面在陷入想象辖域中时，“体验型自我”和分析家之间也许有一种表面的相似性；另一方面，在象征辖域中工作时，“观察型自我”和分析家之间似乎也是如此，但我认为，重要的是要强调分析家应该尽最大努力尽可能专一地在象征辖域中工作，而不是在她的体验和思考之间制造一种分裂。如果分析家发现自己经常在挣扎、竞争、诱惑、攻击的想象辖域中体验分析中正在发生的事，即使再大的自我观察（在大脑中一遍又一遍地重播她督导师的声音——而且，那种声音仅仅是她想象他会说的话，而不是督导在了解案例的情况下，实际上会说的话）也不会缓解那种情况，而且分析家需要再去接受分析。 163

凯斯门特（Casement，1991）好像也相信，通过他追随罗伯特·弗里斯（Fliess，1942）所说的“尝试性认同”（trial identification）——试图在内心想象自己处在分析者的位置上（以这种方式，“他能够监控作为一个患者的感觉可能是什么样的”，p. 34），并且预期分析者对解释和其他的干预可能会有什么样的反应——他能充分地处理转移中出现的很多难题。[1] 他觉得，这阻止了他在很多情况中做出那种尽管“准确”但可能会被分析者认为是平庸、刻板或意料之中的解释（pp. 33－34）。我希望，从我在本书前面章节中对想象辖域的讨论来看，“尝试性认同”的局限是清晰可见的：人明显地各不相同，而且除非我们非常富有想象力，或者有与几乎来自各行各业的人相处的令人难以置信的大量经验，否则我们永远不能真正地想象成为其他人是什么样子的。并不是通过共情地站在他人的角度（假设别人有某种立场），而是通过对他人的语言与个人历史进行工作，我们才能决定要说什么做什么。否则我们多半可能最终会自欺欺人地认为，我们成功地想象到分析者是如何感受以及如何体验这个世界的，而且盲目地坚持我们对他的世界的臆想。

可能很老练的分析家能够试着想象成为别人是什么感觉，且同时足够开明地去听分析者说的话，哪怕那些话和这种想象的画面并不相称，但是我怀疑这样的分析家少之又少。无论如何，我会假设，并不是由于发展得格外好的共情能力，使得这样老练的分析家能够这么做（实际上，如果他们能的话），而是由于他们能认出*分析者的存在之象征坐标*（*the symbolic coordinates of the analysand's existence*）的特殊性，并且承认那些坐标*根本不同*于他们自己的。

如果有什么可以帮到分析家督导她自己的话，那就是写下对案例的缜密构想——我建议这可以作为被另一个人督导的前奏或准备。这种构想应该包括：(1) 她能够拼凑起来的分析者童年早期和后期历史的尽可能多的资料，并且按时序排列出来；(2) 分析者提出的他自以为的当前问题，以及在分析工
164 作中，似乎是实际上促使分析者进入治疗的问题；(3) 至今为止已完成的工作的主要节点，这包括已经做出的分析者的历史和关系之间的重要连接，以及已经得出的观点中的任何逆转（例如，分析者本来一开始把他家中的所有问题都归咎于他父亲，但后来断定他的父亲才是受害者，而他的母亲反而应该受到指

---

① 凯斯门特提到了瑞克（Reik，1937）和莫尼·克莱勒（Money-Kryle，1956）两人都是他自己的这个概念的先驱者。

责，再后来得出事情的一个更微妙看法）；(4) 至今为止已讨论过的所有短暂的以及更持久的症状，及其可能的含义，以及对何种被压抑的材料导致了它们的形成的假设；(5) 分析者描述的(所有类型的)幻想，以及它们的汇聚点——一种基本幻想，这暗示了他对大他者的最基本的立场可能是什么；(6) 诊断(如果诊断不够清晰，那么认为某种诊断讲得通的原因就应该被阐明，认为一个不同的诊断也说得通的理由也应该讲清楚)。

一旦分析家用语言(即通过象征)讲出了她想告知他人的这个案例的一切，包括她自己在分析中的位置，以及她先前和当前的困难，并且使她对案例的描述听起来连贯易懂，那么她应该回过头来，搜寻她的描述中有意或无意遗漏了的所有内容。因为当我们设法告知某人某个清晰明了的故事时，我们(就像我们的分析者在讲述他们的生活故事时那样)肯定会有所遗漏——结果遗漏的很可能是极其重要的事。在我自己给分析家督导的工作中，我经常发现，分析家即席提出的细节(这并不包含在她的记录中，也并未打算提及，只有在回应我问到的某个问题或在无准备的讨论中才被提出来的)是那些会让案例完全改头换面的细节，并且使得我们可以用一种富有成效的新方式来重新思考它。类似地，我为了讲座而把我自己的案例整理成文时，我常常发现，是那些一直被我放进脚注的，抛在我的文字处理文件后面的，或者写在多不胜数的纸上的细节，让我对案例有了全新的认识。我也发现，如果我在写下案例评论的几周之后再次阅读它们，以便我可以获得有关它们的更多看法，那么我会收获颇丰：到那个时候，我就不会陷入构造一个优秀连贯的故事的过程中去，而且我可以多读几次那些故事，就像我是某个别人那样阅读它们。

这种案例构想很有用，因为这需要我们充分以及重新考虑案例的*象征*坐标，并且用语言详细地描述出来。我们也许突然意识到，我们已经写出的东西——不管是我们自己的话，还是转录的分析者的话——能够有不止一种理解，而且单单是频繁地把事情记录在纸上或者电脑上，就使得我们可以做出我 165
们用别的方法可能做不到的连接(例如，分析者过去的两个重要人物同名，或者分析者为参与一种特殊的宗教习俗而起的外国名字，拼读起来和他的姓完全一样)。然而，这样的案例构想应该被视为只是个体或团体督导的一个前奏：只有他人才能帮助我们看到自己还没准备好看到的，还不能看到的，或者还不愿意看到的。

在任何时刻，我们对一个案例的构想都会变成一种理论——这种理论使我们能够看到某些事物，同时对其他事物视而不见，如库恩（Kuhn，1962）教给我们的那样，那是我们会紧紧抓住的，且很难放弃的一种理论。[①] 就像科学家，在面临起初看起来和当前占优势的理论不相符的数据时，并不丢弃他们先前的理论，而是在各处改进以便与数据相符（如果他们不是只把它当成人为现象而不予理会的话）。临床工作者也倾向于一开始竭尽全力使那些与先前未被提及的生活事件、梦和白日梦相关的话语符合一种先存的概念框架。只有在压倒性的对抗证据的重压下，某些科学家才愿意放弃他们先前的理论，进而寻找一个新的。像那种性格拖沓、固执、古板的分析家，可能会使除了最强迫性的分析者以外的所有分析者分心，并导致很多分析恶化。分析家的个人分析和持续的督导，连同不间断的学习，是对抗这种恶果的最好保证。

投射性认同

不爱自己无意识的人，会误入歧途。

——拉康（Lacan，1973—1974，1974.6.11）

在当前，如果不讨论“投射性认同”——有很多不同信仰的非拉康派精神
166 分析家，经常把负向反转移归咎于这个现象——那么对转移的讨论就不是完整的。

鉴于分析家倾向于（如我在前面提到的那样）认为分析者的反应是有针对性的，于是他们经常发现自己对分析者有非常负面的想法，以及很消极的感情。

① 如精神病患者教会我们的那样，理论也是自我证实的。如果我听说或者断定，不管出于什么原因，我的老板爱上了我（就像在被爱妄想症的情况中那样），我会依此解释她所说的一切，并且相信她正在打哑谜，在耍我，在故弄玄虚，或者如果她否认自己被我迷住了，那么她就是在无视自己最深沉的感情。如果我断定她和我过不去（正如在妄想狂的情况中），我会依照这种信念来解释她所说的一切，就像那可能在暗示她心怀不轨。正如我们在分析家解释转移时看到的那样，我的老板所说的一切，都会被我听成来是自我把她设想成的那个人的。拉康（Lacan，2006，p. 428）把这称为“人类知识的妄想狂原则”（亦可见 pp. 94，96，111，180）。

相比于被鼓励去意识到他们错误地把自己当成分析者愤怒的靶子，以及他们应该在分析中把自己放在不同的位置，他们反而经常被鼓励去相信，他们正在体验“投射性认同”，在这种情况中，分析家据说体验到了分析者正在抵抗的体验（他把它投射“给她”了），或者感受到分析者正在拒绝的感受，而这种感受据说是被他分裂了（这种描述，正如我们很快就会看到的那样，是过度简化的，不过这足以帮助我表达我想表达的。）以这种观点来看，分析家的反转移感受并不反映她的私人癖好，也不显示她在治疗中的不适当的立场，而是与分析者有关的某些客观的东西。正如葆拉·海曼（Heimann，1950，p. 83）提出的，“分析家的反转移不仅仅是分析关系的重要部分，也是患者的*创造*，是患者人格的一部分。”

在这里我们首先要注意的是，分析家没有受到鼓励去认为他们相对于分析者而把自己放置在一个错误的位置，反而认为他们对分析者甚至都还没有意识到的东西*极其敏感*。我们或许应该怀疑这种事实，即分析家对分析者的消极反应，因此很神奇地被转换成一种美德，这是此处正受影响的情境的一种辩证逆转，这不是为了分析者的利益，而显然是为了使分析家问心无愧。别的不说，单就分析家如此彻底地被抹除了责任，她的*坏脾气令人吃惊地被转变成一种极好的敏感性*这种事实，就该让我们警惕。把某些低下的东西——分析家所困惑的反转移感受和愤怒的糟粕——炼金般地转变成某些崇高的东西（炼金术士的黄金），或许可以很好地解释这个概念之所以流行的部分原因。

看到分析家们接受一个把反转移转变成转移的概念——即，把责任归于分析者而不是分析家——这可能会让我们想到拉康（Lacan，2006，p. 595）的评论：“除了分析家自己对分析的阻抗以外，没有其他的阻抗了。”如拉康自己所做的那样，用精神分析理论去分析精神分析的历史，我想说，我们怀有这样的假设：二次世界大战之后，对反转移日益增长的着迷，以及在精神分析理论上对其的补救，很可能反映了分析家对精神分析过程本身的阻抗。就像我们会 167
看到的那样，这当然反映了想象辖域对象征的一种优先权。

投射性认同概念的历史发展

我们用一种远超出其表面意思的方式来使用语言。

——拉康（Lacan，2005b，p. 44）

投射性认同是一个相当复杂的概念，而且不同的作者有不同的用法。① 像精神分析概念的历史中经常会发生的那样，这个术语已经自行发展起来了，分析家赋予它的含义，已经不是发明了这个术语的克莱因最初意欲表达的意思了。

克莱因(Klein，1946/1952)这样解释这个被划分到术语“投射性认同”之下的过程：

> 当投射主要源于婴儿想伤害或者控制母亲的冲动时，他把她当成一个迫害者。在精神分裂中，一个对象对自我被怨恨的部分的这种认同，增强了针对其他人的恨意。(pp. 300－301)

从她的文章的上下文来看，似乎很清楚的是，克莱因的意思是婴儿或者精神病的成人把他自己的攻击性(他自己的“被怨恨的部分”之一)归咎于，比如母亲或者其他人，把其他人而不是他自己，“视为”(identifying as)侵略者。然后他能问心无愧地憎恨那个人，而不是他自己，因为他的恨意只是在回应别人的先存的攻击性。

在这种构想中——这是把一个人自己的想法或情感投射到他人身上的一种典型情况②——除了*投射性认同*这个术语本身以外，实际上没有什么新颖

---

① 正如约瑟夫·桑德勒(Sandler，1987)警告的：

> (投射性认同)这个概念很难从非克莱因学派的视角来讨论。这可能部分是因为，使用这个概念的人倾向于把它当成一个简单的机制来谈，然而事实上这是一个(就像精神分析中的很多其他的概念一样)会根据上下文而改变其含义的概念。结果它获得了某种伴有恶果——有时候要么完全不被理会，要么被认为只有依靠特殊的“内部知识”才能理解——的神秘性。(p. 14)

然而，奥格登(Ogden，1979)尝试过抛开克莱因学派的元心理学的预设来构想它。

② 例如，可见弗洛伊德(Freud，1911a/1958)对偏执妄想狂的著名评论：

> 在偏执妄想狂中症状-构成的机制要求内在感知——情感——被外在感知所替代。因此，“我恨他”这种主张通过*投射*而被转变成了另一种：“他恨(迫害)我，而这证明我恨他是有理的。”(p. 63)

据奥格登所说(Ogden，1979，p. 358)，在克莱因的描述中已经有了某些新的东西，“首先，幻想把某人自己的一部分投射给另一个人，并且那部分从内部控制了那个人”，其次——而且在这里奥格登说，他是在追随沙夫(Schafer，私下交流)——“投射的人和被他投射了自己的某个方面的那个人的感受‘一致’”。

的东西。孩子在心里归于母亲的东西，并没有真正地或者实质上进入到母亲自己的身上，或者以任何方式入侵母亲这个人——它只是变成了孩子对母亲的部分看法（或者表象，或者幻想）。① 注意，克莱因在这里把成年患者的这种投射和精神病患者而不是和神经症主体联系起来。 168

在海因里希·瑞克（Racker，1968）1958 年的一个讲座中，他用克莱因的这个术语来表示某些更深一层的东西：据他所说，患者把某些东西投射给分析家，并且分析家反过来认同了患者的投射。（约瑟夫·桑德勒[Sandler，1987]把这称为这个概念发展的第二阶段，他对*投射性认同*这个术语历史的描述，在某种程度上是我正在这里密切关注的。②）依照 Racker（1968，p. 134），在

---

① 从克莱因（Klein，1946/1952）对她所说的"内摄性认同"——孩子把他最初在母亲身上看到的某些特征归于自己（或者视为他自己拥有的）——的描述来看，这是很清楚的。这个孩子*认为他自己*拥有那些特征，但是其他人不一定这么认为。

从她在写了"自我的分裂部分也被投射给了母亲，或者像我更喜欢说的那样，投射到了母亲身上"之后所提供的脚注上来看，也是很清楚的。脚注内容如下：

> 要对这种原初过程进行描述的话，会面临大量的不利因素，因为这些幻想（phantasies）正出现于婴儿还没有开始用语言来思考的时候。由此而论，我正使用这种表达"投射到另一个人身上"，是因为对我来说，这似乎是传达我正试图描述的无意识过程的唯一方式。（p. 300）

在这里，就像克莱因在文本的其他地方清楚表明的那样，她指的是孩子把某些的东西放进其他人身上的*幻想*（*fatasies*）。她并非在主张，某些东西真的被放进其他人身上，并认某种形式独立存在。（注意，尽管某些作者区分了 phantasy 和 fantasy[克莱因的原文中使用的是"phantasy"，这词被许多人用来指称无意识幻想，并和有意识幻想区分。——编者注。]，但是我在这里使用时，它们是可以互换的），在她论认同的其他重要文章中，也没有这么说过（Klein，1955；尤其可见 pp. 311－312）。

通过一种有趣的最后确认的方式，菲利斯·克洛斯库尔斯（Grosskurth，1987，p. 449）报告说，克莱因督导过的一个叫桑尼·戴维森（Sonny Davidson）的年轻分析家告诉克莱因，"我向患者解释说，他把自己的困惑放在了我身上。"而克莱因回应道，"不，亲爱的，不是这样的，是*你*困惑了！"

克洛斯库尔斯（1987，p. 449）继续说，克莱因"格外担忧她看着发展的反转移的'流行'"。如果一个候选人倾向于不停地谈论患者是如何使他生气或困惑的，那么她会简洁有力地说，"听着，你可以把这告诉你的分析家，我真正想知道的是与你的患者有关的事。"

② 奥格登（1979）指出，其他的分析家，比如比昂，几乎和瑞克在同一时间扩展了这个概念，不过奥格登并没有在 1979 年描述这个概念的发展时提到比昂。

注意，在对投射性认同的广泛讨论中，和桑德勒不同的是，奥格登（Ogden，1979，1982）分解了这种投射性认同现象。在第一阶段，"幻想把某人的一部分投射到另一个人身上，并且那一部分从内部控制了那个人"（Ogden，1979，p. 358）。可以说，通过假定投射的人持续地 （转下页）

正常情况下，分析家认同分析者是为了去理解他。实际上，她“使自己的人格
169 的每一部分认同于患者的对应的心理部分——(她的)它我认同患者的它我”，她的自我认同他的自我，她的超我认同于他的超我。瑞克宣称，这种“一致性(或同系性)认同”是“理解的基础”；如果分析家不在每个层面上认同患者，那么她将无法理解到患者。然而，分析家也许反而在她自我的水平上“认同患者的内在对象，例如(他的)超我”——举例来说，认同一个患者的内在的惩罚性父母意象——尤其是在这样的“内在对象”被患者投射给分析家时。瑞克把这称为一种“互补性认同”。互补性认同指的是，分析家未能以一致的方式完全认同患者，因为在其中她认同的不是患者所是的，而是患者所投射的。她认同患者把她当成的那种对象(p. 135)。正如瑞克提出的，

> 患者的防御机制(投射性认同)实际上频繁地如其所愿——在我们的案例中是让分析家感到内疚——而且不仅仅意味着(就像大家有时会说的那样)，“患者期望分析家感到内疚”，或者“分析家应该悲伤和抑郁。”我想重复说，分析家对患者所认同的对象的认同，是正常的反转移过程。(p. 66)

不管我们是否接受瑞克的观点，即如果分析家要理解她的患者的话，那么一致性认同就是必不可少的——这个观点我在第一章中非常详细地批评
170 过——至少在瑞克的描述中很明显的是，分析家这边有某种主体性的卷入，无

(接上页) 和被投射的人——投射的人幻想过把自己的一部分投射给他——的感受一致，奥格登把这个阶段和投射完全区分开来。而在投射中，*严格来说*投射的人感觉自己是远离被投射到人的。在第二阶段中，“人际的相互作用所产生的外在压力，使得投射的接受者用和那种投射相一致的方式去思考、感受和表现”(p. 358)。在第三阶段中，被投射的感受，由投射的接受者(母亲或者分析家)“在心理上加工”，后者“有望以一种不同于投射者能够处理它们的方式”去处理它们(p. 360)。在那时(第四阶段)，它们可以被投射者再度内化。奥格登的描述是相当清楚和详尽的，而且还充满了难以置信的假设。然而，奥格登(Ogden，1982，p. 148)承认，“并非治疗师的所有心理活动或情感状态，都反映了患者的内在状态。”而且，他描述自己的投射性认同体验是相当极端的：在某一刻，治疗师“感到他的身体和言语……在某种程度上已经被患者征服和控制了”(p. 151)。

论她是认同了患者(我们可能会说这是“共情性认同”),还是认同了他对她的投射(“投射性认同”)。换句话说,这似乎不是一种不假思索或全然客观的过程,不需要分析家这边的任何推动就能发生的过程。实际上,从瑞克的演讲来看,这似乎暗示了分析家的一种失败——这种失败很可能不必出现,而实际上可能会非常频繁地出现(尽管瑞克把这称为“正常的反转移过程”)。

桑德勒(Sandler,1987)坚持认为,投射性认同概念发展的第三阶段是从比昂那里开始的,在桑德勒看来,比昂在这个观点上比瑞克更进一步:与其把分析家视为既在一致性认同中,也在互补性认同中起到一种作用——这暗示分析家的主体性以某种方式卷入其中——比昂(Bion,1962)把分析家描述为某种(与主体相对立的)对象,一种分析者可以简单地如其所愿地把一切放置其中的“容器”,而分析家不管是在接受,还是拒绝分析者的某些或者全部的投射中,并不起到什么作用(Ogden,1982,p. 161,把分析家称为分析者“不想要的部分可以扔入其中的一种容器”)。① 这种再概念化的结果是剔除了分析家的作用,在某种程度上这暗示了她无论如何也不能因她正在感受和体验的东

---

① 声称患者“把情感放置在另一个人身上”的原因中,至少有一个是,因为患者对这些情感怕得要死,并且觉得必须得先让另一个人来感受,进而看看他是否可以放心感受。例如,可见 Casement(1991,p. 71),以及 Bion(1959,pp. 312 - 313)。尽管我理解当分析者看到分析家没有拒绝他的某些方面时,他更容易接受这些方面,但是我没看出分析者如何能够证实,他的分析家恰好被迫感受到他所害怕的感受,因此他可以“放心感受”。这让我觉得很费解。

注意,比昂提到投射性认同时,并不总是认为这不止涉及“患者的幻想”(例如,见 Bion,1957,p. 268)。也要注意,比昂在读前面提到的克莱因的论文时加入了他自己对投射性认同的理解;对于克莱因对投射性认同的简短讨论,比昂(Bion,1957)写道:

> 通过这种机制,患者分裂了他人格的一部分,并投射给了这一部分可以安放其上的对象,这一部分有时作为一个迫害者,离开了分裂在其中发生的心灵,并且相应地被耗尽。(p. 266)

在这里仍然有疑问的是,比昂是否只是觉得患者认为分裂的“部分人格”被装载到他所投射到的事物或人身上,还是觉得这实际上已然发生了。

我觉得有趣的是——也许同样让那些熟悉拉康经常重复的“没有性关系这回事”的人有这种感觉——比昂(Bion,1962,p. 90)对一个女人使用了代表性的符号(一个叉从其底部冒出来的圆,♀),用来解释代表容器的抽象概念。对一个男人使用另一种代表性的符号(一支箭从其顶端射出来的圆♂)来解释内容物。换句话说,比昂似乎相信在容器和内容物之间,在分析家和被投射给分析家的东西之间有一种直接的关系,类似于两性之间的那种直接的、无中介的关系(实际上是在说某种“预先建立的和谐”)。

171 西而受到指责：她的“反转移感受”实际上一点都不具有反转移性质，因为它们直接地并且以某种*无中介*的方式，和分析者的转移相对应。①

注意，鉴于克莱因在20世纪40年代已经暗示过，某些投射性的和内摄性的过程，不仅可以在精神病中，而且即使是在严重的神经症中也能找到，当瑞克和比昂争辩说投射性认同存在于所有患者中时，他们把事情搞得模糊不堪。克莱因(Klein，1957，p. 69)坚持认为，在修通了她所说的“抑郁位置”——“通常出现在一岁半和两岁初”，而且会导致“投射性认同的(相当程度的)减少”——之后，这样混乱的状态(投射性和内摄性过程)通常就会消失。瑞克、比昂以及紧随他们之后的很多分析家，把“投射性认同”这个概念扩展到了所有年龄和全部诊断中。

对投射性认同的一个批评

> 人类情绪的每一种表达形式，都有一种对应的传统特征。没有必要成为一个弗洛伊德派才能明白，情绪表达的假设自发性，经过检验后证明不但是有问题的，而且是非常可变的。在一个讲某种语言的地区表示情绪的东西，在另一个地区有着非常不一样的表达价值。
>
> ——拉康(Lacan，1986b，p. 429)

---

① 细致阅读据称桑德勒描述比昂的理论(Bion，1959)所依据的那篇论文，证明了这只是这种描述的一部分，因为比昂(p. 313)表达得很清楚，有时母亲和分析家都未能内摄(孩子或)患者的“投射性认同”，而是“拒绝接受它们”，因为他们无法忍受它们，这暗示了一种主体性因素的坚持。然而，主要观点保持不变：比昂断言，某些患者设法“强行”让他们人格的一部分进入到他们的分析家身上，而分析家就像母亲那样需要成为他们的情感仓库。“内摄(那些情感)的失败使得外部对象对患者来说是怀有敌意的”(p. 314)。我并不清楚的是，比昂是否认为所有的反转移感受都应该归于患者的这种投射。

在我看来，温尼科特(Winnicott，1949，p. 70)的概念“客观的反转移”与“客观地(恨)患者”并非以同样的方式运作，但对新手甚至是有经验的分析家来说也同样有害。我不相信在心理学领域中有什么“客观的观察”，鉴于我们都通过我们自己的幻想透镜来看“现实”。我也不相信分析家有可能在实践中，完全区分出可能是因为自己的易感性而对患者的爱和恨，与“基于一种客观的观察，作为对患者的真实人格和举止的反应的爱和恨”(p. 70)。在精神分析中，我们能够追求的唯一的客观形式是，基于象征材料的工作：分析者的言语，及其提供给我们的象征坐标。毕竟，那才是使得我们可以和其他分析家讨论案例的东西，并且能让他们形成自己的对那些案例的观点——这些观点可能不同于我们自己的。它们的潜在正确性取决于他们对案例的象征材料的解释程度。

我们得注意，分析家通常会承认，他们知道的或者怀疑的与分析者有关的一切想法和感受，都被他们用某种方式解释或者加工过：可以说并非是“原始数据”了。分析者的言语在很多实践者看来，是分析工作仅有的最重要的媒介，如果要得到理解，或者进行工作的话，就一定会被解释。① 类似地，正如我在第八章中主张的，所谓的身体语言并非像很多人认为的那样是显而易见的、普遍适用的，或者明显的：最起码，不管社会和文化环境与背景如何，它的含义对每个人来说都不一样。身体语言也许是分析家试图“解读”的——即，解释——但是分析家确信自己知道分析者身体语言的含义的唯一方法是，要他对此谈一谈，而这将让我们回到言语这种媒介。分析者的行动，也会告诉我们某些与分析者的想法和感受有关的东西，但是它们也必须得到解释，因为它们在治疗的前期和后期并不必然有着同样的含义，其含义至少部分地取决于，在分析中它们出现的那个特定时刻正在发生的事。一个具体的行动，对不同的分析者来说，也不一定有着相同的含义。 172

分析家无法透彻了解所有这些，即分析者的言语，身体语言，或行动。它们都得根据语境来考虑，在社会、文化、政治的语境下考虑，但也要在分析中迄今为止已经出现的一切的基础上来考虑。这意味着，分析家总是，并且无疑是这个方程式的一分子，因为她是那个解释所有这些语境的人，而且是明显地被卷入到分析的历史之中的人。不管她怎么努力，她都不是一个透明的媒介(像一个据说能开导心灵，扭转乾坤的媒介)，不是一个对形势毫无影响的纯粹而又简单的工具，也不能说她自身的神经症和不安并没有在分析中制造什么影响。即使是在她熟练于把自己放在一个象征位置上时，她也永远无法彻底消除想象的干扰。

但是，投射性认同这个概念，从 1960 年左右被使用以来，暗示了分析家可以通过一种无中介的方式，获知分析者身上正在发生什么！这假定了分析家获得的知识，远远超出了通过一种发达的直觉，或者多年的实践培养出的细腻的敏感性所能获得的知识：这假设了分析家可以直接触及分析者的思维与激

① 用罗伯特・海因莱茵在其小说《异乡异客》(*Stranger in a Stranger Land*; Heinlein, 1961/1968)中创造的词来说，这并不是一种“全然的理解”(grokked)。

情，就像瓦肯人的那种心灵沟通（在《星际迷航》中，史波克可以通过触摸一个
173 人或者一个来自其他星系的生物，来进行心灵沟通）。这样的能力，我觉得实在是难以置信。他们甚至更难相信，我们会认为哪怕是以思考投射性认同的一种重要和广泛的方式，分析家也无法触及分析者正在想的和感受的东西，而只能获知他*没有*在思考或感受到的东西。

我会用文献中可以找到的一些例子来讨论这个，但是首先让我提一下，至少可以说非常多的分析者可能会觉得这种心灵沟通相当吓人。事实上，他们经常发现这太吓人，以至于无法讲出他们自己的想法和感受，而只愿意在他们对分析家越来越信任时，在治疗中一点一滴地描述出来；事实上，他们有时躲在这种事实中，即分析家起初并不知道那些想法和感受，而且如果他们还没有准备好去探索它们或者让分析家去探索它们的话，在某些时刻他们甚至可以把这些隐藏起来。正如温尼科特（Winnicott，1960/1965b）所说的：

> 很重要的是……如果患者不给点线索的话，那么分析家就不会知道。分析家收集线索，做出解释，而经常出现的情况是，患者未能提供线索，而这当然使得分析家什么也做不了。分析家能力上的这种局限性对患者来说很重要，就像分析家基于患者——提供构造解释以及使解释言之有理的材料的患者——给的线索及其无意识的合作而作的解释所代表的能力很重要一样。(pp. 50－51)

小孩子有时候会相信，他们的父母可以在他没开口的情况下，知道他们的一切想法（例如，可见 Freud，1909/1955，p. 164），不过成年人经常会用这种事实自我安慰，即只有在他们愿意的时候，别人才能知道他们的想法和感受，而其他时候，至少在某种程度上，他们是可以把想法和感受隐藏起来的。即便我们很多人有时候可能希望，我们可以和别人像这样毫无间隙，然而通常只有精神病患者才会相信自己可以做到。

有时候，尤其是与那些和我一直工作过很多年的分析者在一起时，我说了些话，他们回应说，那就是他们心里所想的——我怎么会知道呢？当然，我说的那些话是我基于全部的语境而想到的：他们那天的话语，他们过去告诉我

的一切，更大的社会和文化背景，他们所讲的语言中用到的表达和构想。换句话说，这本质上是对他们如何思考以及感受相当了解的结果，是对他们的母语很熟悉的一种产物。这种“读心”(mind reading)，发生在我和母语是法语——
对我来说是一种外语——的分析者之间的情况较少：我对他们可能会想到的 174
各种各样的表达的不了解，就像我对那种语言的了解程度不够广泛一样。[①] 我对他们的想法的触及，有赖于我对他们的言语、姿势、行动的(意识的或者无意识的，思考过的或者出于直觉的)解释。而且我的解释必然是以我的全部背景为媒介的：我的教养、所受的教育，以及与我们彼此用来交流的语言的相关知识。比如说，如果至少在某种程度上我不熟悉他们信仰的教条，那么我就不能了解分析者的某些宗教影射——即便在最好的情况下，我可能会对我不明白的某些事提问，但是我可能甚至不会意识到，一种影射成为可能，是因为我以为自己理解了要表达的意思，而事实上，想要表达的含义其实不止一种。

这是有人要我检查其他译者的作品时，我总会遇到的事：他们甚至经常都没有意识到，有些表达是一种习语，而且是需要查阅词典的，因为它们有一种和其字面含义非常不一样的意思。相反，他们使用的是字面上的意思，这是因为它已经有一种多少说得通的含义了，即使这不是作者想表达的。这恰好进一步表明了，一个人全部的文化和教育背景，卷入到了其对另一个人的言语的解释(interpretation)中，就像它们卷入到对另一个人的书写文本的翻译(interpretation)中去了一样。

我将要讨论的所谓的投射性认同的第一个例子，是由凯斯门特(Casement，1991，pp. 64－78)提供的，他从各种各样的他所称的“互动式交流”

---

① 当然了，人永远都不可能了解自己的母语中所有可用的词和表达，因为那实在是太多了(估计英语中有 45 000 到 1 000 000 个不同的词和表达)。 个人所熟悉的表达的种类，很大程度上取决于他在哪个国家以及在他成长生活的国家的哪个地方，他对其他地区和国家的人的熟悉程度，他的阅读经验，等等。在我的一些被督导者的工作的早期，他们倾向于认为，患者们脱口而出某些他们之前从未听说过的词或短语，一定就是新词新语。这些词或短语，对于他们并未在其中成长过的地区或亚文化(方言和不同版本的语法规则)里的人来说，也许有特别的意义。还有来自他们不熟悉的某个地区的行话，引用的某一代人或教育阶层熟知的歌、诗、小说、电视秀或者电影里面的内容，等等。

或“影响式交流”中，把投射性认同区分了出来。他报告的案例来自一个大概是被他督导过的女性治疗师，我之所以选择这个案例，是因为它简洁明了。某个G小姐频繁地缺席会谈，而且很长一段时间以来，在会谈开端经常会陷入沉默。她的女性治疗师感到有一种在会谈中要先开口的“巨大压力”，并且当G小姐未能出席会谈时，她有一种被抛弃了的感觉，而且不确定这是什么情况。关于G小姐的个人历史，我们唯一获知的是，“在她小时候她母亲因癌症
175 住院而一再缺席，再加上(4岁时)母亲的去世(p. 77)，导致她受到创伤”。凯斯门特的结论是，G小姐正在试图提醒她的治疗师，“如此频繁地被丢下，还不知道母亲究竟是怎么了，这一定让她非常难受”(p. 78)；换句话说，G小姐正试图使她的治疗师感受到她儿时曾有过的被抛弃和困惑的感受。G小姐显然觉得，她无法用语言把这种影响施加在治疗师身上(我们并未得知，这是否是因为她的创伤始于一个无法用语言表达的早期阶段，或者是否因为她的治疗师好像不是特别注重她讲的话)，因此不可避免地被导向试图用行动来激起这种影响。她的治疗师把这告诉她时，“患者逐渐能够承认，这对她来说是讲得通的”，并最终较少缺席会谈了，在会谈的开端也更容易开口了。

凯斯门特假定患者把她被母亲抛弃的感觉，“从自己身上”抛了出来。[①] 并假定治疗师无意识地领略到了这种感觉，还“把它们吸收了进来”——即，认同了它们(一个人是如何认同那些从未被表达过的感受的，这有待确定)，或者至少是认同了患者早年生活中的困境。

在我看来，我们有很多不同方式来思考G小姐的处境，但是在这里我只讨论几个。如果，正如弗洛伊德(Freud，1915b/1957，p. 178)提出的，“严格来说……不存在无意识的情感”，而只有“无意识的想法”。在这里说分析者有一种与她母亲有关的“无意识的被抛弃感”，这是没什么道理的。像我之前所说的，情感只有被感觉到，才称得上是一种情感，即使它是一种被替换的或者伪装的形式被感觉到的——例如，以焦虑或者狂怒的形式。G小姐已经明显地向她的治疗师表示过，当她还是个小孩子的时候，因为母亲的消失而受到了创

---

① 我们从未被告知，情感从一个人自身中被投射出去，抛出去，是如何成为可能的。这一点我稍候会详细讲到的。

伤。我想说，G小姐既没有压抑她的感受（易于被压制的感受，而不是精神分析意义上的压抑），也没有投射。实际上，她担心自己和治疗师走得太近，以至于*对她产生感情*。考虑到她童年早期的经历，这么说并不为过：G小姐通常会避免与人走得太近——可能尤其是和女人——是因为她害怕他们会抛弃她。她的目标是，尽可能地不要对治疗师产生什么感情，而且不想从她的治疗师那里获得以及期待些什么。在她开始对治疗师有点感觉或者想从治疗师那里要点什么的时候，她就不告而别了。她尽其所能地不让被抛弃成为现实！ 176
并且她很可能遵循了屡次被抛弃的恋人的座右铭："在他们离开你之前，先离开他们。"

从这种意义上来说，她的情感并没有以某种方式被投射出去，情况反而是，她麻木了，并且试图一直麻木下去。治疗师所感受到的是她作为一个有着自己的独特性格和敏感性的人，对G小姐的沉默和缺席的反应。而其他有着不一样的特征和敏感性的治疗师，也许会把那种沉默当成反省其他情况的机会，而且可能会把缺席的会谈视为事后解读的时间；或许他们可能会因为患者缺席会谈而生气，或者他们可能既不会生气，也不会担忧，而只会说"连续缺席两次以上会谈的话，那么我就不会再把这个时间段预留给你了。"只是以此对他们在工作日程中愿意忍受的东西设置一个限制。许多次，我的被督导者告诉我，她的患者正在对她有所投射，并且让她有一种特别的感觉；可如果没有其他的原因的话，我自己是绝不会有她那样的反应，因为我从未对我的*哪个*分析者有过那种特殊的感觉。我相信这是因为相比很多其他人，我在治疗中把自己放在一个非常不一样的位置上，因而并没有感觉自己处在他们所习惯的那种困境中。但是我的感觉是，即便我把分析者的挖苦、沉默或缺席当成是针对我自己的，我仍然不会像他们那样反应。不同的治疗师有着非常不一样的人格，并且对分析者有各种各样的反应方式，而只有少数反应才应直接被归因于患者。

凯斯门特在这里所说的"投射性认同"看起来不外乎就是（1）患者这边的一种关系风格的重复——回避亲近，以免产生难以忍受的被抛弃感——而这一般被更简单地称为转移，外加（2）治疗师这边对此的一种反转移反应。后者的反转移反应，毫无疑问很难说是患者迫使她做出的。

与其认为患者*需要*让治疗师感受到她曾有过的并且不再想有的感受，或者，如果我们确信治疗师对患者的沉默和缺席的反应，表明了与治疗中正在发生的事有关的重要的东西的话，我们可以假设，患者不经意地在重复一种过去处境，但是需要说明的是，这一次位置被颠倒过来了，患者才是那个走开的人。参照弗洛伊德（Freud，1920/1955，p. 16）对强制性重复的讨论，这也许可以被
177 理解为对创伤情境的一种重复，而这是出于掌控的目的，是为了让自己成为创伤经历的实施者，而非被动的接收者。在这种情况下也是这样的，没有必要专门假设患者企图使治疗师感受到什么，或者尤其是做出某些事。我们在这里再次看到了，“转移就其本身而言只是一种重复，而重复是指被遗忘的过去，不仅被转移到医生身上，而且也被转移到当前情境的所有其他方面”（Freud，1914a/1958，p. 151）

关于所谓的投射性认同，我想在这里提出这样一个问题：如果我们假设（而且这是一个很大的假设），患者正“试图摆脱”某种感觉，或者“在把它们投射出去”，那么为什么她的治疗师要“认同它们”——即，感受它们呢？[①] 难道治疗师出于某种原因被患者逼迫去感受后者的情感？正如凯斯门特（Casement，1991，p. 70）在谈论另一个患者时所建议的，他说，“T 夫人不止是把她的感受投射给我了，她还*使*我感受到她自己还不能有意识地忍受的情感”——或者是如博勒斯（Bollas，1987，p. 5）在他说分析家“被迫体验患者的某个内在对象”时所暗示的那样？如果治疗师*被迫*去感受患者的情感，*禁不住*要去感受患者的情感，*不可避免*地感受到患者的感受，那么我们如何解释这种事实，即某些治疗师实际上并不去感受它们？难道我们要断定那些不这么做的治疗师是漠然的粗野之徒？

可能有一个更简单的解释。感受另一个人正在感受的，这本质上是我们所有人在某些情况下都熟悉的事，而且这看起来并不需要什么特殊的天赋或非同寻常的敏感性：就像他们说的，笑是“有感染力的”，而且我们会因亲近之人悲伤而悲伤，因其快乐而快乐。但是，并非在每种情况下都是如此。因为如

① 对认同这个术语在精神分析中的使用的更缜密的讨论，见 Freud（1921/1955，第七章），也可见让·弗罗伦斯（Florence，1984）论认同的启发性评论。

果到后来事情没有一直如我们所愿的话，被爱的一方的悲伤会使我们更加坚定，而不是去鼓舞对方，被爱之人的喜悦会使我们更加沮丧。换句话说，我们得乐意，可能甚至想或者指望为这种事的发生而笑或哭。至少有时候，我们很多人可以对恋人的痛苦无动于衷，不管是因为我们觉得这是一种想操纵我们的做作，还是因为我们想扮演一个强硬的角色，或者是因为我们已经决定了和那个人分手。这暗示，如果一个分析家想被她的患者的情感所感染（即认同了患者的情感），她得愿意或者先倾向于这么做。她必须——回到我们早先的例子——易于感受到被抛弃感，或者倾向于为他人担忧（后者无疑是大部分进入 178
所谓的助人专业的人的特征）。

并非所有情绪都是有感染力的，或者说并非对每一个人都有感染力。例如，当我乘坐飞机，在飞机准备起飞而向下倾斜时，我经常看到自己周围的人很焦虑，且拼命地抓住座椅扶手。但是我并没有为所有这些而感到焦虑，反而非常享受飞机起飞时的加速。同样，在和焦虑的分析者的会谈中我很少会焦虑，不管是在什么情况下，如果我变得和他们一样焦虑的话，那么我会认为自己很难帮助他们缓解焦虑。可能是由于我自己的特殊天性，相比其他分析家（尤其是那些以其他传统方式受训的分析家），我对分析者的情感更不为所动。但是我推测，这更可能是因为我对于分析家的角色一种特殊的构想，而这和他们的大不一样。而且我倾向于把自己可能对分析者的或者与分析有关的任何情感，归于我自己，而不是分析者。

然而，出于讨论的需要我们得承认，某些分析家对他人的情感更为所动，而且通常因他们的患者感到被抛弃而有被抛弃的感觉，因他们的患者焦虑而焦虑，因他们的患者抑郁而抑郁，诸如此类（尽管这并非他们自己的过错——即不是因为他们想要，或者倾向于感受那些情感）。我并不清楚，这对他们的患者来说有什么用，但至少就某些情况中从一个人到另一个人的这种“情感的感染性”而论，我们在这里看起来是处在安全的位置上的。这里必须得指出的是，投射性认同这个概念（就像很多临床工作者在当前使用的那样），要比这复杂得多了。*因为这个概念假设了，分析家感受到了患者并未感受到的情感。*换句话说，它并不能依靠像“情感的传染性”这样一种观念来解释，因为这里的假设是，患者并没有分析家正在体验的那种情感！

情绪一般是一种身体上的体验，或者至少通常有一种身体性的成分：当我们被强烈的情绪折磨时，我们也许会感觉它们要从我们的胸口、胃、脖子、脸等地方中蹦出来。一个优秀的演员出于角色的需要，知道如何制造这种体征。而且一个厉害的政治家知道如何在一群不友善的公众或记者面前用一种“扑克脸”技巧，来压制这样表面可见的身体迹象。然而，即使是技艺精湛的扑克牌玩家，有时也会泄露强烈的情绪在面部或者身体上的表现（一个面部肌肉的抽搐，一个紧张的手势，玩弄头发，诸如此类），这被玩牌的人称为一种“马脚”（tell）；而且，再厉害的政治家也迟早会口误，或含糊其辞而泄露了某些增强了的情绪。

179 我们大多数人都可以顺畅地解读我们所爱之人身上的这些迹象，而且有经验的治疗师能够轻而易举地解读很多这样的迹象，即使是对他们才遇到的人，在电视上看到的人，从收音机里听到的人，或者是通电话的人（见第八章）。[①] 那么，似乎值得关注的是，那些接受投射性认同这个概念的分析家会说，他们并不熟悉自己的分析者所压制的情绪的细微迹象——事实上，他们会主张，投射性认同恰好发生在没有这样熟悉的迹象的时刻。他们并不主张说我们在这里正在处理经典弗洛伊德派的压抑概念，想法和情感之间的连接因此而断裂了，情感继续存在，并且被分析者感受到，而情感的某些迹象，别人是可以看到的。换句话说，他们不是在主张他们的分析者正在感受某种情感，但只是不想感受，不想承认，不想知道那是什么样的情感，不想知道其缘由，或者和什么有关。他们也不是在主张分析者是在故意或者不经意地压制他的情绪。而是说他的情绪通过完全地从精神和身体上投射出去，而被分裂了。

我觉得这是一种格外令人难以置信的断言。弗洛伊德引入分裂（splitting）这个概念的时候，简单来说，他认为在某些极少数情况中（比如恋物癖），分析者会有双重心智。在他论主体的最重要的论文中，弗洛伊德（Freud，1938/1964）说，分裂涉及一种“既……也……”的逻辑，借此分析者*既*相信女人没有

---

① 一家叫商务智能顾问的公司最近已经开始研究这种“马脚”、讲话方式以及其他的修辞手法了（比如第一章中提到的那些），以此来分辨政客和商业领导什么时候可能是在掩饰（Laing，2006）。

阴茎，同时*也*禁不住认为她们确实有阴茎。分析者似乎不单是怀有这两种假说，而且也同时信以为真，即使它们是相互矛盾的。但弗洛伊德从未暗示过，那两种想法中的某个——或者可以说，作为分析者的特征的双重心智中的某个——变到别人那里了，或者可以在别人那里找到，不管是在父母，兄弟姐妹还是分析家那里。对于弗洛伊德而言，分裂发生在同一个人内部的，而且分裂的两边，都始终处于那个人"内部"。然而，在精神分析中，大致上我们必须得使用像*在内部*和*在外部*，或者*在里面*和*在外面*这样的词。① 而且依据克莱因(Klein，1946/1952)的观点，尽管一个人也许会幻想，某种情绪不是他的特色，而是别人的，但是分裂始终是处在幻想的层面上：情绪还未从那个人的心理经济中离开。② 180

① 尽管我一般会认为，我们太过于死板地把世界分成内部和外部，比如会说"某些东西全然在我们心里"，或者"外部世界正在告诉我们什么"。我通常认为那些接受投射性认同这个概念的理论家，在讨论孩子无休止地内摄和投射对象时，也以一种过度死板的方式使用内部和外部这两个词，就好像他们正在谈论的对象真的位于某个明显被定义成是我或非我的某个位置上。我的感觉是，对很小的孩子来说，并没有这种明显的区分。那是以拉康(Lacan，1988a)所称的"互易感觉"(transitivism)为特征的童年时期，例如，一个孩子跌倒了，而看到这一幕的孩子哭了起来；或者鲍尔打了皮特，却说是皮特打了他(p. 169)，也可见 Lacan(2006，p. 113)。然而，一旦自我变得更清晰稳定起来，跨越了俄狄浦斯期(或者像拉康所构想的那样，接受了父之名，或者更一般地说，接受了象征功能)，这样的互易感觉就会消失，而只有在精神病性的青少年和成年人中才常见(见第十章)。例如，一个成年的女精神病患者说，"亲近的人遭受痛苦时，我至少和他忍受着同等程度的痛苦——我把痛苦从他那里接过来了"(Cambron，1997，pp. 94－95)。

接受投射性认同这个概念的分析家，因此将不得不宣称，投射性认同只出现在和精神病患者的工作中——尽管问题随后就来了，为什么说分析家自己之所以会是互易感觉的主体，就是因为他们的精神病患者就是如此呢——或者宣称说，互易感觉以一种或多或少是不受限制的方式，以一种从未以语言或习俗为媒介的方式，贯穿我们的一生。后一种说法让我觉得相当可疑：我们并非都时刻感受到彼此的感受，并且如果做到了的话，那么生活会变得混乱不堪。实际上，如果我们都可以感受到别人并没有在感受的，那么生活甚至会变得更加混乱。

无论如何，投射性认同的辩护者仍然得说清楚，分析家是通过什么途径逐渐感受到她的分析者并未在感受的情感的。

② 我们可能都熟悉这种现象，即我们有时候并不承认自己的想法：当那恰好就是我们所想时，我们告诉恋人或者分析家，"你可能在想……"，或者在事实上是我们自己生气了的时候，说，"听起来你好像在生气……"。换句话说，我们把某些想法和感受投射给他人，假定那是他们的，因而是在他们那里看出了这些想法和感受，而不是在自己身上感受到。但那决不会迫使那些人去拥有这些感受和想法！我的一个分析者陷入沉默时，我问他在想什么，他常常会说这样的话，"你一定在想我是个人渣"或"你肯定在嘲笑我是这样一个悲惨的可怜虫"。我 (转下页)

我想说，举证责任应该由那些相信投射性认同最广泛的版本（比昂的版本，对应于桑德勒的描述中的第三阶段）的人来承担：他们必须得(1)中肯地概念化那种机制——被“分裂出去”的情感借此可以完全地从一个人的精神和身体上被投射出去。(2)告诉我们，当这些情感被分裂出去的时候，它们“到”哪里去了——因为它们想必在绝大多数时候被分析者分裂出去，而不仅仅是当分析者在分析家的面前的时候（或者我们要假设它们在会谈的结尾又回到
181 分析者内部了？），并且(3)阐明当分析家确实感受到了它们的时候，这是如何成为可能的，因为正如我们所看到的，它们并没有被所有的分析家都感受到。在没有对这些过程的令人信服的说明的情况下，投射性认同这个概念看起来像是依赖于魔法般的机制或程序。在我看来，精神分析中很少有概念比投射性认同带有更多概念上的混乱与困惑。

对于那些相信奥卡姆剃刀定律，即认为最好的解释常常是最简洁的，最少有争议的假设的解释的人，我会建议他们寻找对这情况的解释，即首先是在分析家自身中，然后是当她和分析者的关系已随着分析过程发展了出来时她所处的这种关系中，以及只有最后——如果所有其他的情形都失败了——是在分析者甚至没有在体验的某些东西中，分析家正在感受什么。

作为正常化的投射性认同

> 人类普遍倾向于在伤口上撒盐。
>
> ——沃德豪斯(Wodehouse，1933/1981，p. 536)

（接上页） 一般会非常专注于他方才一直在讨论的材料，并且根本不会一心只想着那样评判。可以说是，借着言语向我传达他当时的想法，他显然是“想让我产生这样的想法”(put an idea in my head)，但是这并没有因此而成为我们的共识：我并不认为他是人渣，或者嘲笑他是个悲惨的可怜虫。

在我压根儿没感到愤怒的时候，我的另一个分析者立马就说，我每时每刻——甚至是在会谈还未开始之前，或者在我们正谈论某事的中途——听起来都很生气。有时候，这是因为他在生我的气；而有时候是因为基本上他期待每一个人会因为任何事情生他的气。但是我并没有因为所有那些事而对他生气。如果他非常坚持，并且不屈不挠地觉得我在生他的气的话，他很可能最终会激怒我，通过一次又一次地指责我，而激起我的愤怒。但是在这种情况下，很难说他把自己的愤怒分裂出去了。

在我读到投射性认同时，这个概念的潜在含义常常是基于对分析者在讨论某些事情时*应该有的感受*的一种特殊理解。我把这称为一种潜在含义是因为它很少被分析家明确地提出来，并且似乎还构成了他们对案例评论的含蓄背景的一部分。正如我在第九章中表明的那样，正常（normality）这个概念最近几十年来在精神分析理论中逐渐起到了一种极其重要的作用，而且分析家越来越诉诸*他们认为任何一个人类在某些情形中通常会有的感受*。在投射性认同的大量的假定实例中，分析家声称自己在感受分析者会有的感受，如果他不是很烦躁很反常的话。

可以考虑凯斯门特（Casement，1991，pp. 68－70）提供的这么一个例子：T先生和T夫人去见凯斯门特，如他所说是因为T夫人性冷淡。她告诉凯斯门特说，他们"已经耗费了他们的婚姻的第一个五年来买房以及装修，以此作为成家的准备"；后来儿子出生了，才六个月大时却开始出现严重的健康问题，并且在她又照料九个月后就去世了。在儿子的葬礼举行时，她怀着女儿已经有七个月了，在葬礼上她"很想哭但是忍住了"；她告诉凯斯门特，从那以后她从未哭过，而且是无动于衷了。女儿十个月大时，"和她的哥哥一样因为脑部疾病"而去世。

凯斯门特对此做了如下评论，"在讲述这可怕的一系列的痛苦和丧失的过 182
程中，最引人注目的是T夫人的脸庞和语调始终是呆板且死气沉沉的……她没有流露出任何感受。但我在倾听的过程时，差点被自己的感受压垮了，我简直是在心中哭泣。"（p. 69）在他疑惑自己的反应时，他告诉我们，他知道自己"听说孩子去世时总会动容"。[①] 但是他并没有断定他的反应主要是和他自己的天性有关，而是认为"影响到他的是她在情感表达上的无能。"那么，在他才第一次遇到她的情况下，是什么使得他可以了解到"她自己的感受"的呢？这难道没有一点点可能性吗，即她并非是一个很感性的人？即便我自己很可能和凯斯门特一样，在和她的会谈中有那样的感受，但我肯定不会得出他这种结论：

---

① 凯斯门特很可能会想起温尼科特（Winnicott，1949，p. 74）的评论，"多愁善感对患者来说是无用的（对分析家而言也是），因为它包含了对恨的否认。"

> T 夫人不只是把她的情感投射给了我。她使我感受到了*她在意识上还未能亲自忍受的*情感……我看得出来，一直就是患者自己的情感匮乏极大地影响到了我。结果，我曾一直感受到的眼泪完全不属于我。(p. 70)

像很多其他的分析家一样(正如我们会在第九章中看到的那样)，凯斯门特看起来信赖一种想当然的想法，认为在这样一种情境中，对于所有人来说，应该表露的会是什么“适当”类型和程度的情感。那么这种想法又是源自何处呢？这似乎是源于他自己在这样一种情境中可能想表露的情感。

当然，T 夫人在讲述她的故事时的情感匮乏，对我们这个时代——失去一个婴儿，更可能是一种例外，而不是惯常的事——的几乎所有的西方人来说，会是很惊人的。然而，现代社会也有部分地区的婴儿死亡率是相当之高的，例如，如今在海地半数的孩子活不过五岁(Arnst，2006)；并且甚至是在 18 世纪的英国，对女人来说，她们的多数孩子活不过七岁也并非就是罕见的(约翰·劳[常被认为是纸币的发明人]的父母的 14 个孩子中，有 10 个死于儿童期疾病)。当代的西方人，毫无疑问会震惊于非西方人实事求是地谈论(以及过去几个世纪的人们写的)他们失去的婴儿，即使现在的某些国家，在生命的第一年大约也有五分之一的婴儿死亡，在这些国家，用托马斯·霍布斯的话来说，生命常常是“肮脏、粗野且短暂的”。然而，他们的态度并非是冷酷无情的，而是反映了他们的残酷现实，他们的坚忍，以及有时就是把这当成了上帝的意志。

凯斯门特推测，他“曾一直感受到的眼泪完全不属于”他，这暗示了*她的反应本应该是流泪，就像他在心里正在哭泣*。如果她不是在哭，那么这肯定——根据他的推测——是因为她的悲伤被分裂出去了，并且被投射给了其他人。但是，难道不是说至少在理论上有可能的是，T 夫人失去孩子的感受和凯斯门特听她的故事时的感受，可能是非常不一样的，不管是因为她相对于他来说，是来自不同的文化，不同的社会经济背景，不同的宗教，不同的家庭，甚至是不同的诊断分类？去假设分析家正在感受分析者只有在触及自己的感受时才会有的感受，这经常肆意地压制了他人潜在的相异性，压制了人们的真正的不同，这依赖的假设是，从根本上，我们在自己的“基本人性”上都是相似的。一个更保险的假设可能是，凯斯门特还不得不判定 T 夫人在自己的孩子生病以及去世的时候有什么样的感受，而*他*正在感受的是，他自己对这样的一个故事和讲述人这边所谓的“干瘪的”情感的混合物的反应。

无论如何，凯斯门特可以假定，T 夫人压抑了大量的和她孩子有关的，以 183
及可能也和她丈夫有关的东西，鉴于她在一开始告诉他，由于医学上原因不明的“妇科痛症”，五年来她一直不能性交——换句话说，这很有可能是因为一种与性和生殖有关的症状形成。如果我们依据压抑来构想这个案例片段的话，那么可以假定，她的“妇科痛症”取代了她心理上的痛苦。*她的情绪并未离开身体而进入别人那里，它们只是以一种伪装的形式处在她的身体之中*。还有什么要比这更像古典的神经症，准确地说是更像癔症呢？什么可能引导我们在这里诉诸某些不大可能的观念：与正被投射出去的情感有关的观念，或者与 T 夫人这边的想使她才遇到的某人体验到某些东西，好让这个人知道她（没有）经受过什么的一种意志有关的观念？

经验法则

> 每个人都知道，一个人必须用自己的无意识来衡量事物，如果这个人不想在工作中，于患者在分析诡计(analytic artifice)中所提供的材料里探知它时弄错的话。
>
> ——拉康(Lacan，1977b，p. 11)

我想当作一种经验法则提出来的是，分析家（尤其是新手分析家）永远也不要假定自己在感受分析者正在感受的、应该在感受的、不想感受的，或者使她感受到的。而且，只有在所有其他的解释都失败了的时候，才应该诉诸投射性认同 184
这样的概念（及其所有的更新近的产物，比如“投射性超认同”[projective transidentification]和“投射性反认同”[projective counteridentification]）。

我也想说，如果一个人要仰赖这样的解释的话，那么应该只用它们来讨论精神病——毕竟，这是它们于其中产生的精神病理学的领域。然而，在文献中投射性认同的相当多的例子出自明显的神经症案例；奥格登(Ogden，1979，pp. 368－369)甚至暗示，基本上每个人都在分析中一直使用投射性认同，包括分析家！处理想法、情感以及自我的"部分"，就像它们是可以随意搬来搬去的对象一样，这种想法是投射性认同这个概念的一个主要想法，且严重带有那种经常和精神病联系在一起的"具体思维"的意味。可能这就是精神病患者无法控制地拒绝那些涉及这样到处活动的对象的解释：这样的解释模仿了他们自己的思考方式（这并不是在说，对象实际上就是在以那种方式到处活动：为了反驳哈姆雷特，思维并不必然要和他的相反！）

显然有复杂的相互作用出现在分析者和分析家之间，后者（在莱布尼茨看来）决不是对彼此没有实际影响的孤立一元。例如，在前面章节中讨论过的分析者的情况中，毫无疑问是我想刺探的倾向，鼓动了他对我重复儿时发生在他和妹妹之间的特殊场景，这导致他更经常地陷入沉默，而这又促使我更进一步地刺探（反过来又促使他更加沉默，如此往复）。有时，分析家迫使分析者做出某些反应，而另一些时候是分析者在这样做，一种微妙复杂的舞蹈就起因于此。① 分析家显然对出现在分析中的重复起到了重要的作用：她决不是一个中立的或者客观的观察者。一个相信自己在分析中没有施加任何影响的分析家，实际上是在信奉一种高度强迫的精神分析治疗理论。②

---

① 奥格登（Ogden，1979，pp. 359 - 360）提到一个患者，他"给治疗师施加了巨大的压力，迫使治疗师符合被投射的幻想"。并且描述了"一种借由人际的相互作用而施加的外部压力"。一个人很容易赞同这种观点——人们彼此施压让对方以特殊的方式反应——而不用在整体上接受投射性认同这个概念。然而，我们得注意，分析家越是把自己放置在象征辖域中，她就越不太可能首先体验到这种"巨大压力"。

② 我们甚至可以这么说，我们可以在以强迫性形式为主的精神分析理论化中找到像"自主的自我"这样的概念；而在以癔症形式为主的精神分析理论化中找到像"人的欲望是他者的欲望"这样的概念；在以精神病形式为主的精神分析理论化中找到像"投射性认同"这样的概念。在此种意义上说，每一个这样的系列概念，也许可以被视为不止反映了它们用来处理和阐明的一群特殊患者，而且也反映了那些喜欢精神分析理论化的每一种特殊风格的精神分析家。注意，拉康（Lacan，1976—1977，1976.12.14）一度给自己公开下诊断（这可能至少在某种程度上是在开玩笑），他说，"归根结底，我是个完美的癔症主体，也就是说除了偶尔的例外，我是个没有症状的癔症主体"。

令人好奇的是，我觉得精神分析文献中最无聊的强迫性理论作品之一是，吉尔（Gill，1982）的《对转移的分析》（*Aaalysis of Transference*），他在其中夸大了分析家在分析情境中的角色的重要性。毫无疑问，我们应该总是记住马克·吐温在《汤姆索亚出国记》（*Tom Sawyer Abroad*，Twain，1896/1996）中所说的，"与理论有关的另一个麻烦是，总有一个洞存在于它们之中的某处，当然了，前提是你看得足够仔细。"

要注意的是，分析家在一个包含了投射性认同的概念框架内工作时，对他 185
们的分析者所做的那种解释，严格来说，依据第五章中提出的标准来看，一点都算不上是解释。如果想把某些东西当作一个解释的话，用拉康派对这个术语的理解来说，那么它就必须得是可以唤起回忆的且是多价的。分析家倾向于讲的有关所谓的投射性认同的那些话，很少充当言说的乐谱的多重谱表，反而应当称为说明（explanation）——即，提供了明确且具体含义的陈述。正如我们已经看到的那样，这些是在和神经症主体工作时应该被避免讲的话。而且正如我们会在第十章中看到的那样，类似的陈述非常适用于和精神病主体的工作。

一则警世故事

> “你让人昏昏欲睡”（You are putting sleepiness in the air）。
>
> ——一个分析家对一个分析者这样说。

我与一个格外有洞察力的治疗师工作过好几年，她曾经告诉我，她持续了三年的首段分析以失败告终，那时她的分析家用投射性认同来解释自己在某次会谈期间为什么睡着了。在那次会谈不久前，她的哥哥央求她一起自杀，因而如其所言，她正处在一种危机状态中，放声大哭，胡言乱语。在这期间，她注意到她的分析家好像睡着了，不过她又意识到，分析家可能只是在低头看笔记。当后者的头歪向一侧且被一阵晃动和一个很响的鼾声惊醒时，她不再有任何疑问了，显然分析家打了个盹。他试图表现得若无其事，还问她在想什么。她感觉自己受了大辱，并且震惊地说，“我在想你很疲劳吗？”他承认自己很累，却说“你让人昏昏欲睡”。他解释（explained）说，她无意识地想要他抛弃 186
她，结果也*做到了*。

这种解释一点都不符合她自己在会谈和分析中的体验，但这并没有导致她立刻中断分析——她对自己的无意识意图很疑惑，并且试图在之后的会谈中加以探索。但是每当她提出这些疑惑时，她的分析家都会改变话题，并且看起来不想解决这个插曲。是这种状况，以及分析家那边的涉及在会谈上走神的某些不稳定的反转移反应，才导致她离开分析，另找别人一起工作。如果他简单地承认自己的倦意或缺乏睡眠，并为自己的打盹而道歉，甚至是重新安排会谈，那么就不会发生那些事了。看起来是在他的精神分析技术锦囊中像投射性认同这样一种理论概念的存在，使得他会否认自己对睡着负有责任，并把“睡意的产生”归因于他的分析者——毫无疑问这比很多其他概念要更顽固，但是却得到了像比昂（Bion，1955，p. 226）这样的人的拥护，他把自己的一个患者描述为“用一种蓄意让分析家睡着的催眠方式”讲话。[1] 在我看来，没有哪个以拉康派处理转移和反转移方法受训的人敢断言说，分析者要为分析家的打盹负责。甚至如吉尔（Cill，1982，p. 63）所言，“反转移可以依据治疗理论而轻易合理化。”

诉诸投射性认同这个概念，并非总是像我在这个警世故事中提到的那样幼稚和愚蠢，但是我希望，这会阻止实践者为他们自己的失误开脱。

给予想象界特权

> 我们在这里所拥有的只有分析家的激情制造的影响……这和分析家的反转移毫无关系，而和二元（也就是，想象）关系的影响有关。如果治疗师不克服它，那么当他把这视为他的理想反应时，他又如何能克服它呢？
>
> ——拉康（Lacan，2006，p. 595）

分析家企图用想象层面上的反应（比如，感受到厌烦、生气、无聊、困乏、被
187 拒绝、被抛弃、害怕，等等）来应对分析者的投射，这促使分析家把自己的工作放置在想象辖域上，认为大部分工作都集中在转移和反转移上。然而，依据拉康的观点，转移反应出现在象征化失败的时刻，即分析者不能更深入地描述“病原内核”的时刻；而反转移是分析家未能把自己放置在象征大他者的位置上，并在想象的关系中陷入困境（即，陷入两个自我之间的二元关系中；见Fink，1997，第三章）的标示。

---

① 分析家这边的这种行动使分析者易于相信，他们的医生要比他们自己更古怪，并且会更愿意让其他不这么古怪的医生来检查他们的脑袋。琼尼·米歇尔（Joni Mitchell）在《扭曲》（*Twisted*）中写道：“我的分析家告诉我/我神经错乱了/但是我说，亲爱的医生/我认为神经错乱的是你。”当分析者这样说时，他们是对的。*洞穴疗养院*：警惕治疗师。

换句话说，依据拉康派的观点，转移和反转移出现在象征化的所有重要过程失败的时刻，而不是出现在对分析富有成效的东西正在出现的时刻。转移和反转移，因此是干扰物，是想象的诱饵，并且和停滞时刻有关，而和某些重要的精神分析工作可以完成的时刻无关。针对转移和反转移的直接工作，也许会使分析者在某些层面上获得满足，但是这并不导致拉康派精神分析针对的那种改变。①

海曼(Heimann，1950，pp. 83 - 84)强调说，“分析家的反转移不仅仅是分析关系的重要部分，而且也是患者的创造，是患者的人格的一部分”，她还断定，“分析家的反转移是研究患者的无意识的一种工具”，由此看来她险些丢弃了象征界。临床工作者被引导着在理论上巧妙地区分分析家潜在的精神病理——斯波特尼(Spotnitz，1999，p. 229)把这称为分析家的“主观反转移”——与分析家的“客观反转移”(这被假设是一种纯粹的，无中介的反映，甚或是患者自己的产物)。然而，甚至奥格登(Ogden，1979，p. 367)也意识到了，“我们不是在这里处理一种‘全或无’的现象。”

认为分析家如此了解她自己，以至于她知道自己对分析者的哪种反应是主观的，哪种是客观的，这种隐含的假设从根本上是有缺陷的。因为分析家一直就不知道她自己的所有动机，哪怕是在一段很深入的分析之后也是这样——这就是无意识的本质。像蔡策尔(Zetzel，1956/1990，p. 145)那样去强调“治疗师人格的现实方面”，就是在假设分析家知道哪些是她真实的人格，哪些不是。但是，如人们常说，分析者相当熟悉分析家自己也许乐于不知的或者 188
顽固不知的人格面向！所以，弗洛伊德建议(不幸的是，他并没有说到做到)，分析家应该时刻准备去接受另一段分析。

比昂和他的同事把分析家设想为一个容器(我们也许会疑惑，这是不是像达那伊德斯姐妹*的有漏洞的桶，或者更像一个密封的特百惠容器?)，而分析者可以直接把任何他喜欢的东西放进去。这看起来像是象征已经完全被抛

---

① 米勒(Miller，2003，p. 35)说，“如今我们看到的是，反转移被当成通往无意识的捷径——不是梦，而是反转移。”

* Danaides；古希腊神话中的人物，被罚往无底的桶中注水，直到水注满为止。——编者注

弃了。

我听到过各种不同的实践者说，一个人必须能够经由想象辖域，如同经由象征辖域那样，找到同类问题，因为不同风格的分析家，都获得过些许成功，尽管程度各异。我并不怀疑那些主要在想象层面上工作的分析家会对他们的患者有些治愈性的影响，尤其是对精神病患者，鉴于想象是我们对精神病的工作中必须用到的一个层面（见第十章）。然而，我会主张说——基于我多年来对那些在强调想象且几乎是排斥象征的精神分析方法中受训的分析家的督导，以及多年来分析那些在来找我做分析之前，已经和其他分析家在想象层面上做过很长（并且经常是成倍的）一段时间的工作的患者——在这种实践中的治愈目标非常不同于那种强调象征辖域的疗法的治愈目标，尤其是前者促进了一个观察型自我的发展，而这个自我了解分析者的"模式"，且往往是不变的模式（正如我在第五章中指出的那样）。当然，分析家可以用不同于拉康的方式自由地定义转移和反转移，但是他们的工作可能就主要是定位在想象层面上，而且，在想象的层面上，分析家自己的人格就占据了舞台的中心位置。正如拉康（Lacan，2006，p. 587）早在1958年提出的，"（分析家的人格）卷入得越多，他的行动就越不可靠。"这可能至少部分地说明了为什么当代精神分析文献沉迷于讨论反转移，而且企图找到一种方式主张反转移确实在同等程度上反映了分析家以及分析者。①

① 例如，奥格登（Ogden，1994）把这视为分析家和分析者共同制造的某些东西。我们甚至会有这种印象，他从他自己开展的分析中所获得的好处，远胜过他的患者，因为他告诉了我们他自己的被解除的压抑（p. 471），以及他在这个过程中经历的"特殊形式的分离和哀悼"（p. 483），而不是告诉我们他的患者的被解除的压抑。

第八章

“电话分析”(精神分析设置的变动) 189

> 无论精神分析想要成为一种治疗、训练,还是深度探索的工具,它有且只有一种媒介:患者的话语。
>
> ——拉康(Lacan,2006,p. 247)

美国人平均每 18 到 24 个月搬一次家,有时“仅仅是搬到城镇另一头”——例如,类似洛杉矶这样肆意扩展的大都市,可能意味着与先前住所相距两小时车程——有时会搬到另一个城市、州、国家,或者甚至是另一块大陆。依我个人的实践,我的大部分分析者在分析过程中,都至少搬过一次或两次家,通常是搬到千里之外的地方;其中,我的四个分析者甚至离开北美一年或更久的时间;另外有两个分析者,在大约八年的时间里至少搬过八次家。

鉴于美国人口的流动性——这一流动性很多非美国人很难理解——美国的分析家面对着一个棘手的问题:如何与分析者保持一个长程的分析工作。有时,把分析者转介给他所移居的城市中的另一个分析家当然是可能的,但是,该分析家通常并不足够了解,任何在另一城市执业的分析家的临床工作情况,因而无法确信地推荐某个分析家。此外,分析者的诸多搬迁,是有固定时长的,比如三个月的实习期,六个月的休假,一年的游学计划,或者是公司总部
派出的两年海外工作。在这些情况下,鉴于在一个相当短的时间之后,她必然 190
会回家这个事实(更不用提分析者对于跟一个新的分析家“重头来过”的犹豫,以及可能遇到的语言障碍),和另一个人(分析家)继续工作并不现实,但同时,分析者的困难可能需要在这段时间内接受持续的治疗。

理论上讲,通过向她强调持续这一当面(in-person)分析工作的重要性,分

析家可以尝试劝阻分析者避免这样短期的搬迁，在某些个案中，这么做确实是恰当的。然而，在许多情况下，短期的搬迁意味着一个非常特殊的、不可错失的机会；在另外的情况下，这意味着一个被迫的选择，分析者的老板会说："搬到 X 城，建立一个新办公点，或者准备找一份新工作吧"（美国的工作保障和欧洲大部分地区并不相同，而且，当分析仅仅进行了短短几个月的时候，生活中的紧急事件介入分析的方式也不相同）。因此，重要的是，找到一种让分析工作在几乎无法避免的缺席期间可以继续的方式。

多年前，在我的自己的实践中，一个前往国外进行为期一年学术研究的分析者，开始因痛苦给我打电话。即使我们已一致同意，她会一回来便重新开始她的分析，她的痛苦如此强烈以至于她感到无法等到那时候。在几通如此绝望的电话之后，我们同意给她安排固定的时间打电话（我不认为未事先计划地打几通电话，来"触及"或三言两语地谈论一个具体的想法、联想或者感受有多大意义，除非是紧急情况）。我们通过电话工作，直到她返回美国。我很快就注意到，跟她通过电话的工作，与在躺椅中的工作进展一样快，并且，当我后来离开西海岸，接受匹兹堡的一个职位的时候（约 2 500 英里之外），我们重新开始了电话会谈。

慢慢地，我开始在跟许多不同分析者的工作中，引入了偶尔的电话会谈。他们当中有一些人偶尔因为巨大的焦虑无法离开住所，有一些人生病或者暂时无法正常活动，还有一些人仅仅是他们的汽车坏了而被困住。电话分析允许一些人在某些情况下继续他们的分析，比如当他们可能深陷抑郁的时候，或者一些人处于从未经历过的人生最低谷的时候，还有一些人当他们恐惧开车或担心公共汽车翻车而可能会阻止他们前来会谈的时候。我也开始向匹兹堡地区的分析者提出偶尔的电话分析，他们有些曾经由于暴雨、龙卷风预警，或
191 者暴风雪——使开车条件变得十分危险；对于一些局部残疾和年迈的分析者也是一样，他们在严酷、寒冷的条件下①，担心腿脚不便，而打电话给我，取消

① 北美大部分地区天气的严酷，可能会令世界上许多其他地方的居民感到惊讶；在欧洲，唯一的一个阻止分析者赴约会谈的可类比情况，在我看来是公交系统的罢工，有时这会使得城市在几周内陷入瘫痪之中。

他们的会谈。

对于我来说这一点很快就变得清晰了,电话会谈可以有效地补充当面(in-person)会谈,但是多年以来,我一直在犹豫是否要接手一些分析者,他们由于距离和经济条件的限制(使得他们无法定期来匹兹堡),几乎只能通过电话会谈来和我一起工作。但是,跟西海岸的分析者通过电话工作多年之后,我开始接受一些分析者,他们住得很远,而且在他们所住的区域找不到可以求助的拉康派分析家(或者根本找不到任何分析家)。①

想象的现象

(分析家)必须根据患者来调整自己,如同调节电话听筒使其适合传声器传送的信号。

——弗洛伊德(1912b/1958,pp. 115–116)

起初,我很惊奇地注意到,这些“远程分析者”(telanalysands)(或者缩写为 telysands)像其他任何人一样开始分析,并且我通常能够使他们投入到分析工作当中,尽管我们很少见面,或者有时从来没有见过面。我也注意到,实际上,我所熟悉的当面会谈工作中的(爱的表达、迷恋、理想化、愤怒、憎恨、害怕评判,等等)所有转移反应,都会在电话工作中出现,唯一缺少的是基于我实际的外貌或衣着而产生的转移。的确可以说,素未谋面的分析者可以更自如地向我投射各种各样的东西,因为在他们面前没有我的视觉形象。很像躺椅上的分析者,他们摆脱了看分析家和被分析家看,通过电话工作的分析者可以随其所好地想象我。

---

① 关于他们的背景,我的许多分析者从来没有跟非拉康派的分析家进入分析,这可能是我的临床实践中一个特别的现象,但是,在我看来这是需要考虑的一个关键点:通常只有分析者对某个特定的理论框架或者学派有正向的转移,才会让他或她开始一段分析;某个学派的临床分析家可能少之又少。一些精神分析学派在美国名声糟糕,尤其是在某些群体中,很多人显然不会想和这些学派的实践者开展分析。在这种情况下,将其转介给一个非拉康派的分析家是毫无意义的。

电话工作事实上对于分析家来说，也会消除某些想象的现象；因为我们都
192 倾向于将每个新认识的人和一个我们已经认识的人联系起来，他在某一方面很像前者，视觉上的相似之处经常在这类联系中占主导地位。并且，我们倾向于用跟已熟识的人相处的方式接触新认识的人，至少一开始是这样的(随着我们越来越了解新认识的人，这两个人之间的差异开始显现，以及我们对待两个人的方式也会相应地发生变化)。当分析工作通过电话进行时，分析家不会被分析者的外貌所迷惑(弗洛伊德有的时候会被女性分析者比如杜拉的美丽所迷惑，以至于他变成了他自身迷恋的囚徒)，或者说不会导致把她看作另一个他所熟识的(爱或恨的)女人，或者看作他所治疗过的其他分析者。

分析者也避免了根据视觉形象的迷惑，而立刻把分析家认作某个其他人的倾向。然而，因为是分析者而不是分析家①做自我揭露，所以后者一直是一

---

① 在我看来，分析家只有非常少的理由去自我揭露，远远少于受其他精神分析流派训练的临床工作者。分析家的自我揭露会让分析者认为他是一个有血有肉的人，她不愿伤害其感情；她会担心他并且不想让他烦恼。如果，分析者对她的分析家说，他看起来或听起来好像生病了，比如，分析家回答："是的，我生病了"，她有可能会怎样回应呢？她是否会为他感到难过且不想要求的过多？她是否觉得不应该占用他的时间？分析家自我揭露式的回应("是的，我生病了")通过假设这一评论是对他说的并且确实是和他有关的，把分析者的评论置于想象层面。当我的一个分析者告诉我，我的声音听起来很疲倦时，我回应："疲倦？"在一个短暂的停顿之后，分析者沉吟道："可能我总是觉得人们听我说话会感到厌倦；我总是很确定我会让他们感到无聊。"因为我并没有假定这个评论必然是与我有关的，我也并没有自我揭露，我便能够将分析者的评论放到符号层面上，并且能够了解到一些重要的事情，这远比帮助她觉察什么时候她对别人的感知是准确或不准确的更加重要(有时候，分析家似乎认为他们应该帮助分析者提高他们的"现实检验"能力，通过这种方式，似乎现实就成了简单直白的，参见第九章)。此处，一个简单的重复("疲倦"？)使得分析者可以讲述一些重要的事情，即与她如何在跟其他人的关系——尤其是与大他者的关系——中看待自己有关的事情。然而，自我揭露(说我很疲倦)可能会将她的关注点放在我的状态上，并且使她试图温和地对待我。(我并非建议分析家否认过度的疲倦；参见第七章讨论的"警世故事"。)

假定分析家的训练能够支撑他处理分析者的请求和焦虑，他就不应该鼓励分析者根据她所认为分析家能够或不能够承受的东西裁剪自己的话语。她越把他看作一个现实中的人，她就越有可能会去审查或淡化那些她不得不说的事情，且越不可能上演对他的"基本幻想"(fundamental fantasy)。如果，分析家指出自家的一个死亡事件，分析者可能会感到不能够谈论她所具有的跟死亡有关的愿望；分析家透露的所有与自身状态有关的事情，都潜在地阻止她去谈论应该被讲述的事情。

我的一个分析者来找我之前曾接受过治疗，在该治疗中，他大量抱怨所受到的天主教式的教养和他的天主教学校。如此这般几周之后，治疗师告诉他，自己是天主教徒；这使 (转下页)

(接上页) 他闭口不言,而且事实上导致他离开了治疗。我总是听说类似的故事! 该治疗师做的这种自我揭露对于分析者的进展而言几乎是没有成效的;也许正是治疗师确实无法忍受这种抱怨,所以这么做对她自己(这位女治疗师)而言是有效的。

避免自我揭露的过程中,重要的是不要*否认自己的状态*,无论疲劳、厌倦还是焦虑。这些状态应该被分析家当作自己的信息和会谈后的反思铭记在心,而不是被忽略,因为,它们通常会揭示分析家为了将自己固定在某个位置上的方式,或者没能在分析中做出干预的方式,并且这些状态应该被探究。关于自我揭露的不利之处的进一步探讨,参见 Fink(1997,pp. 31-33)。

理论上讲,尝试为自我揭露做辩护的实践者,即便只在特殊的情境下,也常常会发现自己身处困境。比如,参见马兰的评论(Malan,1995/2001):

> 在这种情况下,很容易将个人情感插入到自己对患者所说的话语中,这很快就会变成寻求共情而不是给予共情。患者对另一个人的悲剧并不感兴趣;尤其是当他们处在自身的悲剧当中时。因此,治疗师的感受可以被表露,但是,只能在完全地掌控下,被客观地表露,并且完全服务于患者。(p. 26)

尽管马兰正确地警示治疗师不要将自己的经验或痛苦插入患者的会谈之中,因为这基本上等同于向患者索取同情(如同拉康所说,所有的话语都是对于爱和认可的请求,治疗师的话语也不例外),然而,他用了一个站不住脚的理由,即这可以“客观地”实现,认可了偶尔的自我揭露——在任何一个讨论治疗的情境下,使用“客观地”这一术语都很奇怪,之后还他使用了“完全地控制”来诠释客观这一词,好像真有这么一回事似的(见第九章)。

雷尼克(Renik,1999)是自我揭露实践最出名的支持者之一。他不仅仅主张他所声称的“有选择”的自我揭露,而且还主张不间断地、彻底地自我揭露,他把这称为“亮明牌玩法”(playing one's cards face up)。他认为自我揭露的目标,在于使分析家和分析者平等地处于“临床分析的情境”(the clinical analytic playing field)之中,*并非*因为这更民主或更后现代,而仅仅“因为这会产生更好的临床结果”(p. 523)。即使雷尼克并不会鼓励不能推进与某个患者分析工作的任何形式的自我揭露(比如,他并不会告诉一个患者,他对她有性欲,即便他真的有这种感觉),但是他所举的例子表明了,他几乎完全是在意识的层面上,即观察型自我(observing ego)的层面上工作。他详细地描述了与一个他称为“安妮”的女患者之间的交流,这一交流让她明白了自己与分析家以及与丈夫相处的很多事情,但是他并没有说明安妮是否因为所获得的新理解而产生了任何持久的改变。这一简单的事实:“他与丈夫进行了一次长谈”以及“几年以来最为亲密和激情的做爱”就发生在那一晚(p. 527),被引用来证实这一治疗方法的价值! 如同亚里士多德提醒我们的:“一花独放不是春”——一个美好的夜晚,对此也并不能意味着什么。

雷尼克的自我揭露法显然促进了在观察型自我水平上的改变——在分析者的头脑中关于她自身行为模式的改变——但是,该方法好像几乎不能促进在更基础层面的改变。确实,通过过多地谈论自己和自己看待事物的方式,他非常明确地试图阻止分析者和他一起处理他们在先前的关系中所遇到的问题,也因此阻止了转移关系的许多不同面向。例如,他说:“我很清楚自己不想看起来像安妮的母亲那样具有控制感。安妮从她母亲那儿感受到的专横,也是我尤为讨厌的,所以我尽力保证安妮在跟我的工作中体验到不同的东西”(p. 526)。这意味着雷尼克有意地回避安妮有可能的转移性投射。

(转下页)

块空白的投射屏；并且分析者有可能——基于分析家的说话方式、音色、语调、
193 节奏，甚至是呼吸（我的一个分析者有时会将我的呼吸比作她妈妈的呼吸）——在他那儿“看到”其他一些人的特征。

分析家的在场

> 尽管人们会注意到分析家给出了自己的在场，但是我认为他的在场首先仅仅意味着他的倾听，并且倾听构成了话语的条件。同样，如果事实并非如此，那么，为什么分析技术要求他对自己的在场如此谨慎？
>
> ——拉康（Lacan，2006，p. 618）

众所周知，非拉康派（Zalusky et al.，2003）和拉康派（Miller，1999）的分析家都认为电话分析是不可能的，分析家和分析者各自的身体在场是必须的。
194 被假定的如此关键的身体在场指的是什么？电话分析中被假定缺失的又是什么？

缺失的必然不是直接的身体接触，因为分析不允许这样的接触（并不包括在会谈开始和结束时的礼节性的握手这样的接触）。如拉康（Lacan，1971—1972，1972.6.21）所说：“从一个人进入分析话语的那一刻起，身体的亲密接触便不再可能。”分析家和分析者不需要相互的触碰来促进分析的进展；出于相似的原因，分析家和分析者也不需要通过味觉来接触对方。

当然，人们并不认为分析家和分析者一定能够嗅到对方，尽管在 20 世纪 50 年代早期的巴黎精神分析协会（SPP）中，确实发生过一个滑稽片段，而拉康也曾对其做过评论。在讨论他那个时代的分析家之时——那些分析家似乎认

（接上页） 雷尼克的另一个分析者评论到，她认为他非常不希望“被看作是专横和不公平的”，当她以“这种方式或对或错地看待他时，他都会迅速地反应并试图抽身而出”；她感到“这有时阻碍了（他）倾听（她）”（p. 532）。换句话说，当她把他跟过去认识的让自己感到专横和不公平的某个人混淆时，他（雷尼克）会使用自我揭露的方法从这一转移中摆脱出来！雷尼克会对所有的分析家在任何情况下都推荐持续的自我揭露的这一事实，意味着他已经抛弃了转移这一概念的大部分内涵。“在治疗关系中，积极处理患者观察分析家个人功能的请求”（p. 529）有其他可行的方法，因此要从患者身上学习，而不是通过系统的自我揭露来实现。

为,为了理解分析者,他们需要寻找语言和分析者话语之外的东西——拉康(Lacan,2006)对此写道:

> 如今,尚处"分析家候选人"状态中的年轻分析家,在两到三年毫无结果的分析之后,获得了一种关于其主体的敏锐嗅觉;他们的确会在该嗅觉中振臂欢呼备受期待的对象关系的降临,并继而获得我们的同行——其 195
> 能力的担保人——的"入行许可"。(p. 267)①

在这个片段中,拉康提到一个分析家候选人报告,他的分析者最终能够闻到他——而这至多是一个价值不明的成果——他就会被热情地纳入 SPP 的上层。我认为通过这则轶事可以看到,那些反对电话分析的人最关心的并不是嗅觉。然而,我可以轻易地举出一则我自己的反例,我的一个分析者在一次电话会谈中突然说:"我不知道你的气息在此刻是否闻起来很对劲。"当我问道:"我的气息?",他解释说,他父亲经常在派对结束后回到家,带着抽了雪茄和吃了陌生食物的气味,该分析者认为这是"成人的气味"。即使我们那时在同一房间内,分析者是否能够嗅到我的气味,是不清楚的;然而,明确的一点是嗅觉的投射和联想并没有因为分析工作是通过电话进行的而被排除。

如果认为分析家和分析者之间必须有视觉接触的话,那么,对于盲人而言,做分析或者成为分析家是不可能的吗?我猜测大部分人会说不是不可能。此外,在分析中躺椅的应用很大程度上避免了视觉的接触,除了在每次会谈开始和结束的时候。那些认为即使是高度受限的视觉接触也是必不可少的人,是否会认为视频会谈(可视电话或"网络视频")能够有效地解决这一问题?看到彼此的重要性——尽管可能是受限的——不能被排除,这恰恰是因为与目光的关系(稍后我会回到这一点);尽管如此,鉴于盲人是可分析的,已经很清楚的一点是,看到彼此并不总是必不可少的。

在我看来,最为重要的是听见:分析家和分析者必须要能够听到对方讲话。在分析中最为重要的是,分析者说了什么,以及她是怎么说的。只要一个

---

① 对于该片段的进一步评论,参见 Lacan(2006,p. 465,1994,p. 79)。

高质量、清晰的通话连接(没有背景噪音、回音、延迟或干扰)可以被建立起来,只要分析家和分析者能够非常清晰地听到对方——足够清晰以便听到每一个口误、含糊、结巴、犹豫、叹息以及哈欠——分析便得以进行。① 非常有趣的是,一些分析者向我提到,我们的电话会谈要比当面会谈感觉更亲密,因为,他
196 们听到我就在他们耳边讲话,并且他们觉得,通过电话跟我的距离要比躺在躺椅上的这不到一英尺的距离更近。②

身体语言

> 主体的话语,可能偶然,在分析原初的视角下被忽视,因为它(视角)的诱惑甚至是阻碍真理揭示的功能,现在话语以信号的名义被永久地低估了……似乎任何其他关于主体在场的表现不久后都会比话语受到更多的重视:他待人接物的态度,他的步态,他举止的矫揉造作以及他离开我们的方式。
>
> ——拉康(Lacan,2006,p. 337)

依赖于"阅读"分析者身体语言的分析家,更倾向于发现使用电话的问题。但是如我在上文当中提到的,"身体语言"并不像很多人认为的那样是明白易懂、普遍适用,或者显而易见的,而分析家唯一可以明确知道分析者的身体语言意味着什么的方式,就是请分析者自己去解释它(即使这样,分析者也可能并不知道,或者并不想要去解释!)。即便是在同一种文化当中,也并没有多少动作具有明确、通用的意义。这对于身体姿势而言,也是相同的,我听到过有些临床工作者声称他们能够阅读这些身体姿势。

比如,一个笔挺的身体姿势意味着严格刻板?或者某种阳具的姿态?又

---

① 当然分析家和分析者想要自由地言说,必须要有一个完全私密的空间。

② 扎鲁斯基(1998)和艾琳娜·克莱默·理查斯(扎鲁斯基等人,2003)谈到了非常类似的事情(丹·科林斯很热心地把这些文章发给了我)。电话在近几十年被异地的恋人们用来做亲密的交谈。并且,近年来它们也被用于电话性爱中。然而,我猜测不会有人说它们自然比标准的分析躺椅更明显地蕴含性的意味。

或者它可能是“正直”的化身，意味着父母的道德训诫被嫁接在了身体上，或者是对于父母严格的伦理立场的认同？举另外一个例子，弓腰驼背的坐姿，是否一定意味着一个自我防卫或者自我保护的姿态？也许是一个肠易激惹综合征的信号？又或者它可能源自对于卡西莫多，或者坎康普瓦街上的驼背者(见Lacan，2006，p. 422)的认同？*身体语言不是自明的！*想要理解它，我们需要去询问分析者它可能意味着什么——我们需要请她来讲述。

我的一个分析者向我讲述一些多愁善感的故事时，总会习惯性地把双手放在胃部。某些临床工作者可能会直接得出结论，认为这些事情对他来说 197
“gut-wrenching”(很揪心/撕心裂肺/极度痛，但字面意思是“胃肠肚子拧在一起”)，或者他有溃疡及其他的消化道问题。当我就这一点向他提问时，他说在他的文化当中，这里通常被认为是心所处的位置，并且他经常会感觉到一种心脏收缩或者挤压的感觉——根据他的描述，所有身处在他的文化当中的女性，都会出现这种类型的心痛。在他的母语中，用来表示心(脏)的那个词的隐喻意义，对他而言非常重要，他甚至曾经说过“在(他的)心里有一块坚硬的石头需要被敲碎”。这些事情，对于我这个处在不同的文化，不同的语言背景当中的人而言，是永远不可能通过阅读他的身体语言而获知的。

人类的身体姿势和动作是无法像动物那样被阅读的，动物的身体姿势和动作存在着一个对于同一种群的每个个体都适用的普遍含义，就好像这是他们的基因编码[①]。人类的身体姿势和动作受到语言、历史以及文化的影响，因此对于哪怕是说着相同语言的人而言，也不可能具有一个普遍的含义。它们的含义通常是非常个人化的[②]。

一些分析家似乎在寻找某些比语言本身更加确定的、更为客观化的东西，因为语言会说谎。他们似乎认为身体语言并不会假装——认为身体语言总会吐露真相。但是身体语言也可以像其他任何一种语言一样“说谎”；我们只需想一下，演员们是如何通过做出某些姿态、采用某种身体语言来隐藏真相的

① 我知道这个可能是过于简化的一种说法，而动物行为学家会争辩说，即使在动物的王国里，那些姿势和动作也并不像我们所认为的那样拥有普遍的意义。

② 如拉康(Lacan，1998a，p. 255)所言，“人类的动作通常紧密地联系着语言，而不是简单的运动表现。”

（而其实我们所有的人，都是处于日常舞台上的演员）。观察到的分析者的面部表情、动作以及身体姿势，有可能暗示着分析家，在分析者所说的和他所感受到的事情之间存在一个矛盾，但是这个矛盾不能够以表面价值被考虑，而分析家必须去询问分析者这可能意味着什么，比如她一边笑一边说起她母亲的死亡对她而言是非常痛苦的经验。此外，在我的经验当中，这种可能存在的矛盾，也可以通过其他方式被轻易地发现，并且，无论在哪一种情况下，它们都必须被带到语言的层面上，以便真正地产生一个治疗的效果。① 在精神分析中，
198 不可能绕开对于话语的使用。而视觉线索的缺失，甚至有可能产生一个有益的效果，这避免了分析家企图直接对分析者的身体语言下结论。

最后，对于电信技术的引入“推动我们去检验在分析的经验中那些积极的东西”（Lacan，2006），以及那些“消极”的东西，或者是要被排除的东西——也就是，碰触、气味，甚至是目光（当躺椅被使用时）②。

---

① 请注意到，即便弗洛伊德在鼠人案例当中也观察到，当分析者告诉他有关老鼠酷刑的故事的时候，“他的面部呈现一种非常奇怪的，混合的表情，”他继续说，“我只能把这解释为一种他自己未意识到的快乐中的恐惧，他并没有把这个直接解释给鼠人，而只是在脑海里记了下来。我们必须避免直接对任何事情在分析当中的意义下结论，也包括分析者的话语、面部的表情、动作，以及姿势。”

② 人们可能认为，既然目光是拉康的著作当中所讨论的“对象 *a*”的形式之一（对于对象 *a* 的详细讨论，见 Fink，1995，pp. 83 - 97），分析便无法脱离分析家目光的在场而进行。让我们首先回忆一下拉康列出的关于对象 *a* 有可能的各种变形的名单的外延是非常广泛的，包括了声音、目光、乳房、想象的阳具、粪便、尿流、音素以及无（the nothing）（Lacan，2006，p. 817）。请注意即便很多，如果不是全部的对象在分析的进程当中会被谈论到，通常只有一小部分是在场的，粪便和尿流当然是咨询室中最不受欢迎的对象——也许，除了像温尼科特（Winnicott，1954/1958b，p817）这样的人，他在想象的字面意义上理解“退行”：“躺椅被弄湿了，患者弄脏了或流口水了”。此外，拉康（Lacan，2006，pp. 617 - 618，1998b，p. 426）表示“退行”，在精神分析的情景下，最好被理解成为在某些时刻，分析者使用了一种孩子气的表达方式，或者是一种婴童式的话语，而不是某种“真正的”发展上的退行，或者是真地像一个小孩那样在行动。

我们再来看另一种拉康式的对象 *a* 化身，请注意，既然两个男性之间的分析是可能的，那么分析工作的开展并不需要乳房的在场。然而拉康却至少有一次提到“分析家必须拥有乳房”，是在分析者可以在某种程度上认为分析家拥有乳房，即使分析家是一个男性，可能因为这是母亲的第二性征。

清楚的是，基本上所有进入到分析当中的对象（对象 *a* 的所有变形形式），并不是“真实的对象”，而是分析者力比多经济的一部分——确实，人们只思考想象的阳具以及无如何以任何一种“真实”的方式进入分析中。在我自己的经验当中，对于他们而言目光是重要对象的 （转下页）

电话分析特有的挑战 199

我们的努力在于……跟这个处在分析者位置上的人重建合作关系。

——拉康(Lacan,2007,p. 100)

以上这些并不意味着通过电话进行的分析工作,不存在它自身的挑战。比如,有的时候难以分辨分析者是在笑还是哭(我们所发出的某些声音在某些时刻是非常相似的),而分析家也不能假定他知道这是哭还是笑。在当面的预备性会谈当中,分析家通常可以通过观察分析者的面部表情而猜到,她是嘲笑、讽刺、开玩笑,或者严肃(尽管有的时候他的猜测可能是错误的,尤其是当分析者有一张“扑克脸”的时候)。而通过电话这就不太可能了——正如当分析者已经得到授权①上了躺椅之后,它也不总是可能的——分析家必须要付出额外的努力去找寻他能够获得的一些并不多的线索,比如说,在呼吸上的突然变化,突然发出的短暂笑声,以及分析者表达她自己的独特方式上的变化。

(接上页) 分析者,报告了他们想象我在看他们的方式,这个想象目光的立场和视角是非常不同的,并且在观察着他们如何与其他人接触、授课、手淫等。他们能够向我描述这个目光的质感以及重量,或者是把它联系于他们的父母之一。总之,所有我能够在当面的会谈当中期待的与目光有关的现象,同样也会在电话分析中发生。

米勒(Miller,1999)曾说“在分析会谈当中,(分析家和分析者)是在一起的,同步的,但是他们在那儿并不是为了看到彼此,如同躺椅的使用所表明的。他们相互的以血肉之躯的在场是必要的,如果不是因为别的原因,也是因为这呈现出了‘无-性关系’(sexual non-relation)。”他似乎认为“没有性关系这回事”(Lacan,2007,p. 134,1998a,p. 57,及其他)无法清晰地让分析者知晓,除非她面对这样一个悖论:面对分析者在场,但是不和他发生性关系。这让我觉得是让分析者面对这个基本的精神分析的真相的一种可能的方式,但当然不是唯一的方式。当然,我并不认为拉康明确地用分析的设置谈论了这个基本概念(见 Fink,1995,pp. 98 - 125,对此进行了更加详细的讨论)——这个概念随处可见。

① “授权”上躺椅不应该急于求成,但是它通常会导致一个很尴尬的情境,这是我经常在督导当中听到的。分析者未经邀请地在躺椅和扶手椅之间来回走动。躺椅的使用应该被延迟到获得了一个明确的诊断结果(除了精神病;见第十章),并且分析者已经形成了一个关于她自身的问题之后(见 Fink,1997,pp. 14,25 - 27,133 - 134)。这通常都会花上长达一年,每周几次分析的时间,而且无论在任何情况下,最好慎之又慎。

简而言之，在考虑到情景的限制和特殊因素的情况下，分析家必须总是最大程度地去利用他可以使用的东西。而在当面的工作当中，一个手势或者是张开了嘴巴有可能意味着分析者想要去说些什么，却欲言又止，而在电话分析当中，唯一可用的媒介就是声音，所以分析家必须注意到在哪些时刻分析者吸气了，似乎想要说些什么，又停了下来。有的时候我们会惊讶于一旦开始注意这类事情之后，会发现多少东西[①]。

电话分析有时是如此的方便，以至于它似乎显得过于便利了：分析者并不需要在每一次会谈之前和之后额外花半小时的交通时间，来到分析家的分析室[②]，所有她需要做的就是拿起电话，无论她在哪儿(可能在家、在办公室、
200 在车里、在宾馆，或任何一个地方)，然后去拨打那个正确的号码。对于某些人来说，电话分析要付出的努力或许太少。除去要来见分析家的额外努力，他们可能倾向于把分析当作是一个“释放压力”的途径，而不是一个做通常很困难的联想工作的地方。在这种情况当中，分析家可能期望对分析者而言，这个工作并不那么容易，但真正的问题并不在于此：如果分析费用已经定在一个适当高的水平上了，而分析家要求及时付费以便让分析者没有感到她在搭便车，可以说，这个问题并不会通过来回增加半小时的交通时间而得到解决(这是一种虚假的让某人感觉自己更投入其中的方式)，而只能通过找到一个让分析者真正地卷入到分析工作当中的方式来解决。换句话说，在任何一个分析中，分析者花了大量的时间在抱怨、谈论日常琐事，或者完全不知道要说什么时的情况下，所碰到问题是相同的。并不会因为增加一些障碍而使得分析者能够卷入到分析工作中，分析家必须找到一个方式启发分析者，去提出一个有关他自己的问题。

一些分析者发现电话分析所具有的阻碍已经很具挑战性了：我们可能惊讶于有多少分析者很难让电话线路一直保持畅通，在拨打电话的过程当中不

---

① 当然，分析家在电话会谈中，必须像在当面会谈当中一样地专注。他不能把分析者看不到他这个事情，当作是去阅读、做白日梦，或者做一些其他的把他注意力从和分析者的工作上转移开的活动的许可证。

② 除去交通的时间，电话分析同样也除掉了交通本身，因此相对于面谈就有一个明显的优势，就是对环境更有利。

会有任何的问题，电池有充足的电①，电话卡是激活的，并且手中有正确的电话号码。我们也会惊讶地发现有很多人没能在约好的时间打来电话。确实，所有在面谈当中会碰到的对于工作的阻抗，同样也会在电话分析中呈现出来：当阻抗升起的时候，任何可能出错的事情都会出错。

有些分析家似乎认为，分析者的阻抗和转移在更为受限的电话分析领域，没有办法被表达出来，但在我的经验当中，它们总是能够找到一个表达自身的方式。正如弗洛伊德所说的，我们不应该担心在一次会谈当中，没能够全面地探索到梦的每个方面，因为在一个梦当中未被探索的部分，都会在将来的梦中呈现自身，由于情境的限制（比如，一些视觉或嗅觉的符号）而没能用某种方式表述给分析家的东西，会以另外的、分析家可以察觉到的方式表达出来。

如果分析者不能做无意的对于分析家愤怒的举动，她会“意外地”丢掉电话或是把电话线从墙里扯出来（我并没有暗示任何类似的行动是意义明确的； 201
我们还是应该鼓励分析者去谈它可能具有的意思）。尽管她没有办法尝试用自己家的钥匙去开分析家工作室的门，以此来表达她感觉到在分析家这儿有多么地自在，她也可能会在某一天无意间把分析家的电话号码当作自己的号码给了某个潜在的约会对象。如果她的身体姿势没有办法告诉分析家，她感觉到她与他的关系，就如同跟自己母亲的关系那样亲密，她也会在给她的母亲打电话的时候，无意间拨出了分析家的电话号码，或者相反（这在我的实践当中发生了很多次）。如果分析者没有办法在她要付钱的时候，通过花了5分钟的时间去翻遍所有的口袋和钱包之后，才把手放在支票或者是现金上的方式，向分析家显示她并不情愿付款，她也会在邮寄的支票上写错邮编或门牌号码，或者忘记签支票，忘记给信封贴邮票，或者把信掉在了泥地或雪地里——所有你能想到的，我都碰到过。

真相总会显现。假设他接纳分析者所说的一切，并且鼓励她去讲难以启

---

① 我目前并不提倡使用无绳电话或者是手机，因为相比于传统的有线电话（“固话”），它们通常无法提供同样清晰的声音。

齿的东西，那么分析家就能自信，材料总是会以某一种方式呈现它自身的[①]。他只需要专注于所有他能够了解的一切，并总是能够去询问他认为他所听到的，但是也许是有意被分析者掩饰的东西。那么通过指出那些时刻——她的身体在向分析家讲述那些不为人知的事情，当她在以一种毫无情感的方式叙述一个梦时，她的手在颤抖，当讲述与父亲相关的某件事时，她感到头皮发麻，在谈到一次分手的时候，感到了腹部的剧痛，等等——分析者通常能够放心地与分析家合作。我们可以期待分析者告诉我们，种种发生在我们视觉领域之
202 外的事情，也就是说：在两次会谈之间的那些飞逝的想法、白日梦、幻想、梦、噩梦、爆发、号啕大哭、欢乐的时刻，等等，所以为什么不能是会谈当中的身体

---

① 如弗洛伊德(Freud，1905a/1953，p. 77)所说，“耳聪目明的人，可以确信没有什么能够一直是秘密。”也如同拉康所说(Lacan，2006，p. 386)，“压抑无法与被压抑之物的返回相区分，因为主体在通过他存在的每一个毛孔去呐喊他没有办法讲述的事情。”“真相会显示自身”也许是对的，至少在某种程度上，因为具有不同信服力的分析家，似乎都获得了哪怕一丁点儿成功，即便他们似乎忽略了最基本的对于梦的工作(如同拉康和弗洛伊德所定义的)，而回到了前精神分析的对于梦的解析方法。许多分析家也不使用他们的分析者所使用的任何一个特殊能指，并且甚至都不鼓励他们的分析者对自己的梦进行联想，而是依赖于分析家自己对于梦中所发现的“图像”所做的解释(就好像这些图像不是通过分析者的话语传达给分析家的)，就如同通常在荣格派分析家那边所发生的情况，或者依赖于梦中的故事(并不是每一个梦都讲述了一个清晰可辨的故事)与分析中所发生的事情，或者在会谈之外的、分析者的生活当中所发生的事情之间建立起来的联系(比如，见 Casement，1991，p. 95)。我们可能假设，只有这类分析家表达了他们自己对于倾听梦以及与他们工作的意愿或者是投入的话，分析者的无意识总会找到一种可以让分析家理解的语言去讲述。如果分析家没有能够发现梦中分叉为字母 Y 形状的楼梯是关于一个“Why? (为什么?)”的问题(Casement，1991，p. 37 提到了这个由比昂提供的例子，作为对于“虚拟幻梦”[reverie]概念的说明，而不是一个对于分析者话语当中的字母进行关注，倾听同音和它所包含的双重含义的例证)，那么无意识会试图寻找其他的方式，借此向分析家传达在梦中寻求表达自身的欲望。如同拉康(Lacan，2006，pp. 623 - 629)告诉我们的，梦不仅仅是欲望的表达，也是为了让欲望被收件人认出来。当一个分析者跟一个分析家工作了一段时间之后，这个分析者的无意识便会找到适合于收件人倾听的方式去表达。如果分析家只注意故事或者是相似性，那么无意识便会产生故事或相似性，如果分析家更倾向于注意图像，无意识便会产生图像。当我们去分析其他分析家的患者所做的梦时，我们应该注意这一点。我们可能倾向于用我们自己的观点解释这些梦，因此就忽视了这样一个事实：它们被梦到了，但是是因为那个特别的人才被梦到的！比如，有人可能会论证说，我的一个分析者梦到了他的盆骨有一处很痛(sore)，因为他的无意识知道我很可能以回文的方式把痛(sore)这个词阅读为爱欲(eros)，或者以颠倒字母顺序的方式阅读为玫瑰(rose)这个词；而另一个分析者梦到了武术(martial art)，而这个词是那时正在折磨着他的婚姻艺术(marital art)的颠倒字母顺序的形式。

反应呢？难道我们认为只有我们才是能够注意到它们的人吗？

电话会谈当然也包含着其他的一些挑战。有时电话毫无预警地断线了，而那些实践弹性时间会谈的分析家就必须向他的分析者讲明，他们并不会通过直接挂掉电话的方式结束会谈，而是会用某些语句来结束会谈，比如“好，那我们今天就谈到这里，明天三点见。”如果电话没有伴随分析结束的话语而中断的话，分析者应该被要求立刻拨回来。

有的时候分析会谈的切分会非常的突然，那么实践电话会谈的分析家就会注意到，这里可能会和当面会谈有一个区别：相比电话会谈，在当面会谈中，因为有出门时的握手，或者是下一次会谈开始时友好的迎接，分析者不太可能把一个突然的切断当做惩罚（有时这也会被体验做“迷你阉割”，如我在第四章当中提到的）。声音的语调所能做的只是可以缓和这种突然的结束。因此，面对某些分析者，分析家也许想要（通过加上比如“再会”或“再见”）避免这种突然的切分。

毫无疑问，电话分析并不适用于所有人。某些分析者可能需要，只能通过当面会谈来产生的与分析家的力比多连接，以便让他们投入到分析工作当中，而基于视觉转移的缺位，事实上会导致在这些情况当中没有产生任何转移（在某些个案当中，可以通过规律的、即便是少量的当面会谈来应对）。另外一些分析者可能会觉得分析家的身体在场令人感到安慰，他们感觉到不仅仅需要认真的倾听，而且也需要时不时看到感兴趣的表情；这类分析者通常在初期分析时无法自如地谈话，更倾向基于会谈时持续的视觉在场以及耐心的等待他们开口，而不是基于分析家认真的倾听来建立对分析家的信任。 203

在任何一种情况下，电话的使用作为对规律的当面会谈的一个补充，相比于在欧洲所通常实践的每月短期的高频率面谈（对于那些居住地很远的分析者），对我来说都更为可取。因为即使分析者在分析家居住的城市里所度过的周末中有四次或者更多的会谈，分析的节奏也被三到四周的中断打破了，而且很难想象有真正的分析工作被完成了，也就是说，当放假而暂停分析时，无意识倾向于“关闭”（Lacan，2006，pp. 838－839）①。确实，这就是为什么分析家试图跟他们

① 同样见于拉康的评论（Lacan，1991，p. 390，2006，pp. 333，359）。在这两处，他都特别提及了某些解释会削弱效果，大概在 1920 年左右。尤其可见 Lacan（1978，第十章）。

的分析者每周有尽可能多的会谈，而不是每周一次会谈（通常由心理治疗界所采取的频率），当大量的时间在两次会谈之间流逝时，很难跟上一次会谈时谈到的材料建立联系。并且以我的经验来看，相比每周一次会谈，每周三到五次的会谈能够让一个人做更多的工作，而每月一次会谈能做的工作则少得多①。

共 同 实 践

总是由梦的讲述自身——也就是言语材料——构成了解释的基础。

——拉康（Lacan，1976. p. 15）

事实上，每一个分析家都会在某些时刻跟他的分析者通过电话详细地交
204 谈，无论是因为紧急住院、惊恐发作、深度抑郁或者是某些无法预料的、不同寻常的原因。很多分析家对此都感到非常不自在，觉得这打破了已经建立起来的治疗框架，并且他们试图去避免电话会谈，而不是把它们作为分析工作继续的一个契机。我的希望是，关于分析情境中什么是"有助益的"——也就是说，在分析中起效的意义上——做进一步讨论，会帮助他们更自在地通过电话工作。在我看来，首先是与话语中所讲述的能指（在会谈中被讲出的词语）进行工作使得分析具有效果，这意味着电话提供了所有对于分析推进而言必要的东西。有些人可能认为把自己局限于声音的媒介，会导致人们认为跟能指工作是分析当中唯一有效的工作——换句话说，这是一个自我应验的预言。然

① 甚至有大量的分析者，每 2 到 6 个月才见一次他们的分析家，因为他们住在另一块大陆上，而不得不跨洋过海去见分析家。比如很多南美人，甚至某些北美人每几个月飞去巴黎一次，会在短暂的居住巴黎期间，每天进行多次会谈。这可能对于他们了解在某个学派中人们是如何受训的，是有帮助的——在精神分析当中，唯一真正去了解这点的方式就是跟这个学派的分析家做分析——但是这很难成为一个完整分析的范本。这似乎仅仅提供了一个简单的样本：跟某个特定的分析家的精神分析工作会是什么样的。因为如果不是每天都对无意识进行工作的话，自我就倾向于围绕着已经抵达的概念化以及位置去重组和再结晶，而再次打开无意识并把它放置着工作当中以便于再一次撼动自我的固着需要付出巨大的努力。弗洛伊德（Freud，1913/1918）通常除了周日之外，每天都见他的患者——也就是说，每周六次——他发现对分析者来说让无意识开始工作会更困难，即便仅在一天的假期过后！他把这个称为"周一硬壳"（p. 127）。

而,在我个人的经验当中,我开始实践精神分析时的工作假设是:“象征的维度是唯一一个可以用来治疗的维度”而且是在很后来才偶然发现电话可以作为工作媒介的。我对弗洛伊德和拉康的理解意味着他们都把精神分析的成功联系于通过言语建立的关系,通过言语推进的工作。

在过去的几年当中我了解到,大量在美国的分析家,都在实践部分或全部通过电话的会谈。比如说理查德以及古登堡(Richards & Goldberg,2000)做了一个调查,发现超过85%的美国心理学协会精神分析分会(第39分会)(Division of Psychoanalysis [Division 39] of the American Psychological Association)的会员都做过一些电话会谈,并且对它的效果感到满意①。然而,似乎没有多少分析家就此发表文章,洛杉矶的莎伦·扎鲁斯基(Zalusky,1998)是一个值得注意的例外。非常有趣的是,她提到在她最初用电话工作的时候,她“更能够听到分析者联想中的细微差别,并且也能够以一种不同的方式听到自己。”这极大地启发了我,鉴于她更加注重非言语信息、情感、反转移、“抱持的环境”,以及很多当代分析家所关心的其他事物②。我自己也做过很 205

① 同样见斯里克(Sleek,1997)早期的有关视频治疗的文章。

② 扎鲁斯基的文章提到了非常多的分析家对此的争论,一部分人同意电话会谈可以用作当面会谈的补充。那些不同意她的人反对的主要原因,是基于对分析设置中的“容器”和“抱持环境”(而我认为这远没有那么重要,尤其是在与神经症的工作当中),以及退行(见第四章),和阅读分析者的身体语言及身体状态的强调。非常有趣的是,她的反对者似乎认为后一种情况对于分析工作是如此的关键,以至于电话分析无法被认为是精神分析。对于这个议题的进一步讨论,见我对一个完全通过电话而推进的案例的讨论(Fink,2003)。

请注意温尼科特关于“抱持”的概念(Winnicott,1960/1965b),脱离了他所发展这一概念时的背景而被使用,这个背景就是母婴关系,这在精神分析的历史中很常见:

> 我参照的是最初的母婴关系的真实状态,那时,孩子还没有从母亲的照料中区分出一个自体,因而存在一个在精神意义上的绝对依赖。(p. 48)

分析家此后就把抱持的概念应用到与诊断谱系中所有分析者的工作当中,而温尼克特自己却只把这种工作方式限于跟精神病的工作之中。请注意,同样是对于“精神分裂以及其他精神病的治疗”而言,并不包括神经症,温尼科特认为“分析家的可靠性”要比解释本身更为重要——换句话说,“治疗联盟”要比分析家实际说了什么更为重要(p. 38)。

在此也存在另一种情况,在这个情况当中尤其适用于和精神病患者工作的概念及技术,被不加区别地使用,在许多临床工作者的导向中,对于神经症和精神病的工作方法几乎没有差别。它是当代治疗情境中,适用于所有状况的万金油。

多部分地或完全经由电话进行的分析工作，相比于我所做的当面会谈，在工作成果方面并没有多大差别。而在我这里做督导分析的很多分析家，无论是拉康派的还是非拉康派的，他们也通过电话进行分析。我的实践中，也有不少分析者之前跟那些非常强调“抱持环境”、反转移，以及身体语言的分析家进行当面的分析工作，以关系的断裂告终，而他们跟我进行的通过电话的分析工作（当然，这是由于我不同的工作方式，还是由于电话分析的缘故，抑或两者兼有，仍然是一个无法回答的问题）取得了更好的效果（这是根据分析者自己所作的评估）。许多分析家当然都可以去讲述很多成功的故事，有关于他们的分析者之前跟其他理论导向的分析家工作失败之后，前来求助于他。也许我的理论导向要比其他理论导向更适合电话分析。经过一段时间以后，再去观察其他的分析家是如何比较电话分析与当面的分析，会是一件很有趣的事情①。

① 一些分析家可能有过用邮件或者是即时信息进行的工作，但是能指和写下的话语并不相同：谈话是我们作为语言存在（beings of language）最初的并且可能是我们最基本的方式，而卷入到陈述当中的享乐是精神分析工作的一个最基本的方面。因此，即便我们会犯一些明显的打字错误，我的理解是邮件和即时信息对于精神分析而言仍是过度受限的媒介。

第九章

并非旨在使人正常化的分析

显而易见的是，分析的话语在任何情况下，都不是让那些不顺利的事情能够顺利发展，也不是遏制那些通常看来不好的事情……那个只有通过讲真话才能推进的话语恰恰是令人烦扰的……只要努力去讲真话就会打扰到所有人。

——拉康（Lacan，1973—1974，1974.02.12）

正常这个概念对我们而言是如此的举足轻重，以至于当我们被告知我们与之斗争的内心的恶魔、渴求和幻想是“正常”的时候，我们会感到如释重负。麦克威廉姆斯（McWilliams，2004，p. 212）报告了一段由她治疗的一位神经症女性的简短个案史，经过一段时间的分析之后，她谈到了“包含着各种各样的受虐征服的自慰幻想，对此她感到非常羞耻”。麦克威廉姆斯写到，她向她的分析者指出，“这种幻想是非常普遍的，也不必然联系于实际的受虐性行为”，因为这个分析者担心“她‘真的’是一个通常意义上的性受虐狂。”①

通过将分析者的幻想描述为“普遍的”（它是在许多治疗师使用的术语中，用

① 麦克·威廉姆斯在同一本书的其他地方也建议，我们在分析中所做的工作应该联系于患者的精神病理的严重程度：

> 对于那些属于神经症范畴的患者，我们可以持续地提出问题，并邀请他来探索；对于那些属于边缘型范畴的患者，我们会被卷入到一个二元斗争当中，它需要我们积极、保持设置、去解释原始的动力机制以及集中在此时此地的关系当中；对于那些属于精神病范畴的患者，我们需要具备教育性、正常化、并且对于患者的能力做出明确的支持。（pp. 143 - 144）

然而，她在文中作出正常化解释的患者，根据她的描述却很明显是属于神经症范畴的，这意味着一旦开始采用了正常化的解释，便会影响我们处理临床中所有患者的方式。

来指代“正常”的另一个词），分析家在此试图消除患者的担忧，缓和她的紧张。
207 这种尝试——在我们的时代是如此的普遍①——可以给某些患者带来片刻的缓解（另一些人听到他们的幻想被描述为“普遍”“正常”或“平常”时，可能会觉得很恼火，或者觉得需要表示感谢），但是我们必须要考虑到这类干预可能产生的其他短期和长期的效果。这类干预通常会让患者对她的自慰幻想的探索立刻止步——毕竟，如果它们很“普遍”，有什么必要去详细地阐述，进行联想以便理解它们意味着什么呢？如果绝大多数人都有这些幻想，分析者又有什么必要去破译它们对她而言意味着什么呢？尤其是破译的过程可能费时费力，又令人难堪。长期来看，分析家所做的这类评论会暗示分析者，像绝大多数其他人一样，分析家认为存在所谓的正常，并且如果一个人是正常的，他就没问题（甚至也许是我们都应该尽可能地保持正常）。这意味着分析家所持有的某种“规范的暴政”——这种暴政分析者可以在朋友、亲戚、咨询顾问、学校的心理咨询师等类似的人那里找到（人们很少为此而需要去见分析家）——并且，为了向分析家表明分析者的确是生病了，或者在某些方面不正常，分析者可能会继续问她生活中的这些或那些方面是否正常，直到她找到分析家可能并不能描述为正常的一些事情。

麦克威廉姆斯似乎觉得，她首先需要平复这个分析者的担忧，才能开始讨论她的自慰幻想（换句话说，她假设她干预的效果本来是可以开启讨论这些幻想的大门，而不是关闭它），但是依我的经验，在这种情况下，通常简单地询问分析者是否认为这种事可能不正常——只需要说“它们不是吗？”——而分析家无需自己提及正常这个概念。

当我的一位男性分析者，在为他要选择结婚的女人在很多方面都和他姐姐很
208 相似而感到忧虑时，我本可以告诉他，男人选择那些跟自己的母亲或者姐妹相像的

---

① 举另一个有关正常化的例子，伯塞斯库（Basescu，1990）写道：

> 一位女性（患者）说：“我过了一个糟糕的周末。其他人都很平静，我心里却七上八下，我隐藏了自己的摇摆不定。”我说：“难道我们不都是这样吗？”她：“你也是如此吗？”我：“这令你很惊讶吗？”她：“嗯，可能并不，毕竟你也是一个人。”我理解的是，她至少在那一刻也感受到了自己的人性。（p. 54）

在此，在自我揭露的掩饰之下，分析家暗示他自己是正常的且“人性的”，所以只要患者和自己一样，她也必然是正常和“人性的”。

女性是一件非常正常的事，而他也许听到我这样说时会感到暂时的放松，但这很有可能预先阻止了他去意识到他可能无法享受他跟妻子的关系，因为他感觉到这是乱伦的。当然，就统计学的数据而言，男性选择那些像他们的母亲、或姐妹的女性很普遍，但对此所作的评论并不会指出，他在多年以前和姐姐之间发生的乱伦关系的特别之处，以及这段关系对目前他和妻子之间关系所产生的影响①。

相比于人们倾向于认为的那样，弗洛伊德（Freud，1916—1917/1963）自己其实很少用正常化的概念，他也在好几处明确地指出，在他看来正常和神经症之间并不存在真正的区别：

> 如果你采取一个理论观点，并且忽视了量的问题，你很可能会说我们都是生病了——也就是，神经症——既然对于症状形成的前提条件（也就是压抑）同样也可以在正常人那里观察得到。（p. 358）②

拉康（Lacan，2006，p. 394）则更少使用正常和不正常的概念，且严厉批评了他在其他分析家的著作（见 p. 263，282，488，730）当中所发现的"对于正常化分析的痴迷"。在我看来，这些概念最好留给统计学家，只有在讨论正态分布、正常钟形曲线以及与均值的标准差时，这些概念才是被正确使用的。而这些统计应用总会让人们提出问题，"为什么成为平均数会那么好？（比如，成为正常的平均的智力水平），像绝大多数其他人那样？"

尽管弗洛伊德自己几乎不使用正常的概念，然而他却为一个正常以及非

---

① 有关更多的分析家判断分析者是否正常这一主题的讨论，见 Fink（1997，pp. 35－38）。

② 弗洛伊德（Freud，1916—1917/1963）在《精神分析引论》当中，对这一点做了详细的叙述：

> 我们无法否认正常人在他们的精神生活当中，同样拥有凭借其单独的力量就可以去制造梦和症状的东西，而我们必须作出结论：他们也会有压抑，而且他们把一部分能量用以维系自身，他们的无意识系统隐藏了被压抑的冲动，但这些冲动仍然是被贯注了能量的，而一部分力比多是从自我的支配当中被撤回的。因此一个健康的人，同样，也是一个真正的神经症患者。（pp. 456－457）

同样见拉康（Lacan，1976，p. 15）的评论："我并不认为我们可以说神经症是精神上有病的。绝大部分人都是神经症患者。"

正常的理论铺设了道路，用他特别的力比多阶段的概念——口腔、肛门以及生殖——他认为这经由一个特殊的顺序展开，并且会导向一个生殖阶段占主导的等级体系（他甚至提出后者形成了一个“组织完善的专制暴政”；Freud，
209 1916—1917/1963，p. 323）。[①] 然而对弗洛伊德来说，有一点是很清楚的，就是在很多的案例当中，尽管一个等级体系已经形成，但是这个等级体系并不是由生殖阶段来主导的；而随着时间的进展，也慢慢地变得清楚的一点是，在其他一些案例当中，甚至根本就没有形成等级体系。

可以从中得出的一个结论是，从口腔、到肛门再到生殖阶段的发展过程当中，没有什么是必然会发生的；我们无法把它当作是一个“自然的发展进程”，因为它在很大意义上取决于孩子与他的最初照料者之间的关系，而这些关系在发展道路上有很多导向其他方向（或“进展”）的拐点。可能只能在统计学意义上说存在“正常的”或“自然的”发展路径（如果我们考虑到，只有很少一部分人最隐秘的性幻想包含了性交，那么它甚至都并不是一个真正的统计意义上的“正常”或“自然”。）

然而，许多分析家打算从这个方面超越弗洛伊德：他们想要绘制出儿童发展进程的图示，以便展示自然的、正常的或者是必然会经历的发展进程是什么样的，除非这个发展过程受到了阻碍。对他们来说，去描述人们通常是以这样或那样的方式发展的，或者在20世纪的西方文化中，人们倾向于跟随着这样的时间线去发展，这种描述本身并不足够；他们想要去找到一个清晰的发展目标，一个最好的发展最终状态，这通常被描述为“情绪成熟”（比如，见Spotnitz，1999，p. 23），假设孩子的照料者不会阻碍他的发展进程的话，孩子的本性会推动他朝向“情绪成熟”发展。

人们可能会问：“为什么他们想要这样？”。这种稳固建立的发展模型会给这些分析家提供一个他们试图去塑造的人格类型的明确形象，并且他们可以据此调整所有干预的方式，以使得分析者朝那个方向前进（而不是像弗洛伊德所建议的那样，去找出被压抑之物）。这些模型可能在相当长的分析过程当中，为他们提供了一个地图，让他们开始把分析看作是一个修复的过程，在这

① 在许多当今的心理学教材当中，这个三段式的发展模型（以及它我、自我和超我的精神三部分）已经变成了弗洛伊德著作当中唯一被详细讨论的部分。

个过程当中，他们把分析者带回到正常的“成熟化过程”（Winnicott，1977，p. 2）中所发生的每一个发展混乱的阶段，并且让他们重新经历每一个曾经扭曲的“成熟化阶段”（p. 3）。以这种方式思考，分析家就只要移除分析者自然发展过程中的障碍，她就可以把自己行为的责任转移到这个理论模型本身了。换句话说，这减轻了分析家的负担，因为它告诉了分析家她应该去做什么，鉴 210
于她评估了这个分析者在哪一个发展阶段受到了阻碍。

普世通用的精神分析理论概念极具诱惑力，它有赖于一个整体的、跨历史的，或者是跨文化的关于人性的概念（比如 Bowlby，1982，p. 123 明确地指出：他的著作“对于人性的理解是最基本的”）。但是对于人性的看法在过去的几千年以来，至少可以说是众说纷纭的（最近几代分析家的观点也是如此，我们马上会看到这一点）。事实上每一个致力询问“一个人应该做什么?”或者“要怎么做?”的哲学流派，都试图去构造一个关于人性的普遍通用的概念，从这里可以产生权利、义务和责任。这好像哲学家所说的，“告诉我人性是什么，我就会告诉你他或她应该去做什么。”比如，如果人类只是唯一可以推理的动物的话，那么他们就应该去推理，并且以一种尽可能理性的方式去行动；如果他们是唯一的、对他们而言存在本身就是一个问题的动物的话，那么他们就应该重视存在，以及向死而生的问题；等等。起规范作用的模型从关于人性是什么的普遍化宣称中，像野草一样疯狂生长[①]。

科胡特（Kohut，1984，p. 187），赞许地引用了金恩（King，1945）在关于“正常”生物学当中的定义：“它的运作方式符合其被设计使用的意图。”就好像科胡特认为这可以同等地应用于精神世界，就好像他非常清楚人类的存在是被设计来做什么的！而另一方面，约瑟夫（Joseph，1982）概述了一些由分析家所做的主要尝试，他们尝试把正常定义为一个精神健康的理想状态，而约瑟夫的调查显示了在琼斯、克莱因、哈特曼、库比（Lawrence S. Kubie）、马尼-基尔（Roger Money-Kyrle）以及其他人对正常所下的不同定义之间，几乎没有重叠

① 怀疑论者总是可以任意地反驳这种哲学宣称，“为什么我要理智，或者是要看重向死而生，仅仅是因为地球上其他的生物不能这样做? 而因为它们的这种无能，我就必须要这样做吗?”对于类似的有关人类发展正常途径的各种宣称，持怀疑论的分析者总是可以回应“为什么要正常?”或者“为什么要遵循一个人的本性?”

的部分，并且由他们所提出的参考标准也是不可能被证实的①。我认为如果我们把最近一个世纪当中，通过精神分析的思考所提出的，有关人类发展的不同理论做比较，我们会发现它们之间几乎没有重叠的部分，这会让我们认为，未来也不会产生被普遍接受的关于人性的概念。

211 一种关于人类本性的普世理论？

> 分析家会（错误地）尝试去正常化主体的行为，以便使之符合一种标准，而这个标准与分析家自己的自我是相一致的。因此，这总是涉及根据另一个自我，或者（很有可能）是根据另一个超我去塑造某个自我。
>
> ——拉康（Lacan，1988a，p. 285）

尽管我无法在此提供一个不同精神分析理论间的详尽比较，我也想要指出，这些理论当中的一些最基本的概念，也很难保持一致。（暂且不去谈同一个理论内部的问题，同一术语常常被赋予非常多不同的意义。）想一下统一如下理论中的同一术语是一件多么困难的事情：

· 对弗洛伊德（Freud，1923b/1961，p. 29）而言，自我在出生的时候并不存在，而是随着时间的进程，通过一系列的对于父母双亲的认同而逐渐被发展起来的，它是被放弃的对象投注的沉积物。

· 对克莱因而言，一个初步的自我在出生的时候就已经存在了，并且从一开始就遭受着"迫害性焦虑"的折磨（这是所谓的偏执-分裂位的特征，偏执-分裂位特指生命的零到三个月；Klein，1955，p. 309），它会使得孩子把同一个对象——比如乳房——劈裂成两个不同的对象（好乳房和坏乳房），孩子爱好乳房，施虐攻击（最早通过口腔，然后是尿道、肌肉、肛门）坏乳房，内摄好对象，投射坏对象。在克莱因看来，如果一切都发展顺利的话，那么在3到6个月之间孩子会遭受到"抑郁性焦虑"（所谓的抑郁位置的特征）。到6个月的时候，

---

① 然而，约瑟夫（Joseph，1982）试图挽回这个概念，把它当作一个随着时间展开的"过程"，这是一种很著名的"不充实的说明"（hand waving）。

孩子的自我会相对变得比较稳固(Segal，1964)。

• 根据 Lacan(2006，pp. 93－100)，自我是在 6 到 18 个月所经历的镜子阶段时期开始形成的。

• 对于从某一种人类学角度的研究出发的分析家(基于动物行为和发展的研究，比如像 Bowlby，1982)，似乎没有什么理由去假设对象的分裂，婴儿可能在某个时刻对他们的母亲感到满意(或者尤其是对她们的乳房感到满意)，而在下一个时刻却对她感到很愤怒，我们并不需要去假设婴儿形成了对于母亲的两个完全分离的印象。(而假设他把自己的坏或愤怒投射到坏乳房上去，或者把他自己的好和爱投射到其他的对象上去，以便于保存它，防止自己内部的恶来伤害它，这种假设就更没有必要了。在自己和他者之间的界限还没有被建立起来的这个生命的时刻，去谈论内摄和投射，难道这有任何意义吗?)

• 马勒(Mahler，1972)关于“分离”和“个体化”的概念以及它们分别发生 212
的年龄，与拉康关于异化和分离的逻辑时间(与历时的时刻相反)的概念没有任何相似之处。后者——像弗洛伊德关于原初压抑的概念一样——与温尼科特有关退行到早期发展阶段的可能性的信念完全相反，在概念上并不兼容，而且，对于在精神病的治疗当中①，类似退行的必要性的看法也是如此。

---

① 除非受到了阻碍，否则会按照预先决定好的过程自然发展的这种“发展过程”(Winnicott，1977，p. 2)的概念，在我看来是当代精神分析理论当中论证得最不完善的概念之一。另一个论证得更不完善的概念是，成年分析者事实上可以退行到发展过程当中的任何一个点，“修复某些东西”，然后继续前行。这样的一个概念意味着已经达到了成年阶段的并且已经成为精神病患者的一个人，在理论上可以退回到任何一个错失的发展阶段当中，然后在分析的结尾转变为神经症(或者“事实上正常的”，分裂成无意识和意识的主体)，而我们几乎找不到证据来证明这一点。例如温尼科特(Winnicott，1960/1965a，pp. 145，149)认为只要存在一个真自体的内核，那么患者的假自体就可以在分析当中被修通，而一个明显的精神病患者也会转变成为一个神经症患者。如果存在真自体，那么据温尼科特的理论描述，它就能够被揭示并提出来。请注意真自体的存在几乎不需要太多东西，在他看来，“只要有任何个体的精神组织存在，真自体就出现了，真自体也就比感觉 运动活力的总和多那么 点儿”(p. 149)。在他看来，与精神病患者的精神分析工作包括，取得患者的信任，以至于他可以和分析家一起一路退行到最早期对于母亲的依赖阶段，并且分析家可以去纠正患者在作为儿童的时候，所碰到的母亲抚养方面的问题。这种情况的发生似乎没有年龄的界限，原则上，一个 80 岁的人可以一路退行到婴幼儿期，并且从那儿开始重构他的生活，变成一个神经症，而不是精神病。斯伯特尼兹(Spotnitz)持有相同的观点。在拉康看来，如果原初压抑在早年阶段没有发生，那么它就永远都不会发生，并且和成年精神病主体的分析工作目标，完全不同于和成年神经症主体的工作目标(参见第十章)。

我希望我在此至少有理有据地指出了，在过去一个世纪的精神分析理论发展当中，并不存在被广泛接受的、稳固建立的关于正常人类发展的模型，不同分析学派（在此我只引用了其中的几个）之间的差异非常巨大。而分析家们则似乎并没有放弃去寻找某个发展理论的希望，并且这个理论在任何时间和空间中都被证明是有效的，他们转而求助于“硬科学”去寻找启发和支持，比如，借助神经科学去理解母婴依恋当中的神经元回路。显而易见，希望在于神经科学可以提供一个客观的、不容置疑的、在生命不同阶段的“最优神经功能”的定义，以便让我们可以去假设，孩子和他的母亲应该在孩子生命的某个阶段去做这样或那样的事情，以便获得这种神经功能。而我们仍旧可以提出这样的问题“最优神经功能要用来做什么？”这个问题的提出表明了，问题只是被简
213 单地推到了另一个地方，而不同的分析学派将会继续对“最优神经功能应该用来做什么”，持有不同的看法。

对谁来说正常？

所谓的神经症的症状，只是某个允许（神经症主体）生活下去的东西。
——拉康（Lacan，1976，p. 15）

人们可能会认为，由不同的精神分析家所提出的大量不同的发展理论，足以让我们质疑，是否能够找到有关类似人类发展这种复杂问题的一个令人满意的解释，以及单一的通往正常发展路径的令人满意的解释。至少可以说，对于强迫症患者而言正常（统计学意义上）的东西，对于癔症者来说几乎不可能是正常的（统计学意义上）。处在不同诊断类别中的人，以完全不同的方式行事：人类发展以及生活的逻辑会根据不同的诊断结构呈现出显著的差别（对于不同逻辑的评论，见第七章，注释17）。

考虑到西方男人（统计学的大多数是强迫症）所作的非常普遍的评论，即，他们并不理解女人（统计学的大多数是癔症）。女人并不像男人那样，后者倾向于把性伴侣缩减为不同的身体部位；女性通常需要感觉到伴侣定期表达对她们的欲望，然而男人们却对伴侣所表达的对他们的欲望感到害怕或不知所

措，等等。男人们通常会感到女人拥有不合理的想法，而他们也试图去说服许多女人她们的想法是不合理的（以至于女人们经常会为拥有这种想法而觉得自己疯狂）；确实，也许男人所做的最普遍的宣称就是，女人是没有逻辑的（请不要忘记20世纪大多数精神分析家都是男性，这意味着精神分析理论通常有一种强迫的倾向，关于这一点，见Lacan，2006，p. 609）。但是，男人也应该意识到，女人欲望的逻辑，跟他们自己欲望的逻辑是非常不同的。两者都有逻辑，但是它们在根本上是不同的逻辑。

男人们通常表达说，他们想要女人和他们以同样的方式思考（就如同雷克斯·哈里森[Rex Harrison]在电影《窈窕淑女》[*My Fair Lady*]中的一句非常著名的话，"为什么女人不能更像男人呢?"）换句话说，去掉她们与男人的差别，以便她们跟男人一样。而大多数（尽管不是全部）神经症的分析家，通常也希望他们可以把精神病患者变成神经症，以他们自身的形象改造精神病患者，让精神病患者更像他们自己。这两种计划都包含着一种企图：完全去掉其他 214
人的相异性，把其他人所表现出来的跟自身的任何差异都缩减为零。这与弗洛伊德所提出的警告（Freud，1919/1955，p. 164）完全相悖，他提出：不要把我们自己的观念强加于（一个为了寻求帮助而把自己交到我们手中的患者）带着造物主的骄傲以我们自身的形象去塑造患者，并且把这看作是一件好事。"毫无疑问，弗洛伊德发现他自己有时会屈从于这种正常化的尝试，也恰恰是因为这个原因，他警告我们不要这样做①。

在我看来，关键并不在于通过增加一些新的分类范畴——比如说"女性的规范""男性的规范"，等等——去使我们精细化正常路径，而在于抛弃通常意

---

① 可以说拉·罗什福科（La Rochefoucauld）所谈论的爱是，有些人从来都不会为能成为正常的（状态）而担心，但会担忧听到（别人）讨论什么是正常的（状态）。拉康（Lacan，1988a，p. 16）谈论自我时说，正常可以说成是当代的"人类精神疾病"。

男人欲望的逻辑通常都包含着隐藏和合理化欲望——也就是，当一个人事实上在做他自己想要做的事情时，却表现得好像是出于纯粹无私、"理性"的动机而行动的——而女性欲望的逻辑通常都包括把欲望当作核心。法语中的正常（normal）一词更清楚地显示了，所谓的"正常"在何种程度上，是男性中心的，因为这个词语的发音是"nor-mâle" mâle是男性的意思，意味着这个标准（norm）是一个男性的标准（norm mâle）；这个词也包含着mal，它意味着邪恶或者是痛苦。

义上的正常化概念，因为它不仅是无用的，对于我们的临床工作而言甚至是有害的。确实它让我们无法看到这个事实，即每个人的神经症（或主要症状）都让他看起来在以不同于其他人的、“不太正常”的方式生活，但这对他自己而言却是完全“正常的”。比如我的一个分析者，尽可能不去碰触球形门把手，不跟任何一个人握手，也不让任何一个人触摸他的书。尽管这个在很多人看起来非常奇怪、不合理，甚至有点疯狂（也许除了在流感季），而这对他来说却是完全“正常”和“合理的”，鉴于这些事情对他而言，都联系着被感染的感觉。他来做分析，并不是因为他认为这些事情不正常，而是，至少部分是因为越来越多的事情都在近些年来都联系于被感染的感觉，并且他在所处世界当中的活动能力受到了使他痛苦的限制。

对于这样的一个分析者而言，变得“正常”意味着什么呢？他不再对被感染感到担心了？他只是在大多数人担心的情况中才会担心自己被感染？或者只是在某些“真实”危险存在的情况当中？如果是后者，那么这个“真实的”危险是由谁来定义的呢？是那些认为某些疾病可以通过手掌上张开的毛孔传播的科学家，还是那些并不认为它会以这样的方式传播的科学家？通常在很长
215 的一段时间当中，传播途径都不为人知，而许多科学家的预测也都是错误的。所提及的“简单常识”可能等同于“大多数其他人”——“大多数分析家”——所认为的，但它不同于可识别的标准。当涉及感染恐惧时①，人们可以根据这些可识别的标准去决定什么是合理的，什么是不合理的。

我认为，分析家应该用他们的眼睛和耳朵去追寻被压抑之物的踪迹，而不是去关注类似“正常”这种捉摸不定的概念。这可能会让她在当前的状况中，尝试去定位这种恐惧的首次出现，就像我在问这个分析者时所揭示的，它联系于他年轻时，与一位和麻风患者一起工作的人的接触。这让他回忆起了在孩童时期所听到的警告，警告他不要接触那些住在离他家不远处的麻风患者。他也同样回忆起了对于母亲的愤怒，因为她把有可能是麻风患者的人邀请到

① 我曾经参加过一个临床演示，其中分析家在演示个案时，如此之多地谈到了，他自己对于从他的一个患者那儿感染艾滋病的恐惧。以至于离开时我甚至感觉，相比于临床演示的患者的神经症，我更了解这位分析家的神经症。

了家里，而这让他的健康受到了威胁；以及对父亲死亡的极度痛苦，在他还小的时候，父亲死于一种传染病。在父亲死后，他因自己和母亲之间没有限制的关系，而对父亲感到非常内疚，他觉得自己活该被感染，并且像他的父亲那样死去——确实，他的母亲有时就是这么对他说的。他的弟弟同样死于一种传染性很强的疾病，他对弟弟也感到内疚；家里人有时会评论说弟弟要比哥哥更强壮、更聪明，而哥哥有时也希望弟弟可以消失不见。似乎，他对于被感染的恐惧掩盖了他想要感染他人的愿望，就像他的父亲和弟弟曾经被感染的那样。

一旦相关的因素被阐明之后，他的恐惧便减弱了，以至于他几乎不再抱怨它们了①。将他早期的恐惧贴上“不正常”或“不健康”的标签，把他后来的恐惧消退贴上“正常”或“健康”的标签，这样做有什么收益吗？将他早期的恐惧贴上“非理性的”标签，把后来恐惧的消退看作是“理性的”，这有什么意义吗？贴健康的标签，这样做有任何收益吗？对于*理性*和*正常*这类术语的使用是最大的陷阱之一——或者是最大的合理化之一——用当代流行的心理治疗的术 216
语来说。如同麦卡尔平（Macalpine，1950，p. 196）所说，“引入理性和非理性的这一对立是非常令人遗憾的，因为曾经恰恰是精神分析证明可以追溯‘理性’行为的‘非理性’根源。”

在目前这个历史时刻，我们对于人与人之间的性别、种族、宗教、文化、经济和教育背景的差异变得高度接纳，也高度接纳人们体验世界和理解自身的方式，而这受到了他们的出身、语言、社会地位的影响，这些反过来也会决定他们对于现实的看法（这一理解导致了一个认识论的观点，即我们所谓的观点主义或视界论，这个理论认为不存在没有背景或者是没有视角的知识体系），而与此同时，标准和正常化却在心理学和精神分析当中变得如此重要②，这不会

① 请注意在这个案例当中，在分析者还很年轻的时候，症状就已经出现了，尽管它的源头可以追溯到童年早期。在这个方面，它说明了弗洛伊德的“延迟作用”（defferred action）的概念（同样也被称为“事后的”[ex post facto action]或“回溯性的”[retroaction]）。在一些关键性的事件发生20年之后（当时没有导致任何类似的症状），当他碰到了某个与麻风患者工作的人，这导致他形成了对于被感染的恐惧，而这个恐惧此后持续了数十年之久。关于这个主题，见 Freud（1985/1966，pp. 353－356）。

② 在被称为“大熔炉”的美国，正常化的倾向是如此的强大，并不令人感到惊奇，变得与其他人一样的压力在学校就开始了（“同辈压力”），而它也在心理治疗当中继续。

是一个巧合。在面对传统的知识理论的攻击时，通过拒绝弗洛伊德理论中本来会有帮助的诸多方面，临床工作者们似乎更加固守于正常这个概念，以便对抗相对主义，相对主义似乎是在近来的对于文化、种族、知识等领域的研究发展中所产生的。严格坚守各种标准和一个技术的视角：全部人类存在应该如何发展，以便去达到某个特定的标准或者是状态，这在我看来并不会帮助实践者们的工作，而只会进一步强化标准的暴政。对于迷茫的实践者来说，更加有用的指导是聚焦于每一个个案当中的，压抑的起源、作用方式和结果。

“不恰当的情感”

> (神经症的)情感总是不恰当的，至少在质的层面上，尽管由于移置的原因，它们的强度会增加……精神分析可以，通过正视这些情感的合理性，并且找到与之对应的观念，而把它们放在正确的路径之上，但是与情感相对应的观念却被压抑，且被另一个观念所替代了。
>
> ——弗洛伊德(Freud,1900/1958,p. 461)

正常化的方法在美国的临床当中被普遍使用，出现在诸多更为流行的术语中；我会首先提及*恰当*(appropriate)和*不恰当*(inappropriate)。是什么使得
217 某个人的情感状态是“恰当的”或“不恰当的”呢？而一个人的情感会被认为是对什么而言是恰当的呢？

“恰当的”也许并不意味着在柏拉图意义上的一种普遍的、不变的情感的性质或特征；我认为大多数使用这个术语的实践者都不会声称，表现出某一种特定的情感在任何一个情景之下都是不恰当的，或者在地球上的任何一个角落，任何文化或者是历史时期当中都是不恰当的。而他们似乎倾向于声称，在地球上的特定的历史时空当中，某些情感在某种情境下总是不恰当的——在门诊或者是住院部，或者是在分析家的个人工作室中。如果在一次会谈当中，分析者在话语层面上变得具有攻击性，许多实践者会很快认为他们有不恰当的行为表现。但是难道它不只是一种常见的转移反应吗？它可能代表了分析者和他父母的沟通方式，或者是分析者对于他的分析家所采取的某一种治疗

方式的负向转移。在治疗设置当中所发生的事情，怎么会被认为是不恰当的呢？如果分析者故意撞翻了分析家的台灯，这难道不是在表达着什么吗？事实上，这难道不是在表达，治疗师不允许分析者以别的方式去表达的东西吗？或者他没有能够使得分析者以别的方式去表达的东西吗？

分析者的行为可以被理解成为一种“行动搬演”，在精神分析的意义上，它并不构成“分析者的错误”。如同在我在第七章当中所指出的，“行动搬演”与分析者觉得不能开口或难以启齿的事情相关，或者与分析家无法使得分析者去讲、或通过话语去捕捉的事情相关（尽管这个术语经常用来指代发生在分析室之外的行动）。分析者的行动可以被理解成为阻抗，而这最终又是分析家的阻抗，是他对于去做或者去说些什么，以便让分析者去谈论那些重要的事情的阻抗。我可以说，*在治疗当中不存在“不恰当的情感”——而只存在不恰当的治疗方式*（“不恰当的”治疗方式是指对于分析者而言没有帮助的方式）。

这并不是否认存在一些人，尽管使用了合适的技术，但是他们并没有准备好或者并不愿意投入到一个真正的治疗工作中去。但是对于那些准备好了、也愿意，并且事实上也在尝试去这样做的人而言，没有所谓的不恰当的情感一说——所涉及的，*就只是情感*。尽管患者的引诱行为似乎是与咨询室的“专业设置”不相称的，但它明显反映了患者那里正在发生的一些事情——无论她是否把所有的关系都当成是潜在的性关系，还是她与所有占据权威位置的男性交往时都是通过性的诱惑，又或者是她有时会把情感聚焦于分析家个人，以此作为 218
一种将她的注意力从回忆与修通这个艰难的工作当中转移开的一种方式。首先，这类行为可能在分析设置当中是难以处理的，但是通常它都会导致一些非常富有成果的治疗工作；确实，还有什么比这更适合患者在分析情景中表达呢？

考虑到在弗洛伊德（Freud，1909/1955）的描述中，那些无疑会被许多当代治疗师描述为“不恰当的情感”的东西：对于他自己在父亲死去的时候睡了一个小时，鼠人有强烈的自我谴责，而在他睡觉期间，他的父亲确实去世了（这证明了医生告诉鼠人的话是错误的，他说他的父亲在接下来的 1 到 2 天内是没有危险的）。弗洛伊德写道：

当情感和它的观念内容之间存在一个错误的连接时（在这个例子当

> 中,强烈的自我谴责和与之对应的原因)。外行可能会说,这个情感对于这个原因而言太过严重了——也就是说情感过分夸张了——而且相应的,这个对于自我谴责的推论(推论是患者是个罪犯)就是假的。相反,分析家却说"不,这个情感是合理的"。这个罪咎感本身并没有受到进一步的批评。但是它属于另外的内容,这个内容是不为我们所知的(无意识),并且要求我们去寻找它。这个已知的观念内容,只是由于一个错误的连接,而占据了目前的位置。我们并不习惯于不包含观念内容的强烈的情感,因此如果这个内容丢失了的话,我们就会抓住一个替代物,这个替代物在某个方面看来是恰当的,就像我们的警察,当他们无法抓到正确的杀人犯时,逮捕了一个错误的作为替代。(pp. 175 - 176)

在弗洛伊德看来,鼠人的情感并不是"不恰当的",而是被移置的:这个情感(自我谴责、自我罪责以及感觉到自己是一个罪犯)是联系于鼠人长期以来的一个愿望的,即,如果他的父亲死掉就好了(只要他的道德感在谴责它,相对于这个愿望,这一情感确实会被描述为"恰当的"),而不是联系于他错过了父亲的最终时刻的事实。后者只是一个"错误的连接",确实,*无论什么时候分析家想要把某个人的情感描述为"不恰当"时,她都应该考虑到移置或者是投射*[①]。

219 临床工作者们用*恰当的*或者*不恰当的*这样的术语去描述行为和情感[②]——他们使用的贫乏或者是不充分的情感调节这类术语也是一样的,而这类术语所包含的不好的语调是不容忽视的——似乎意味着如下的事情之一:

· 要么这些实践者完全赞同某个发展的模型,他们相信这个模型可以让他们合法地宣称,所有成熟的人在某个特定的情境中,都应该展现出某种特定的情感(或者是某种特定的情感序列)。

· 要么这些实践者只是把他们自己放在了为常规的道德和标准去服务

---

① 弗洛伊德(1894/1966)在几年之前谈到了很多类似的事:

> 对于有经验的医生来说,相反,情感(患者说,她对自己有这样的情感而感到惊讶)似乎是合理的,并且是可以理解的,他发现值得注意的是这个情感联系于并不与之相称的观念。换句话说,强迫症的情感,是被错放的或者是被移位的。(p. 54)

② 见,比如,麦克·威廉姆斯(2004,pp. 221,230,237)。

的行列中，让自己投入到规范患者的行为的工作中，以便让他的行为可以良好地适应现代的工作环境，以及流行的道德观念；因为那些在治疗当中展现出"不恰当的情感"的患者，被认为也很有可能在家里、工作场合或者是在社会当中展现出"不恰当的行为"。

如果是后一种情况的话，心理学（也包括精神分析）表明了，在其对于这种术语前所未有的大量使用的情况之下，它完全投入到了使得个体符合于某种广泛的社会、文化、性别、政治以及经济的标准的任务当中，这相当于一种隐藏的（而且并不总是被很好地隐藏）行使权力的方法。就如同拉康（Lacan，2006，p. 859）以他通常毫不留情的方式所说的："心理学通过提供专家政治的服务，找到了其续命的方式。"如同其他的"人文科学"一样（比如，社会学和人类学），心理学投入到了商品服务的行列，变成了"商品服务的一个分支"（Lacan，1992，p. 324），在社会服务部门当中工作，其中商品就是王道。

在这样做的过程当中，许多心理治疗的实践者——当然不是全部，有非常多的例外——都去采取了锁定、保存和封存美国主流社会的道德和文化价值。拉康批评了这样的一个事实：那些在第二次世界大战之前或之中去到美国的分析家，通常让精神分析的实践去符合美国文化当中所看重的那些理念（Lacan，2006，pp. 402－403）。确实，拉康甚至批评了安娜·弗洛伊德（她并没有移民去美国），批评她在提到一例她取得成功的治疗案例时，把患者"获得了更高的收入"作为了案例成功的标准（p. 604）。精神分析家开始向患者承诺社会和经济的成功，而他们以这样的方式应用实践，试图在分析当中抱着这类目标。

换句话说，实践者们似乎把帮助患者在商品社会当中（在我们当今的全球 220
资本主义的形式中）拥有更好的表现，作为了目标。他们感觉必须要帮助患者去克服一些障碍，这些障碍阻碍了他在工作当中集中注意力，阻碍了他与领导、下属和同事的相处，也因此阻碍了他为自己争取分到更大的一杯羹。只有在这样的背景中，我们把"患者"称为"客户"才是有意义的。因为在此，这些实践者把患者的目标当作了（而他在治疗之初明确制定的目标往往包括恢复他以前在社会中的"运作"的能力，或者比以前"表现"更好）自己的目标，而且在患者所寻求的目标和分析家为他所定位的目标之间是没有缝隙的（Renik，2001，把这个立场推到了极致）。

尽管弗洛伊德(Freud,1912b/1958,p. 119)说,精神分析治疗努力让分析者拥有“工作和享受的能力,”①我不认为人们可以声称,他提到的工作是指帮助患者在财务上取得领先。弗洛伊德的技术似乎主要致力于揭示欲望——发现一直不被看见和意识到的患者的愿望。似乎他想到的“工作”通常是指“升华”的工作——创造性的、往往是艺术性的工作,而在西方文化中,这种作品很少得到很好的报酬(至少在艺术家去世之前,在许多情况下都是如此)。

说患者表现出了“恰当的情感”,在当代的治疗世界当中,往往等于说患者表现出了,某种分析家自己也会在相同的情景当中表现出来的情感,就好像分析家是万物的标尺②,或者至少她觉得能够去帮助患者在这个世界上(分析家所理解的世界)继续生活所需的情感的种类和强度。说一个患者表现出了“不恰当的情感”,就等于说,如果分析家处在相同的情境当中的话,他甚至都无法
221 想象自己可以表现出这种情感/或这种强度的情感,或者她认为这与完成一个她所赞同的主要目标是相反的。

“高功能”和“低功能”

> 弗洛伊德曾说过,无意识是非理性的,但这仅仅意味着它的理性有待被建构,如果矛盾原则并不像我们以为的,以类似在经典逻辑当中运作的方式那样,在无意识当中起作用的话,我们就必须建构另一个逻辑,因为经典的逻辑已经过时了。
>
> ——拉康(Lacan,1973—1974,1973.11.20)

---

① 更广为人知的一个说法是,“爱和工作”,艾瑞克·埃里克森认为这句话出自弗洛伊德。

② 弗洛伊德(Freud,1919/1955)警告分析家们,不要以这样的方式看待他们自己:

> 我们不可避免地会接待那些在日常生活当中,如此的无助和无能的患者,以至于对他们来说,我们需要把分析和教育的影响结合在一起;甚至对大部分人而言,医生需要时不时地占据老师或导师的位置。但这必须非常谨慎,而且患者应该被教育去释放和满足他自己的本性,而不是模仿医生本人。(p. 165)

拉康(Lacan,1988a,p. 18)讽刺了某些与他同时代的分析家,他们似乎认为“分析家的自我是现实的标尺”。

*恰当的*和*不恰当的*，当然不仅仅是意味着正常化倾向的当代心理治疗的术语。更为流行的一个对患者的区分是“高功能的”和“低功能的”（或者非高功能的），很明显，它包含着实践者对于患者在社会中的生活能力所做的评价，目前包括了政治、经济和社会方面——以一种实践者认为合适的或“恰当的”方式去行事。这样的区分同样也包含着一个假设，即患者应该能够在社会当中顺利地生活，无论这个社会是赞成自由放任的资本主义还是集权制度，无论它是一个福利国家还是一个警察国家。在一个系统性地迫害一部分人民的国家社会当中有很好的社会功能，这意味着什么呢？是指足够幸运以至于属于迫害者中的一员，而不是被迫害者的一员？并且当迫害他人的命令下达时，去遵守它们吗？在一个胜者都是那些最适合不公正竞争的人的社会当中，成为高社会功能的意味着什么呢？踩在别人背上，并且在自己的游戏当中打败所有人吗？尽管在读者看来，这些可能都是一些极端的例子，但是可以说它们都刻画了美国社会的某些方面，并且我认为大部分临床工作者，尽管他们的政治倾向不同，都会同意社会在大大小小的层面上充满了不公正。也许在一个不公正的社会当中，或者社会的不公正倾向于针对像他自己这样的人，那么他的社会功能差是非常合理的。（就如同帕斯卡尔［Pascal］在他的《思想录》［*Pensées*］当中所说的，在某些情境当中，“人们非常有可能变得疯狂，以至于不疯狂也变成了一种扭曲的疯狂。”）当临床工作者使用类似*高功能的*和*低功能的*术语时，关于个人和社会之间的关系的，所有伦理和政治的观点，似乎都被置之度外了。

然而，这个区分变得如此流行，就如同我在前言当中所提到的，我们可以说，这是一个由今天的美国临床工作者们所做的主要的诊断区分，它优先于几 222
乎所有其他形式的诊断——无论是基于DSM的或者是精神分析的，这在我看来是非常令人遗憾的事情。

“现实检验”

幻想给了现实以框架。

——拉康（Lacan，1969a，p. 96）

> 在分析实践中，把主体放在与现实的关系当中（就好像人们认为现实构成了我们），而不是放在与能指的关系当中，这等同于跌入了由心理学所构成主体的陷阱。
>
> ——拉康（Lacan，1978，p. 142）

在当代临床工作者的兵器库当中，另一个高度规范化的术语就是现实检验（reality-testing）。然而，几乎所有的社会科学都在朝着由社会建构的现实这一概念的方向前进——这是由特定的社群或群体的语言以及世界观所塑造出来的现实的概念——心理学和精神分析，通常都会坚持拥护一个客观现实的概念，而不把它当作是定位在历史坐标系上的信仰系统的产物。许多实践者似乎认为他们比绝大多数患者更清楚地看到了现实——而不是他们看到了一个不同的现实，这是由于他们自身的背景（经济的、文化的、宗教的，等等）与患者的背景并不相同，或者是因为他们自己的心理构成（比如他们自身的欲望、幻想、神经症，等等）不同于患者。他们自认为是可以从自身的历史背景当中抽离出来的科学家——可以从他们所处的时代和地方所特有的思维方式抽离出来，这种思维方式既构成了他们看的方式，本身也构成了一种遮蔽——也可以从他们同时代的语汇当中抽离出来（正如我在本章当中试图阐释的，语汇当中包含了一个隐含的范式），就好像他们可以直接无需中介地接触现实，似乎这是一件有可能的事情！

我们是通过语言的媒介触及现实的（语言包含并传达了所有的政治、哲学以及文化的假设），正如我们无法置身于转移关系之外，如同我在第七章当中所指出的，我们也无法置身于语言之外，去直接地体验现实。甚至我们特有的词汇和象征（我们的元语言）也是由语言的材料所构成的，并且它们也只能通过更多的语言来得到解释（一个术语或者是象征的解释，总是指涉着其他的术
223 语和象征）。不可能逃离语言的中介（也许除了自闭症患者，他们的语言没有发展起来，就如同我们在第一章当中所看到的那样）。

一些临床工作者可能会坚持说，他们对于*现实检验*这个术语的使用仅限于此，即仅是指患者所报告的对于周围人的情感和意图的误解——比如，一个患者反复地说他认为妻子对他生气了，然而她并没有。但是临床工作者们，如

何能够在这种情况下断定他的妻子并没有真的对他生气呢？实践者们可以仅仅根据由患者所报告的，妻子对于生气的否认来判断吗？有没有可能她没有意识到自己的愤怒？或者她并不想承认她生气了呢？（当然，如果患者没有听到或不记得她实际上对他说了什么，或者只报告了很小一部分，事情就变得更加复杂了。）

假如一个分析者在详细地谈论他的老板并不喜欢他，并且他很害怕被解雇。如果他继续任职，不但如此，还获得了升职，可以据此判定他有一个“比较弱的*现实检验*”（或者是比较差的现实联系）吗？至少可以这样说，这可能是一个有风险的假设。也许他在被解雇的边缘，也许并没有，也许升职是他的老板找到的一个摆脱他的方式（比如，通过把他调到别的部门）；或者也许他继续留任或者升职，是因为在老板和其他位于权力链条当中位置更高的人的之间的权力斗争（可谓“一环套一环”）。分析家可能完全不知道这些事情！她并不会知道他所面对的现实是什么，即使我们假设这个现实只是一个简单的事情，而不是一系列通过把不同的相关方牵扯进来的，对于情景的不同建构（一个故事，通常有不止一个面向）。

当绝大部分“硬科学”开始意识到它们并没有直接地触及现实，而是一种通过中介的方式时——他们的研究只有通过占主导地位的科学术语和理论才会形成，也会限制他们的思考方式（比如，参见，Kuhn，1962）——有意思的是，心理治疗师诉诸比如“现实检验”以及好的或坏的“现实联系”，这类似乎“零范式”（paradigm-free）概念。[①]

非常讽刺的是，许多治疗师认为是弗洛伊德提供了他们所使用的现实检验这个概念的理论基础。然而，如果他们花时间去阅读弗洛伊德最初试图解释他后来称为“现实检验”的这个术语的内容的话——即，精神是如何区分在脑海中形成的以愿望为基础的图像（换句话说，对于记忆的幻觉式的复现或者“愿望式的思维”今天也被称为“魔法思维”）和基于对外部世界的感知而形成的图像（换句话说，“真实的感知”）——他们可能会意识到，这个所谓的理论基

① 比如，考虑到比昂（Bion，1959，p. 309）关于他的一个患者所做的如下的评论：“我知道他接触了现实，因为他在为他自己来做分析。”

224 础是多么的不牢靠，弗洛伊德对整件事情的讨论是多么的可疑。让我们来阅读下面的段落：

> （一定存在）一个区分感知和记忆（观念）的指标。
>
> 可能是ω神经元（参与感知的神经元）提供了这一指标：*现实的指标*。在每一次有外部感知的情况下，ω中都会出现某种性质的兴奋，然而，起初它对ψ（记忆装置）没有任何意义。必须补充的是，ω中的兴奋导致ω中的卸载，就像每一次兴奋的卸载一样，这一信息都会抵达到ψ中。因而，ω中卸载的信息对于ψ来说是质或现实的指标。
>
> 如果愿望的对象被大量投注，以至于它以幻觉的方式被激活，随后也会产生卸载或现实的指标，如同有外部知觉的情况一样。在这种情况下，标准就失效了。但是，如果愿望性的投注受到了抑制，比如有一个被投注的自我时，就有可能出现这种情况，那么可以想象在愿望性投注中会出现一个量的坚持要求，因为不够强烈，所以不会产生质的指标，而外部的感知则会产生质的指标。因此，在这种情况下，这个标准仍然保留着它的价值。因为区别在于，如果它来自外部，无论投注的强度如何，都会产生一个质的指标；而如果它来自ψ，只有当投注的强度很大时，才会产生这个指标。因此自我的抑制可以使一个标准能够区分感知和记忆。（Freud，1895/1966，pp. 325－326）

在他早期著作的这个艰涩的段落中，弗洛伊德假设，当感知来自外部世界时，现实（realitatszeichen）的信号或指标是由感知系统（ω）产生的，但是，在“愿望的对象被大量投注”的情况下，一个可感知的记忆从内心世界复活时——也就是说，当愿望非常强烈时，同样的信号也会产生（在这里，自我大概允许初级过程的愿望性思维随心所欲，因为自我太弱，无法抑制它，例如，当一个饥饿的婴儿复现其母亲的乳房形象之时）。

因此，没有办法事先知道，一个人是在处理外在于自己的东西的感知（在“现实世界”中的某个东西）还是在处理一个以幻觉的方式复现的记忆象。如
225 果自我很强大，这种假设的现实的信号或者指标（就我所知，目前并没有找到

相应的神经学的证据)就会通过“真实的感知”而产生,弗洛伊德认为,如果自我很弱的话,“真实的感知”和“记忆/幻想的感知”都会引起这种对于现实的信号或者指标。因此如果个体有一个强大的自我的话,他似乎能够区分真实的感知和幻想,而如果他有一个弱小的自我的话,就无法这样做。真实的感知和幻想所提供的现实的信号或指标并没有什么不同,根据弗洛伊德在这篇早期文章当中的观点,似乎我们越是抑制我们的愿望,(阻止它们被投注过多的力比多能量,以至于它们跨越了域限——也就是说实现了卸载,更广为人知的说法是通过幻想获得了满足)我们就越能够区分真正的感知和幻想。

尽管大部分的内容都与许多当代临床工作者所认为的现实检验相一致,我希望这个简短的讨论能够澄清的是,对于弗洛伊德而言,现实检验并不是指我们真的能够以某种直接的、不需要中介的方式去了解“外部世界”的能力,而是我们能够区分我们所体验到的是感知还是一个(在精神内部或内源性复现的)记忆的能力——也就是我们区分感知和幻想的能力[①]。它与感知的实际内容没有关系。并且自从前苏格拉底的哲学起我们就知道,那些通过感觉传递给我们的信息,通常都是有误导性的(例如,一根树枝有一部分在水池里,另一部分在外面,它看起来并不是直的,尽管它确实是直的)而且也会受到其他感知觉的证实或者是修改。弗洛伊德(Freud,1900/1958,p. 613)非常清楚,我 226
们无法直接进入现实,我们总是经由感觉的中介而进入的:我们对于无意识

① 请注意,全部的讨论都取决于我们怎样理解“现实的信号或者指标”,而这并不清晰。弗洛伊德对此的解释似乎是,它们给大脑皮层提供了“释放反射运动的卸载信息”(Freud,1895/1966,p. 318)——换句话说,它们通知精神系统满足已经完成了。弗洛伊德似乎认为他们是“(从皮肤和肌肉传来的)新鲜的感觉兴奋产生了运动表象”(p. 318)。拉康(Lacan,1992,第二章到第五章)认为他们本质上是我们自己发出的声音提示我们,已经获得了满足这个事实。无论哪种情况,弗洛伊德的模型都表明我们通过感到身体当中的变化,或者听到自己说话、回应、叫喊等而意识到了我们内部所发生的事情。我们可以反过来推断,某种感知觉不只是心理内部的或者是内生性的(即,对一个记忆的幻觉性复现),因为我们从皮肤或肌肉收到了一个信号(或者拉康会说是通过我们的耳朵和嘴巴)表明有一个真正意义上的兴奋的卸载发生过。同样应该指出的是,即使我们是在幻想被满足的情况下,也会出现这种兴奋的卸载;事实上,它可能会反复发生,然而障碍在于,比如可能是其来源的饥饿感会再度出现,而且通过想象自己被喂饱了,只能够带来一时的满足(即使这还伴随着吸吮手指)。只有基于对乳房的“真实感觉”和“真实的吮吸感”可以导致一个最终的卸载。请注意所谓的梦遗提供了一个并不涉及“真实感觉”的卸载。

“了解的并不多，就像我们对外部世界的现实也所知不多一样，意识的数据不完全地呈现了无意识，就像感官提供给我们的信息不完全地呈现了外部世界。”

弗洛伊德后来的著作非常清晰地表明，记忆持续地影响和扭曲着感知的内容，这也就是为什么我们经常“看到”我们所期待的或者想要看的，以及我们为什么经常“觉察到”其他人以我们所期待的方式在行动，或者以我们想要他们行动的方式在行动。*并不存在纯粹的感觉*[①]：我们认为我们当前所感知到的东西，很大程度上是基于我们在过去曾感知到的东西；当我们面对一个不熟悉或者并不期待的对象时，我们通常不会注意到它们，或者只注意到它们很少的一些特征（回忆一下我们在第一章当中所举的一些例子）。换句话说，当我们拥有感知觉时，我们认为我们看见的东西是被预先解释过的：它被我们所有先前的经验，以及我们理解这些经验的方式（简而言之，是我们的世界观）所解释，被我们在特定的时间和地点所期待的方式所解释。除去生命中的头几天，并不存在感知和记忆内容之间泾渭分明的区分。

就像许多精神分析的术语一样，现实检验的意义与弗洛伊德最初使用它的时候所包含的意义已经相去甚远。[②]

关于“自我强韧性”（ego strength）的问题，请注意，如果我们秉持弗洛伊德后来的著作中的观点，恰恰是那些有着强大自我的人更能够去压抑，而这意味着，他们通常都有最多的，挣扎着寻求表达的压抑材料，而这些表达通常以投射的形式出现——比如当自己对他人生气的时候，“感知”到他人对自己生气了。如果（而且我认为非常有可能）有着强大自我的人要比有着弱小自我的人，可以更好地去区分，某件事情是他们所体验到的知觉还是记忆，这并不意
227 味着他们更能够去分辨他们所觉察到的知觉内容是否更准确刻画了他们自己

① 也许除了自闭症。

② 在这方面，想想拉康（Lacan，1987）所说的“现实”，和通常被分析家所理解的现实：

> 首先，让我们不要忽略被弗洛伊德所强调的作为无意识维度的部分内容，也就是性欲。因为精神分析越来越忽视无意识和性欲之间的关系意味着什么，我不会看到它继承了一个不再与弗洛伊德定位在次级过程上的现实有关的现实的概念。

两页之后他补充到，“无意识的现实是性的现实，而这是一个不可忍受的真相。”（p. 150）

和其他人。确实，我们可以假设在许多情况当中，*更强的自我就更少地了解自己被压抑的东西，也因此就越不可能去分辨所“看到”的事物到底是来自自己，还是来自其他人*。也许这个观察可以澄清精神分析想要强化患者自我的幻想。

据我所知，弗洛伊德从来都没有声称，因为经过了个人分析，分析家就要比分析者更清晰地看到了“外部世界”，并且比分析者有更好的“现实连接”。当然，相比于做分析之前，她看待和思考现实的方式有所不同。如何描述所发生的这一改变呢？拉康假设，也如我在第六章当中所提到的，神经症主体有一个基本幻想，这个幻想组织了他与他人的关系以及他与世界的关系。然而我们每个人都有非常多不同的意识的幻想，其中的大部分可以都有着相似的剧本，在其中我们赋予了自己一个特殊的角色，比如，其他人惩罚冲动的受害者，或者是被他人欲望的或利用的对象，或者是一个利用他人的人，又或者是拯救受害者的英雄。我们个人的基本幻想渲染了我们看待世界和与之互动的方式，也导致我们创造和再创造相同剧本，以及重复上演与其他人相同类型的关系（比如，认为我们是被老板、合伙人、家人和未来结婚对象剥削的）。如同拉康（Lacan，1968a，p. 25）所说，“幻想为我们每个人建构了通往现实的窗口。”在分析的过程当中，基本幻想被动摇了，并且最终被重构了（拉康有时使用*被穿越了*[*traversed*]这个术语）；这并不是说它被根除了，而是说，我们有了一个不同的更可以让人忍受的基本幻想。这意味着我们仍旧会通过我们的基本幻想这个滤镜去看这个世界（通过那面我们想要的、会让我们激动的、我们觉得不可或缺的滤镜）——去看“现实”，即使它不再是一开始的那个基本幻想了。

我们与世界的关系持续受到我们自己的心理现实、我们的幻想[①]的中介，在最好的情况下，我们会了解到自身的幻想是如何影响其他人，以及我们和他们的关系的。通过经历个人分析，分析家可能会更好地感觉到自己那些被抑
制的欲望和冲动，以及它们如何影响她与分析者的工作的。她保持着和之前 228

① 拉康（Lacan，1975b，p. 193）开玩笑地说“我们都受制于现实原则，也就是说，受制于幻想。”他甚至说，“这也许看起来很令人吃惊，我会说精神分析……是现实”（Lacan，2001，p. 351）；此外他也说“幻想构成了现实的框架”（p. 366）。

一样的与现实的"联系",如果在某种客观的意义上理解"现实";然而相比于最开始的时候,她会更多地了解到自己的心理现实。在最好的情况下,她将会意识到她并没有企图想要把自己对于现实的概念强加给别人。

"失调""功能紊乱""压力",及其他

我构造了一个拓朴学(实在、象征和想象)模型,用这一模型我可以用不同的方式去划分弗洛伊德用"心理现实"所指代的东西。

——拉康(Lacan,1973—1974,1973.12.18)

在当前临床工作者所使用的词汇当中,如我所提到的以上那些术语一样,也有很多其他的术语反映了类似的正常化趋势。被普遍使用的*失调*(*Disorder*),很明显,它假设了一个被视为标准和理想形式的"协调",而失调则指偏离了这一"协调"。它意味着当某个人的人格和心理"很协调"时,那么对于他及其身边的人而言,一切都很顺利:没有人会认为这有什么问题。相反,当某个人的人格或心理"失调"的时候,那么对于他及其身边的人而言,一切都不顺利:人们会认为出了什么问题。尽管披上了一个更为科学的外衣,*失调*这个术语,只是*不正常*这一术语的新版本(如同损伤[impaired]和受损[impairment]的这两个相关的术语一样)。

对于于*功能紊乱*(*dysfunctional*)这一术语也是同样的,它假设了一个人或者一个社会单元,比如说家庭,应该起到某个特定的功能——它假定了一个明确的定义,而这一最终的定义也会获得大家一致的认可。家庭的社会历史(比如,参见 Aries,1960/1962)表明,不同的文化和不同的历史时期赋予家庭的功能有很大的差别——换句话说,对于家庭的理想功能可能并不存在普遍的统一意见。试图赋予个体一个或者一系列功能的尝试遇到了与试图定义一般人性相同的陷阱(参见本章前面的讨论)。*退行*(regression)*和退行的*(regressed)同样意味着与某个人与假定的理想功能水平之间的差距;而*适应*(adapitive)*和适应不良*(*maladapitive*)也表明了,行为应该符合一个理想的功能水平——与周围的世界相协调(也就是适应)——但是有的时候却没能达到

这个要求。

每个时代都有其偏好的一种能包罗万象的解释，我们应该警惕那些风靡某个行业或者是某个国家的术语。*压力*一词就是这样的一个术语，在生理学当中它最初被定义为“任何扰乱和干扰生物体正常生理平衡的刺激，比如恐惧或疼痛。”在过去30年中，临床工作者抓住了该术语——无疑是因为它看似科学的基础——并将其应用于精神生活的几乎所有方面，现在几乎任何东西都可以被认为是压力的生产者：所谓的压力源。 229

首先需要注意的是，临床工作者们在使用这个词的时候，隐含着一个人不应该有压力，一个人的生活应该没有压力这样的想法。正如人们可以质疑在一个不公平的社会当中，一个人是否应该具有“高功能”，人们同样也可以质疑，当一个人生活在法西斯独裁统治下的时候，是否能够真正的摆脱压力，甚至当一个人生活在被“适者生存的法则”（竞争资本主义）所统治的社会当中的时候，他是否可以在理论上避免压力源。目前使用这一术语背后的假设似乎是，一个人应该拥有绝对最低限度的压力，而不管他的职业，或者文化、经济、政治背景如何。但也许一定程度的压力是有益的，它会激励人们去参与文化或政治行动。

其次，临床工作者们无疑被这个词看似客观的状态所吸引——而这个词所指的这一状态是指一个正常的生理平衡受到了干扰——但是他们似乎故意忽视了这个事实，根据生理学的定义，诸如谈恋爱、中奖、赢得金牌等积极的经历，同样会被认为是压力源，因为它们也普遍扰乱了“生物体的正常生理平衡”！此外，每个人对临床情况下通常被认为是压力源的反应是非常不同的：比如离婚的一方可能会受到打击，而另一方则松了一口气；一个家庭当中，一个孩子可能会在父母死亡后陷入自杀性的抑郁症，而另外一个孩子则可能会感到高兴；一个人如果知道自己患有危及生命的疾病，可能会陷入深深的绝望，而另一个人则会借机扭转自己的生活。精神领域当中的压力——甚至也包括一定程度上生理领域当中的压力——是被主观地体验到：它是不可以用“压力测试”来测量的。①

---

① 我进一步讨论了相关的事项，见 Fink(1999)。

我希望这次对当代临床术语的短暂探讨，至少能够让实践者从心底提出
230 这样的一个问题，即，我们所相信的东西真地站得住脚吗？我们相信自己知道什么对患者而言是好的，因为我们拥有一个人们普遍接受的，关于什么对人类有利的或者是最好的理论，它是建立在一个人性科学的基础之上的，根据这一理论，对于什么是正常和不正常、恰当和不恰当以及功能协调和功能紊乱的判断，就像是奔腾的黄河水一样滔滔不绝。对于人类的感觉、行动、发展和生活的最正确或最好的方式，在政治理论家、经济学者和哲学家之间并不存在一致意见——更不用说精神分析家了；即使存在，临床工作者们也只是根据大多数理论家的信仰，做出道德判断而已。这样的判断对我们的分析者有什么真正的用处吗？在我们与同事讨论我们的分析者时，它们有什么用吗？似乎，它只不过让我们重蹈了当代心理学思维的覆辙：以表面价值来衡量我们周遭的世界。

第十章

治疗精神病

精神病……因而不适合精神分析，至少不适用于直到现在一直被实践的那种方法。我不认为这是不可能的，只要通过在这种方法中引入适当的变化，我们就可以成功地克服这种禁忌症。 231

——弗洛伊德(Freud，1904/1953，p. 264)

分析家的作用……必须根据对患者的诊断有所不同……大部分来找我们做精神分析的人都不是精神病主体*，而且学生们一定是首先被教授非精神病案例的分析。①

——温尼科特(Winnicott，1960/1965c，p. 162)

事实上，我在本书中所阐述的技术方法，到目前为止，没有一种可应用在由拉康派精神分析所理解的对精神病的治疗。*精神病*(psychosis)一词，就像在更现代的精神病学和心理学中那样(例如，在DSM-IV中)，并不足以涵盖在拉康

---

* 我们将psychotic翻译为“精神病结构的主体”，简译为“精神病主体”，以便和医学术语中，已经发作过和正在发作的“精神病患者”进行区分；下文中的psychotic analysand，我们翻译为“精神病分析者”，是对“精神病结构的分析者”的简译。同理，neurotic将被翻译为“神经症主体”，neurotic analysand被译为“神经症分析者”。——译者注

① 尽管温尼科特此处说了这些，不过对基于退行的概念来治疗精神病的方法，他却说，与治疗神经症的方法相比，不需要任何改变。而且，他明确表示，“并不要求(分析家)接待精神病患者”，尤其不要“在分析生涯的最初十年”(Winnicott，1954/1958b，p. 293)。然而，他确实声称在跟精神病主体的工作中，“设置变得比解释更重要”(Winnicott，1955—1956/1958c，p. 297)。

拉康(Lacan，1977a，p. 12)，相反，坚称“分析家一定不能在精神病前退却”，对此我认为这意味着，分析家必须努力学会跟精神病主体工作，而不是说，每个分析家甚至在他对如何跟他们工作一无所知的情况下，必须接待精神病分析者。

的使用中所包括的领域，该词的意义以不同的方式，变得更加特定和更加广泛——更加特定的意义指的是，精神病基于一种被拉康称作“除权”（foreclosure）
232 的特殊的否定机制（与压抑相当不同）①；更加广泛的意义指的是，它不仅包括所有那些已经有过精神病发作的人（即使发作早已消退），也包括所有那些可能会潜在地发作的人（后者有时被称为“前-精神病[prepsychotics]”并且他们被认为具有“精神病结构”的特征；对这一点的详细说明，见 Fink，1997，第七章）。正如存在着不同形式的神经症且对不同形式起作用的不同治疗方法（见 Fink，1997，第八章），也存在不同形式的精神病——偏执妄想狂（paranoia*），精神分裂症，钟情妄想症（erotomania**），忧郁症（melancholia），躁狂症，等等——并且，治疗根本不应该被认为对于每种形式，或者对于相同形式的所有案例采用一样的方法进行。② 跟神经症分析者的精神分析工作具有创造性，每个案例都要求分析家对那个独特的人煞费苦心地构建有用的解释，并以恰到好处的方式进行干预，精神分析工作必须，如我们将要看到的，是能够跟精神病分析者更加具有创造力的。

我不打算在这里列出拉康的整个精神病理论，因为这超出了本书的范围，并且我已经在其他地方阐述过了（Fink，1995，第四、五章，1997，第六、七章）。

---

① 对此的第一次提及可在拉康文集中找到（Lacan，1993，pp. 150－151）。

* 通常被翻译为偏执狂或妄想狂，我们将两种翻译合并是为了显示该精神病结构主体的两种显著特征，偏执的人格和系统性的妄想。——译者注

** 也可翻译为色情狂，但钟情式的被爱妄想是其主要特征。钟情妄想症又被称为克莱朗博综合征，以纪念法国精神病学家克莱朗博士 1921 年发表的题目为“Les Psychoses Passionelles”的一篇论文。——译者注

② 参见弗洛伊德（Freud，1911a/1958，p. 77）对偏执妄想狂和精神分裂症之间区别的评论，他经常将之称为“早发性痴呆症”。范纽维尔（Vanneufville，2004）报告了一例严重的忧郁症案例。索莱尔（Soler，2002）从高度精密的拉康视角提供了一个关于精神病不同形式的杰出描述，给予钟情妄想症、忧郁症、自闭症、躁狂症、偏执妄想狂和精神分裂症单独的章节。一些读者可能会对此感兴趣，我已经在理论上提出，精神病主体没有经历过拉康所说的“异化”（alienation）（Fink，1997，第七章和第九章），然而，索莱尔（Soler，2002，pp. 118－121）提出一个理论，自闭症和精神分裂症没有经历过异化，但偏执妄想狂经历了；在她看来，偏执妄想狂所没有经历的是拉康所称的“分离”（separation）。她也假设，为了被登记到一个话语（discourse）中，一个人必须经历分离（p. 63）。也要注意，她认为，父性隐喻并非全部（not all）或全部没有（nothing）（p. 140）。

我把自己限制在理论的观点，即精神病中不存在压抑，因此严格来说，没有无意识(一个复杂且毫无疑问有争议的观点)①，首先，我将提供一些精神病治疗和基于之前在本书中已经讲过的神经症治疗之间的简单对比；之后，我将试图 233
指出精神病(如拉康所定义的)是如何通过分析者所证明的可行的临床工作被

① 在工作的早期，拉康(Lacan，1993)跟我在此处提出的方式很不一样：

> 我的出发点如下：无意识就在那儿，它在精神病中呈现。无论正确或错误，精神分析家们都同意这一点，而且我同意他们如下的观点，即在任何一个案例中这都是一个可能的起点。无意识就在那儿，*但是它不起作用*[斜体为作者所添加]。与人们曾经的想法相反，它存在的事实并不自动意味着任何一种解决方案，相反，它意味着一种相当特殊的惰性(inertia)(pp. 143－144；修改过后的翻译[注意：在出版的英文翻译中此处缺少了一个句子；可对照法文版，p. 164])。

大约20年后，拉康(Lacan，1990)谈到精神病中“对无意识的拒斥(rejection)”(在引用为“无意识的拒绝[reject]”的英语文本中，被错误地翻译了，p. 22)，他通过使用这个表达式来作为除权这个行为或过程的同义词。他一度提到詹姆斯·乔伊斯(Lacan，2005b，p. 164)，可以说，“他已经取消了对无意识的订阅”或者，“退订了无意识”(法语：désabonné à l'inconscient)。弗洛伊德(Freud，1917/1957，p. 235)说过类似的话，在他指出精神分裂症中无意识被撤投注的时候。同样的，弗洛伊德(Freud，1915b/1957，p. 203)说：“关于精神分裂症……我们必须怀疑，这里被称为压抑的过程与转移神经症中发生的压抑是否有任何共同之处。”

严格来说，当我说精神病中没有无意识时，我并不是在暗示，精神病主体总是知道她为什么做以及她做了什么，相反，我是在暗示无意中发现的这些知识，其运作方式与神经症中的运作并不一样——尤其是，它不被投射在作为假设知道的主体的分析家身上。

弗洛伊德(Freud，1925c/1959，p. 60)以一种略微不同的方式评论了精神病中的无意识的不存在或不运作，当他说“在神经症中不得不被深挖出来的许多东西出现在精神病的表面，且一眼可见”；毫无疑问，这就是拉康著名的说法*敞开的*(*à ciel ouvert*)的起源，意思是就敞开在外面，全世界都可以看到(例如，见 Lacan，2006，p. 825)。这里的观点是，就在第一次会谈中，精神病主体可能会直接过来，毫不尴尬地说：“我妻子取代了我母亲的位置，”而神经症主体在经过了用来抵达无意识的大量的分析后，最终才会说出同样的话。

我声称精神病中没有无意识，这和其他分析家(例如克莱因、比昂和温尼科特)对术语*无意识*的诸多用法大不一样。弗洛伊德本人对这个术语的使用并不总是前后一致，特别是在他发展第二拓比理论的时候(Freud，1921)，而且后继的分析家强调了弗洛伊德发展出来的无意识的一个方面或另一方面，或者把他们自己的少量观点加入讨论中。如德玛西(De Masi，2001)所示，分析家用同样的词表达的意思非常不同。与其如德玛西所做的那样，通过接受无意识由所有分析家所意味的一切来稀释它的特殊性，本书中我采用了拉康的作为能指链的无意识的概念——在他的工作中，这大体上等同于他所说的“象征秩序”——在压抑缺位的情况下，它并不运作。与其在这里提供一个对其冗长的理论讨论，我更推荐读者阅读拉康(Lacan，2006，pp. 11－61，829－850)和 Fink(1995，第二章，附录一。)

发现的。这将带来更多关于精神病本质的理论思考，以及一些可能的治疗途径的讨论。在本章中要牢记，我在这里所列出的治疗方法，相比其他形式的精神病，更适用于偏执妄想狂。①

跟精神病主体工作不能做什么

偏执妄想狂意味着深陷想象界。

234 ——拉康(Lacan，1974—1975，4 月 8 日，1975)

这个梦我们称之为现实……

——拉康(Lacan，1974—1975，2 月 11 日，1975)

尽管分析家必须努力从一个象征性的位置倾听精神病分析者的话语——在象征性的位置上，他不会把自己当作任何事情的尺度，也不作为分析者所有抱怨的目标，或者他不会基于如果自己说了跟分析者相同的话，想要表达的意思会是什么，来过快地对分析者所说的意味着什么下结论——他通常应该避免发出尖锐的“嗯”“哈”的声音，这很容易被视为不信任或怀疑。正如我所提议的，因为在精神病那儿没有压抑，这些声音无法鼓励分析者带来她已经忘记的部分故事，该故事的方方面面给她的印象是可耻的或应受谴责；实际上，“嗯”“哈”的声音更经常被当作指责性的，当作正在指控她撒谎或不真诚。那些经历了我所说的“精神病学的折磨”的精神病主体(无数的患者遇到精神病学家和其他精神健康工作者告诉他们，他们的幻觉或妄想是疾病的一部分，必须被忽略或遗忘，并且一听到他们讲到幻觉或妄想，就快速开出药物或者让他

① 拉康(Lacan，2006，p. 392)提出了精神分裂症和偏执妄想狂之间的差别。他说，对于精神分裂症来说，“象征界中的一切都是实在的。”

诊断是非常重要的，即便是对于那些不认为诊断重要的实践者来说。如果我的任何一位读者最终决定以一种完全非精神分析的方式进行实践的话——采用心理剧，格式塔技术，等等——他们应该至少会意识到，他们一定不能要求精神病主体或前精神病主体扮演父亲的角色，因为这可能会把他们逼疯，或导致他们彻底离开治疗(例如，参见加西亚·卡斯特利亚诺[Garcia-Castellano]对他的一个起初和格式塔治疗师一起工作过的精神病患者的评论；IRMA，1997，p. 252)。

们住院），当然学会了删节故事的某些部分。然而，那些没有经历过这种折磨的人经常会说清楚这些部分，他们发现很难撒谎，甚至当他们打算不说某些想法或感受的时候，他们往往会说漏了嘴。

虽然与任何患者工作之初，分析家仔细倾听口误和结巴是很有帮助的，他通常会发现精神病主体很少有弗洛伊德式的口误——也就是说，这种口误能够被很容易地调动以打开分析者思考她不打算讨论的想法和欲望之门，而且，这种口误事实上可能和她预期要表达的内容完全相反。既然在精神病中，没有无意识在争取表达，反对强大的对立力量，所以他们的口误不产生于无意识的想法或愿望对有意识的想法或愿望的干扰。即使分析家一开始就强调口误，尽管很小心——他应该如此，尤其是当他还没完全确定诊断的时候——他也会发现口误少之又少，而且，把它们放到治疗工作中的努力也结不出果 235
实。[1] 如果分析者对精神分析理论有所了解，当分析家强调一个口误时，她可能会大笑，甚至可能同意他所提出的对其含义的解释，但她不太可能提出属于自己的含义。有时候，一支雪茄只是一支雪茄：精神病患者的一个口误不属于弗洛伊德式的表达；这仅仅是一个错误。（还需要注意的是，精神病主体通常对分析家自己的口误和过失行为不感兴趣，然而，神经症主体往往对它们非常关注，并倾向于猜测它们的意思。）

虽然询问精神病分析者各种各样的探索性问题来更好地了解她的生活和经历，通常是非常重要的，但有时这是禁忌。例如，如果一个精神病分析者的父亲在她的生活中扮演了一个非常成问题的角色（这是常有的事），当牵涉到她父亲的过往中的具体事件被讨论时，分析者可能会变得极其焦虑。与明显是神经症的分析者工作的分析家，尽管在他的分析者那儿出现了一定量的焦虑，他可能会继续探究，以希望她克服透露（或耻于透露）某些细节的不情愿，

---

① 依据J.L. 贝林琼（J. L. Belinchon）及其同事（1988，p. 294），杰拉德·米勒（Gérard Miller）甚至说在精神病中口误是不可能的。他此言的意思大概是“弗洛伊德式的口误”——既有意向性的意义，又有非意向性意义的口误——是不可能的，因为，在精神病中其他类型的口误显然是可能的。

或希望引导她回忆起来。[1] 焦虑有所增强时，分析家可能只是默记在自己心里，在下一次会谈或在未来的会谈中，再回到这些细节，或者他可能传达给分析者——特别是如果尚处在治疗早期——希望她可以进一步谈论它们，但如果这么做很不舒服，她当下则不需要加以详细描述。然而，如果分析者是精神病的结构，当与缺失的父亲有关的记忆变得令人焦虑时，分析家最好改变话题；这样的记忆可能要在未来几年的治疗里被阐明，但可能甚至不需要阐明它们，尤其是当这样的想法有可能会导致分析者面向一个“豁开的洞”(gaping hole)的时候，象征界中的这种洞可以引发精神病发作(关于象征界中的这样的洞，见 Lacan,
236 pp. 558,582；也可请参阅本章后面标题为“圣状”(Sinthome)的那一节)。尽管这样的发作可能会潜在地导致一种妄想的形成，正如我们将看到的，这种妄想必须被理解为治疗过程的一部分(而不是疾病的一部分，精神卫生专业很多人都习惯这样认为)[2]，但是谨慎地避免引起发作通常是更安全的，因为发作可能会使情况变得更糟，至少在开始时是这样。常言道，一旦精灵从瓶子里放出来(once the proverbial genie is out of the bottle[*])，它就不太可能再回到瓶子里，从那以后也不太可能再变回原来的样子。*Primum non nocere*(拉丁语)：我们的首要职责是不伤害他人。

大多数标点的目的(包括我在第四章中说过的“切分”，它只是增强版的标点)，是为了触及被压抑之物，因此，大体来说，标点在和精神病主体的工作方面没有多大价值。如果分析家突出精神病分析者说出的某些词，那么这些词最好不要是模棱两可或多义的；分析家着重强调的目标应该仅仅是让分析者澄清他还没有理解的东西，进一步解释特定的词语，或者继续她所说的话。对于分析家可能会温和地发出的“嗯嗯”，情况也是如此：这些“嗯嗯”应该只供用来表明他在倾听，并鼓励分析者继续说下去。

应该避免突然的切分，特别是那些用于神经症的，为了强调分析者刚刚提

---

① 我在这里提出的治疗神经症的精神分析方法与当代美国的方法大相径庭，后者在许多训练机构中被引入，在那里分析家被教导不要做任何可能激化分析者焦虑的事情。

② 见弗洛伊德(Freud，1911a/1958，pp. 71，77)对此的评论。

* 这句话出自《一千零一夜》中的阿拉丁神灯，引申义为木已成舟，无法更改或停止，尤其指那些会令人后悔的事。——译者注

供的模棱两可的表达、口误，或出人意料的逆转的观点的切分。与精神病分析者的大多数工作发生在会谈当中，而不是像跟神经症主体工作通常的情况那样发生在会谈之间。尽管在神经症中，分析家努力让分析者的无意识投入运作，而在精神病中，没有无意识可以投入运作；如果让分析者不确定为什么会谈停在某一特别的点，并不能达到在神经症中这么做所具有的相同效果——事实上，它很可能会引发困惑、烦恼和焦虑，而不是（自由）联想的工作。

只要解释被理解为针对被压抑物——比如在梦中使无意识愿望显现——那么它在精神病治疗中就没有立足之地。一次又一次，当治疗师试图指出梦、幻想，或口误中的某些东西，而他们自己没有看到，或认为没有的时候，我看到精神病主体变得非常紧张不安。一些治疗师们反复向精神病主体解释他们认为其话语中是无意识的东西，往往会被他们的分析者无法挽回地置于迫害者的位置——将他们视为试图阅读他们的想法，用他们的想法影响自己，或者把外来的想法放进他们头脑的人。如果分析家想要跟精神病主体一起投入解释性工作，那么该解释必须是基于意义的——换句话说，它应该以传达一个非常具体的意义（通常是一个平静的、非迫害性的意义，如后面所述）为目标，而不 237
是推翻分析者先前存在的意义系统或破坏意义领域本身。[1]

然而，在跟神经症主体的工作中，分析家经常使用模棱两可的措辞，以便分析者能够以多种不同的、可能的方式处理他所说的话[2]——分析者所听到的往往比分析家想说的更有趣——在跟精神病主体的工作中，分析家通常要尽可能把话说清楚。应该避免晦涩难懂、难以捉摸、模棱两可的言语（当然，每一个人从来不可能消除他言语中的所有歧义，尽力而为吧，但无论如何精神病患者未必会听到"意外"的双重含义），而且，每个人都应该一如既往地、尽最大可能地在分析者的词汇范围之内努力工作。目标根本不是让精神病分析者面对最根本的解释的缺失，面对大他者（公认地作为涵盖一切的完整的意义系统）缺失的事实，或者面对如此这般的阉割——这种努力对精神病主体没有任何疗效。

---

① 保罗·威廉斯（Williams，2001，p. 1），在他的对非拉康派视角下关于精神病的论文集的导言中主张，"（精神病）患者危机的核心"（是）意义的毁坏，而且"不同精神分析取向的临床工作者要着手恢复意义的任务。"

② 当然，在与分析的持续直接相关的问题上并非如此，如排程和付费。

诊断精神病

我们不能再认为精神病牵涉的是主体的某种与现实相适应的失败，而是牵涉一种与语言的关系。

——福瑞达及其同事(Freda et. al.,1988,p. 149)

在我说更多关于治疗精神病不应该做的事情之前，让我先谈谈关于诊断的几点问题。根据我的经验，临床工作者经常发现很难区分神经症和精神病，因此他们总是会和相当多的精神病患者工作时把事情搞得一团糟。

在没有深入探讨拉康关于什么导致精神病的理论的所有细节之前，并且在此处我的注意力将集中于作为精神病特征的压抑的缺位上，我想谈一谈容易观察到的分析者的话语，以及分析者和分析家之间关系的几个特性，这可以帮助我们作出鉴别诊断(即：令人信服地区分神经症和精神病)。[1] 不应该认
238 为传统的精神病指标，如声音(voice)、幻觉和妄想，比我将要描述的标准更具有决定性，因为究竟什么构成精神病性的“声音”，是一个有很多争议的问题(毕竟，事实上，我们所有人都在某个时间点听到过这样或那样的声音——这些精神内部的或精神内源的声音在很多情况下都与弗洛伊德式的超我有关——需要相当的细致入微，才可以合理地区分出普通的超我的声音和“精神病性的声音”)。[2] “幻觉”也是如此，这一术语往往被神经症主体宽泛地使用，来描述任何一种不寻常的视觉或听觉体验，但通常不会被精神病主体使用，作为替代，他们谈到的是看见的幻象(visions)或经历(见 Fink,1997,pp. 82-86)。分析家不能从表面上理解那些声音和幻觉的报告(无论是患者自己还是诊所或医院的工作人员报告的)，也不能把乍一看是妄想的想法做表面上的理

---

① 我们不应该假设总是可以令人信服地在神经症和精神病之间作出区分；见 IRMA(1997)，一群杰出的拉康派分析家对一些不寻常案例的诊断的详细讨论。在这本书里，我选择不讨论作为第三个主要的诊断类别的性倒错的治疗。有关性倒错的讨论，见 Fink(1997,第九章,2003)。

② 拉康(Lacan,1974—1975,1975 年 1 月 21 日)表明，“在精神病中，主体不仅相信这些声音(的存在)，而且还相信它们(的内容)，”而在神经症中，主体很可能认为她听到了声音，但她不必然相信那些话：她不确定那些话是对的，而精神病主体则倾向于认为是对的。确定性是精神病的一个非常重要的特征。

解。我们不能草率地得出患者是在胡思乱想的结论，因为，举例来说，在大多数情况下，对于普通临床工作者来说，要确定联邦调查局(FBI)是否在监视某人，即使不是完全不可能，也是相当困难的。几乎很少有一些特定的想法可以被我们用来当作某人在妄想的有力证据，相反，她表达这些想法的*确定性*(换句话说，当她不*怀疑*联邦调查局正在监视她，而是*绝对相信*这一点，甚至不能接纳联邦调查局可能是正在监视她隔壁邻居而不是自己的想法)才是她在妄想的证据。[1] 在这里，她话语的内容不如她话语的形式那么至关重要。

话语的形式

> 我们很难不看到，无意识的概念部分建立在口误之上。
>
> ——拉康(Lacan，2005b，p. 97) 239
>
> 每一个口误背后，都存在一个表意性的目的(signifying finality)。如果存在无意识，那么错误总倾向于想要表达什么东西。
>
> ——拉康(Lacan，2005b，p. 148)

分析者话语的形式确实能给我们带来很多帮助。我之前提到过精神病主体很少有弗洛伊德式的口误。经过有效地训练自己在不同的环境下(在社交场合、电台广播和分析会谈中)听出口误、轻微的结巴以及含糊不清的言辞的临床工作者，会在跟神经症分析者的几乎每次会谈中听到一个或多个口误——有时多达每分钟一个口误。当这样一个"具有听见的能力"的临床工作者发现自己正在与一个用相当正常的语速讲话，但一个月左右才会出现一个口误的人一起工作时，他就应该开始怀疑，没有任何被压抑的材料试图打断该分析者的言语流(flow of speech)。

同样地，分析家仔细留意听分析者的言语，就会注意到，某些分析者很少会表达声明(statement)，如果有的话，也是神经症分析者经常以一种公然防御的方

① 正是因为精神病主体拥有确定性，所以她不是在向分析家寻求知识；神经症主体不确定，甚至充满怀疑且从分析家那里寻求证实、确认和担保。这并不意味着精神病主体总是确定的，从不怀疑(见 Soler，1997，p. 215)，而是意味着精神病主体不像神经症主体所做的那样从分析家那里寻求证实、确认和担保。

式来表达的。例如，神经症分析者会不时用否定声明来引入自己的陈述，像是“在你看来这是一个荒谬的想法”“我刚刚想到的最愚蠢的事情”“我确信这与任何事情都无关”或“这完全无关紧要”。她对自己的话语发表评论，称之为“愚蠢的”“无关紧要的”“牵强的”“傻乎乎的”“老生常谈的”“荒谬的”“出乎意料的”或“一个笑话而已”，①她否认没有人指责过她的事情(换句话说，她无缘无故地予以否认，正如我在第三章中所指出的那样)。所有这些都是神经症主体防御的信号，它们还指明了分析家可以瞄准神经症主体被压抑的真相的方向(因为被分析者称为“愚蠢”的往往是最聪明的，而“无关紧要”的往往是最相关的)。当这些防御的信号在分析者的话语中完全缺失时，分析家应该考虑精神病的诊断。

精神病主体说话方式的一些特点在当代精神病学中可以用一个相当模糊的
240 术语*具象的*(*concrete*)来概括。当然，这一术语呈现了精神病主体言语的一个方面，但它似乎在跟神经症主体言语的流畅性做比较，这便是把重点放错了地方。我们不能把缓慢的、单调的说话节奏或观念上的阻滞(conceptual stagnation)跟精神病主体的言语混为一谈。“具象的”似乎也强调意象化描述(imagery)的缺乏，但情况不一定如此。精神病主体和神经症主体之间更关键的区别是，他们不能(在精神病中)或有能力(在神经症中)在同一段话中看出几种不同的意思。这就把我们带到了言语和意义之间的关系——在语言学术语中，能指和所指之间的关系——这样的关系在神经症那儿和精神病那儿是非常不同的。

能指是当有人在说话的时候你所听到的东西——换句话说，能指本质上是一个人正在说话时所产生出来的声音——而所指是这些声音意味着什么。法庭速记员记录词语的声音，这些声音有时可以被不同地划分开来，使文本的意义模糊不清(例如，可以被写为“训练有素的回答”(disciplined answers)的这个声音——我的某个分析者在一次会谈中所说出的一个词语组合——应该被理解为“训练舞者”[discipline dancers]吗?)。声音流，或如索绪尔(Saussure，1916/1959)所称的“音带”(ribbon of sound)，在某些情况下可以用多种不同的方式被分解。

---

① 我们必须一直谨记，真实的词语往往通过开玩笑的方式说出来。这种带有主观评论的东西，毫无疑问，来自一些分析家所称的“观察型自我”；但它们最好还是被考虑为来自弗洛伊德所说的“审查”或“审查机制”。

但是对于精神病分析者来说，意义和声音，所指和能指，是不可分割的：她想要发出的能指，在她心中，不可分割地与她想要传达的意义联系在一起。这里不可能有滑动，她说的话除了她想表达的意义外没有其他的意义，没有其他的方式来解读相同的词语，或者也不可用不同的方式来切断音带，以便意味着别的东西。能指和所指在这儿被焊接或熔接在一起的——它们之间不可能有缺口。这意味着，尽管精神病主体通常会讲一门语言（如果不是多于一门的话），而且据说可能确实会讲得非常好，但她不会以神经症主体的方式讲这门语言或在这种语言中操作。严格意义上，语言的象征维度——包含着能指与所指之间潜在的缺口——在精神病中是缺失的。①

神经症分析者感到她经常在言语中未能传达她的意思是什么。她脑海里 241
有一个想法，但她可能会觉得自己在与他人交谈时没有充分表达出来。她说的比她想说要么多要么少；不知何故，她的话不符合她心目中的想法。

---

① 精神病主体尤其倾向于关注的是，一组特定的音素或声音出现在许多不同的语境中（例如 steak[牛排]或 stake[桩，赌注]），而不能够鉴别这组音素可以*同时*传达多种不同的意思。举个例子，一个法国分析者不能领会到计算机术语 *bie*（比特）的发音完全像法语中的 *bitte*（这是阴茎的俚语），因而不能像他同学那样对其"隐喻价值"开玩笑（Nominé，2005，p. 209）。当然，我们确实能找到精神病主体在同一个词或者名字中看出或听出多重意思的例子，乔治（Georges，1997，p. 40）讨论了一个年轻的法国人，在一次咨询中提到了他遇到的一个女人的名字，Edevine，被他听成了 Edwige（人名）、divine（神的/猜到）、Eve（人名），和 *devine*（法语，意思是"猜"）。不过，我相信我从未听说过一个精神病主体在自己的言语中领悟出这种多重含义。

很明显，我们在精神病例中找不到和神经症者中相同的意指游戏，在后者那里一个能指指向另一个能指。相反，我们在精神病例中发现的是，能指与所指之间有一种静态的，非辩证的关系。正如索莱尔（Soler，2002，p. 63）所说，"精神病主体不在语言之外，而是在话语（discourse）之外。"在评论拉康说精神分裂症患者那里"象征界的一切都是实在"时，索莱尔补充道：

> 也就是说，精神分裂症患者尽管说并且使用他的母语，但象征界并不由他自由支配。我们在这里很接近弗洛伊德的构想：精神分裂症患者对待词就像对待物一样。因为事实是，进入象征界假设的不仅仅是一个人对母语的学习，它假设了对作为实在的有机体的清除，而这是通过提出一个能指而产生的。（p. 118）

换句话说，只有当词成为物之死亡时——例如，当孩子的"fort"与"da"（去与回）在母亲的实际在场或缺席中引入一个缺口时（见 Freud，1920，pp. 14 - 17），便允许孩子在她缺席时把她当作在场一般来谈论她，在她在场时候把她当作缺席一般谈论她——以及当语言覆盖重写了身体，把它变成一个社会性的、一个社会化的身体时，享乐才以多多少少被社会所接受的方式与众所周知的爱欲区关联在一起，象征界便产生了（见 Fink，1995，第三章）。

我们概括地说，*两个根本不同的层面*已经进入神经症主体的存在之中——词语和意义（即能指和所指）——它们有一种倾向，不像神经症主体所希望的那样紧密地联系在一起：

> 她说的话最后是模棱两可的，而她和她的对话者都意识到她说的话可以用不同的方式理解。
>
> 她的意思并不是那么容易被组织成语言，她经常因自己不能用一种似乎能正确表达思想的方式，把意思很好地说出来——有力而优雅地说——而感到沮丧。①

对于精神病主体来说，意义和表达之间没有这样的缺口。*精神病主体无法说一件事，却意味着另一件事。*这就是为什么在精神病主体的言语中不存在我所称的真正的讽刺。② 神经症主体非常清楚自己故意用语言欺骗他者的

---

① 事实上，拉康认为这是神经症分析者最终为自己设定的目标之一：*善言*（法语：*le bien dire*），好好说话/说得好。

② 然而，请注意，米勒（Miller，1993，p. 8）提出，精神分裂症患者会运用某种形式的讽刺："某种取自大他者所不知道的知识而来的喜剧形式——即，大他者，作为知识的大他者，什么都不是。"他后来（IRMA，1997）举了一个精神分裂症患者的例子，他和自己的分析家玩一种猜谜游戏，问她一些问题，患者非常确定分析家不会一下子就能回答出来，然后自己窃笑，因为他有答案，而她没有。根据米勒（IRMA，1997，p. 202）的说法，"这种猜谜游戏很好地体现了精神分裂症患者讽刺的立场。"很明显，我是在一种相当不同的意义上使用*讽刺*（*irony*）这个词。当分析家提到精神病主体对讽刺的使用时，往往很清楚的是，*他们*在那种用法中看到了某种讽刺性的东西，而患者自己没有看到。例如，叙罗（IRMA，1997，p. 204）提到一个把她称为"守护天使"的患者，叙罗认为这很讽刺，因为患者担心被"看守"（也就是被强制拘留）在精神病院。我们完全不清楚，患者本人是否在我使用这个词的意义上故意表达任何讽刺——换句话说，不清楚患者是否感到自己在用这个绰号刺痛或激怒叙罗，因为分析家意识到它可以在两个不同的层面上被解读。这里，似乎很明显的是，在旁观者看来这是讽刺的。

类似地，人们在精神病主体的言语中通常也找不到多少有意的幽默。卡斯塔内和德·乔治（Castanet & de Georges，2005，p. 41）也在涉及忧郁症和那些有忧郁倾向的人身上注意到同样的情况，他们提到"'这些人'喜欢一本正经，而且前忧郁症主体相对缺乏幽默的能力，幽默意味着一种调停的可能性，跟既定的价值保持一段距离。"另一方面，德科尔（Decool，1997，pp. 29 - 36）报告了一个案例，一个精神分裂症患者变成了一个爱开玩笑的人：他讲的笑话明显是靠玩弄文字和影射来让人发笑。对于这个案例我想提出的问题是，患者自己发明了这些笑话，还是说他只是从别人那里听到这些笑话，然后观察到它们能让人发笑，即便他本人没有理解它们。

能力，通过说出与自己的意思正好相反的话，或者用反讽来含沙射影地说出与 242
她的话在语义上的意思相反的话。她可以毫不犹豫地对分析家说，“从我开始见您以来，我现在*好多了*，”同时，她一直想要传达的是，一切都没有改变，或者她甚至比以前更糟。

精神病主体无法口是心非地运用语言。*精神病主体不使用讽刺*——无论如何，不是有意地使用。表里不一的语言——能够给神经症主体提供语言的社交性用法，当他讨厌某人时可以显得非常客套，或者在最生气的时候说最甜蜜的话——对精神病主体来说是不可行的。尽管实践者可能会在精神病分析者所说的事情中看到大量的讽刺，或者相信他的分析者会故意做一些机智的文字游戏，但他必须仔细区分他自己读到的内容和分析者打算说的内容。再一次，我们在这里看到，分析者言语的*形式*确实可以告诉我们很多东西。[1]

转移

> 在精神病中，分析家的位置是由知识所决定的。但是这里的知识并 243
> 不是关于作为大他者的无意识的知识——也就是说，必须被破译的知识——而是关于大他者享乐的知识。
>
> ——凯泽(Kizer)及其同事(1988，p. 146)

分析家还可以通过考虑分析者与分析家建立的转移关系，来学习区分神经症和精神病。弗洛伊德认为精神分析在精神病主体中是不可能的，因为他

① 在跟神经症主体的工作中经常出现的一件事是，分析者在早期想要把她的配偶或爱人带到分析中来，以便分析家能*真实地*看到患者遭遇的是什么，她觉得自己的话没有能够传达出这些。她相信，分析家必须要邂逅一下这种让人受不了的伴侣，以便充分理解和同情她在生活中的困境。如果分析家拒绝见其伴侣的话，分析者可能会求助于带来照片、录音、信件，等等，作为她困境的证据。无论如何，分析家一定会被迫从与患者恰好相同的角度看问题，以便充分识别患者的困境。(这通常伴随着这样的陈述：真正需要治疗的不是患者，而是其伴侣。)

几乎所有这些都不会出现在精神病中。精神病主体很少关心他或她对处境的描述并不足以让分析家正确识别出患者的困境——事实上，分析家通常远比患者更担心其处境。神经症主体，很想说服(他们)所认为的可能会对某种个人化的悲剧太掉以轻心的分析家，相信该悲剧，而精神病主体则更可能实事求是地描述那些令分析家震惊和担忧的处境。

认为精神病主体无法建立对分析家的转移。(一些作者认为,他可能在 19 世纪 30 年代修改了自己对这个问题的观点。)很明显,精神病主体与分析家建立的关系类型和神经症主体(与分析家建立的关系)截然不同。让我们从关于知识的关系上的差异开始。

压抑了自己的很多事情的神经症主体,相信关于自己的知识是缺失的,她所没有的关于自己的知识,被定位在作为大他者(大写的 O)的分析家那里。一开始这可能并不是那么明显,并且年轻的实践者可能会发现,转移的这一方面相比于在年长的临床工作者那儿表现得更不明显,但迟早会在每一个神经症主体的分析中变得清晰起来,尽管会有程度上的不同。神经症分析者会自然而然地感受到对这个人的爱,她给这个人赋予她认为自己未拥有但感觉自己需要的知识。而且,她经常会反复要求分析家直截了当地告诉她,自己的症状、幻想和梦的意义是什么。

精神病分析者不会做这样的事情。她可能认为分析家知道一些健康饮食的技术,一些可以帮助她睡眠的药物,或者一些关于如何在这个世界上过得更好的小窍门,但是她不假定分析家对她自己生活中的困难意味着什么有任何特别的了解。精神病主体不会自发地产生这样的印象,即分析家一定在她所说的东西中看到了她自己没有看到的东西,而在神经症主体那儿这是绝对典型的。如果分析家旁敲侧击地指出,神经症分析者所使用的一个表达是含糊不清的,可以用多种不同的方式来解释,起初她可能会对此提出异议,不愿意相信分析家从她的话中听到了一些并非有意表达的东西的合理性。她可能会对分析家的旁敲侧击感到恼火,又或者欣喜若狂于分析家在某个层面上听到了自己,但她很少会质疑自己所说的话具有潜在的歧义的性质——尤其是在
244 经过了一段治疗之后。神经症主体不太可能说:“不,我说的话非常清楚,而且在语法上它不允许任何误解,实际上,不允许任何其他的解释。”她不太可能否认任何一个和所有模棱两可的可能性(无论是同音异义的还是语法上的),而且她可能偶尔会哀叹自己无法控制她所说的一切的意思。因此,她间接地承认,她意识到了,虽然她可能想要传达一种意思,但其他人可以自由地给她所说的话加上别种意思,这可能和那些其他的意思一样令她不安。

当我向我的一个神经症分析者指出他的措辞“我对色情作品的爱慕”(my

attraction to porn)可能也意味着他认为色情(女郎)被他迷住了，他起初惊讶不已，不知道如何回应。然而，在下次会谈开始，他表示，他一直在仔细考虑我的评论，想知道是否我正在指出这种可能性，即他可能正在把自己想象成，对于他观看的色情图片中的女人而言的一个对象，这将反转他是正在观看被动的性对象的欲望主体(desiring subject)这个假定。这导致他去讨论长期以来持有的信念，即女人既不想要性也不享受性，或者至少不应该想要性或享受性，因为在性爱中只能有一个欲望者(desirer)，他称之为“零和游戏”(如果一个人欲望，另一个人则不可能欲望)。神经症分析者明显感觉到我在他的言语中所听到的东西，很可能有一定的合理性，如果我强调了这个句子，毫无疑问是因为我知道一些与他有关的、而他自己尚未知晓的事情。即使这样的一种微妙的语法上的歧义性可以用于跟神经症主体的工作，然而，在跟精神病主体工作时，这将会完全地失败，他们不会对分析家在他们的言语中听到了不是自己想表达的意思感兴趣，因为他们并不假设分析家拥有任何他们最内在的运作的特别知识。

当分析家发现，他的知识在分析者看来是如此的无用——当我说无用的时候，我的意思并不仅仅是说被挑战，比如他的知识很可能会受到癔症主体的挑战，或者说被践踏，比如很可能在强迫症主体那儿发生的；他们(癔症主体和强迫症主体)通常展示出，分析家的解释尽管最初受到拒绝，却最终被接纳或者至少在某个层面上起了作用(有时甚至在分析家首次说出这些解释之后的几次会谈中，被分析者几乎逐字逐句地重复，但她好像丝毫没有认识到，它们曾被分析家说出来过)——以至于分析者甚至不会自发地去寻求他的知识，这个时候，他就应该开始怀疑自己正在和一个精神病结构的人打交道。

分析家不能仅仅因为分析者声称对谈话疗法没有信心，就匆忙地得出结论，认为自己没有被分析者定位为大他者。然而，他可能偶尔能够只经过一次会谈便带着某种程度的信心得出结论说，分析者正在将分析家定位为一个象 245
征性的大他者，比如通过患者多次直接提到分析家对她将要说的一切具有所谓的先验知识，或者因为她给分析家做了一个自己人生故事的简略描述，然后便希望他神奇地提供一个解决办法或者一个诊断和预后；在其他情况下，分析者从一开始(并且也许会持续一段时间)就申明，她不相信精神分析，她认为所有的心理治疗师都是疯子,以及,不管心理医生属于什么流派,她一点都不尊重他们,这时候我们可以得出相似的结论。借用莎士比亚的话,我们可以很好地去怀疑"她确实在欲盖弥彰",因为她很质疑分析家的知识,恰恰指向了*在她的世界中这样的知识存有一个位置*,即使她似乎想否认分析家可以去到那个位置。至少在这种情况下很清楚的是,这样一个理想对于分析者而言是存在的,全知的大他者的概念已经形成,并且某个人可能在某个时间点曾位于那里,而患者的失望则联系于一个事实,即没有人似乎可以再占据或无愧于那个位置。

患者从一开始就对分析家的知识提出异议这一事实意味着,她不由自主地假设分析家拥有某种知识,并且她想要否认这一点——通过挑衅的方式,这是有可能的,或者只是看看他将如何反应(或可能还出于其他原因)。换句话说,这样的表述充当了典型的弗洛伊德式否认。当分析家未曾明确地声称自己拥有任何特殊的知识时尤其如此——关键在于他拥有知识这一点已出现在患者的脑海中。(当然,社会的或体制的背景本身可以表明,分析家有某种和知识相关的权力,即使分析家没有自称拥有任何权力)。要让他的知识被否认,它首先得出现在她的脑海中。简而言之,患者对分析家拥有某种能够帮助她的知识的强烈*否认*,就像她对分析家拥有某种知识的*肯定*(常常伴随着抱怨他隐瞒知识)一样,可以作为神经症的明显标示。

我见过一些个案,比如,其中一个来自非西方文化的人来接受治疗,说她完全不相信西方医学或心理学有帮助她的能力,然而她相信过去的某个时刻,她得到了自己文化中的某个信仰治疗师或医师的极大帮助。在其他的个案中,有一个患者声称得到了教练、童子军领袖或某种宗教领袖的帮助,这些人给患者带来了身体上和精神上的挑战或要去完成的事情,但患者不相信仅仅谈话就能带来什么好处。分析家不需要为这些表示怀疑的声明苦恼,因为这
246 些声明暗示了患者至少已经形成了一些关于知道的大他者(an Other who knows)的概念(Lacan,2006,pp. 230 - 243,这个大他者被称为"假设知道的主体"),一个知道什么对她有好处的大他者,而且他至少可以希望,他最终会以某种方式被她联系于这个大他者,即使这需要很长一段时间。

相反,精神病主体并不同意这个"导致(神经症)主体相信她的真相已经在

我们这里了，我们已经提前知道了”的假象(Lacan，2006，p. 308)。精神病主体不会把分析家当成假设知道她为什么痛苦的大他者——这个人知道这种疾病的隐秘起源是什么，并知道如何加以治疗。神经症主体会这么做(假设分析家是知道的大他者)，这通常被登记在顺带一提的评论中“但你之前都已经听过这一切了”，或者被登记在，当她陷入沉默时，她对分析家的问题“你在想什么?”的回应中——“我在想知道*你*对这一切的看法。”

如果分析家密切关注这些陈述，并且，他也会尽力引出这样的念头，即便它们还没有变成陈述(例如，当分析者沉默不语时)，那么，这些陈述在某些个案中的完全缺失会给他留下深刻的印象。换句话说，他会意识到这样一个事实：某些患者根本不关心治疗师知道什么或想什么。有一类患者反复提到他们担心分析家认为他们疯了或者认为他们很糟糕，而另一类患者似乎并没有被这样的问题所困扰。尽管后一类，精神病主体，他们可能琢磨*自己是否精神正常*或者怀疑自己是不是快疯了，但至关重要的一点是，*他们不想知道分析家是否认为他们疯了*。[①]

他们可能认为分析家在某些方面可以帮助他——当建议换工作，更多的睡眠，不同的饮食，或者其他什么的时候，分析家是有帮助的——但他们不会把跟自己的童年、内心冲突或真实的感受有关的任何一种特殊的洞察力和知识归于分析家，因为在他们心目中，分析家与自己并没有本质的不同：分析家是一个小他者，不是一个大他者。分析家(和她)在性质上没有什么不同：只是有量上的差异。

这并不意味着，任何只要相信在质上不同、全知的大他者(例如上帝)的人，就必然是神经症主体。关键的问题在于分析者的假设——关于自己的知识存在于自身之外(或超出自身的范围)——是否能够转移到分析家身上，换句话说，分析者是否能够将她的分析家视为一个全知的大他者。*如果患者能* 247
够把分析家放在知识的位置，那么，分析家就能够将其排除出精神病域。(神经症主体的信念：分析家知道一些分析者自认为是症状的东西，必须要跟偏

① 那些怀疑自己是否疯了的人，相比那些从不这样怀疑的人更可能是神经症。怀疑本身就可以作为一个有用的诊断晴雨表。

执妄想狂的确信做明显地区分：即分析家可以阅读她的心思，这种确信至少部分基于她相信分析家在把想法和冲动放到她的头脑中。全知的迫害性小他者的位置，是分析家想要避免让自己被放入的位置！）

只要分析家经常期望分析者把他们置于知识的位置——这是转移的一个常规部分——那么，在分析者不把任何特殊知识归于他们的那些个案中，他们往往感觉到根本没有转移。毫无疑问，由于分析家跟神经症主体的大量的工作，他们会把转移如此紧密地联系于分析者对他们的投射——假设知道的主体，以至于，当没有这种投射的迹象时，在他们看来，似乎就没有任何转移的迹象。严格地讲，在跟精神病主体的分析工作中，与其说没有转移，我们可以更确切地说，*转移仅仅发生在想象和实在的层面，而不是像在神经症那儿发生在所有三个层面*（想象、象征和实在）。这并不是说分析家和精神病主体的工作绕过了言语：大部分的工作仍然涉及言语，但是，在这种情况下言语并没有让象征界运作，语言和言语在精神病中被想象化（也就是说，被变成想象性的）。

在术语的严格意义上，精神病主体可以很好地把某些东西转移到分析家身上——例如，邪恶的或迫害的意图，这是精神病主体和她生活中先前的某些人的一部分体验——但当她的确转移时，实际上，她所转移的东西在性质上讲是想象性的，只对像她一样的小他者的转移，涉及的要么是激情的爱，要么是强烈的恨。换句话说，这种转移在性质上可能首先是爱欲式的（erotic；钟情妄想是一种分析家爱分析者的妄想性确信）或攻击式的（迫害妄想是一种分析家想要残酷地享用，压榨，和/或毁灭分析者的妄想性确信）。[①] 精神病中的转移往往涉及的是激情，而不是知识（除非知识被联系于激情），而神经症中的转移往往涉及两者。

分析家对于精神病主体来说是何种大他者

一些人置身于转移之外的距离和置身于话语之外的距离一样远，然

① 对于不同形式的偏执妄想狂的讨论，见弗洛伊德（Freud，1911/1958，pp. 63 - 65）的施瑞伯案例史。

而，这些主体可能会对一些同类吐露心声。严格地说，这不是“转移”，因为转移这种象征性的关系包含着一个假设知道的主体，而精神分裂症主体进入不到转移之中。但是，它为既是想象的又是实在的对象关系留下了一个可能的空间，一个人有时能够从中获得一定的效果，不过这种对象关系很容易与转移相混淆。 248

——索莱尔(Soler，2002，p. 123)

由于象征维度（又名无意识）在精神病中缺失了，所以在精神病主体的世界中没有象征性大他者（即一个全知的、善意的大他者，和这样的大他者达成“象征契约”才是可能的）的位置(Lacan，拉康，2006，p. 303；另见 pp. 272，308，430，686)。在神经症主体的世界中，此种大他者的土壤一般而言已被一位至少有时候很和善的照料者准备好了（用尽可能最简单的话来说），这位照料者知道很多事情，并且会强化家庭中的法则（如道德的、政治的，以及/或者宗教的法则）——一个严格意义上不是照料者他或她自己创造的法则。在这个土壤上生长出了一个存在(being)的概念，这个存在知道当某人受伤时如何让事情变得更好，了解一个人的想法，知道一个人什么时候是好的或者是不好的，以及奖励谁或惩罚谁，这些知道并非任意性的而是基于一个可识别的规则，哪怕孩子只有通过心智上极大的努力才能识别出来。这样一个存在的概念最初常常与父亲或母亲有关，然后是老师或宗教人物，最终是至上的存在，一般而言，神经症主体的大他者具有全知和公正的特征（个体的父母、老师和宗教人物通常会被孩子发现，并不符合她赋予这些人的那种全知的和绝对公正的崇高理想）。

尽管精神病主体可能非常信仰上帝，但她们所熟识的父母不是一个知识的而是残酷的、剥削性的享乐的大他者。① 精神病主体普遍未曾接触过（或仅仅只有一小段时间，或仅仅在生命后期）一位和善的、很有知识的照料者，他或她会强化家庭中一个严格意义上不是照料者自己创造的法则；土壤仅仅被准

① 正如米勒(Miller，1993，p. 11)提出的那样，在偏执妄想狂中存在的大他者不是象征性的，而是实在性的大他者。

备好了给这样的大他者,一个想要吞噬或毁灭主体自身存在的大他者,一个极力侵入并占有主体整个身体和灵魂的大他者,一个设法压榨和/或夺去主体思想的大他者。

249 如果分析家如此鲁莽以至于试图去占据精神病主体的权威地位——比如对什么真正使精神病主体发作具有权威性知识的某个人的地位——分析家很可能会很快地发现他自己与这个残忍、迫害性的大他者联系在了一起,这个大他者被精神病主体体验为正在利用她、在性的方面压榨她、偷窃她的思想以及大体上正在摧毁她的生活(当然,在单个个案中这些元素并非全部出现)。

正是分析家要去占据某个人的象征性位置(一个与之达成象征契约是可能的大他者的象征性位置)的尝试,当这个人在其过往历史中未曾有这样一个位置的先例时——也就是说,这样的象征秩序没有建立——最有可能会引发精神病发作。(在治疗背景之外,往往正是当精神病主体的上级军官、老板、房东对她们采取了强硬的或严厉的立场时,精神病主体变得不稳定或精神病发作;这些人物在不知情的情况下试图去占据精神病主体的精神世界中根本不存在的位置。①)因此,分析家清楚自己的位置并待在那儿就十分关键;当他还不确定诊断时,他就必须轻柔地处理/柔化治疗,确保避免突然的“标点”和切分,并且避开可能会被当作是迫害性的干预或暗示。

那么一旦分析家确定了他的分析者是精神病主体,他应该待在什么位置上呢?既然他不能占据一个象征性的角色,留给他的就只能是一个想象性的角色了(尽可能简单地说)。尽管想象维度可以以竞争和嫉妒为特征(见Fink,2005b),但是在这里,想象关系的重要之处在于分析家和分析者在质上是相同的:他们更像兄弟姐妹而不像父母和孩子的关系。他们在很多方面相似——他们是“相似者”(semblables),正如拉康所说,相像之处多过不同之处的一些人。

分析家必须不断地避免想象界的陷阱,正如我在第一章中所描述的那样。他一定不能试图根据自身经验来理解分析者说的所有事情,也不应当总是关注分析者所说的对自己意味着什么(例如,分析者认为分析家愚蠢还是聪明,

① 想象棋盘上的一个方块已然被切下来时,试图让一枚棋子落在那个方块上。

穿着得体还是邋遢)。相比于神经症主体来说,这些做法对于精神病主体没有更多价值。同样的,自我揭露对于精神病主体而言,不会比对神经症主体更有价值:一般而言,分析者对分析家了解得越少越好。尽管精神病主体从一开始就可能会把分析家置于一个想象的位置,但这并不意味着分析家必须同意 250 去占据那个位置的所有方面。[①]

不过,对于精神病分析者,分析家可能偶尔要努力减少一点神秘,并且相反,关于是什么导致他将会谈改期或者关于他去哪里度假,要更加透明。神经症主体很可能会想象出一些剧情,当分析家没有把他调整会谈时间的原因或者他的娱乐和休闲活动的这些细节告诉她们的时候,这些剧情为推动分析进展提供了很好的材料;但是,一些精神病主体更可能会想象出一些迫害性的剧情,认为分析家和一些权威正在共谋,为了不让她们按自己意愿做事情,或者分析家正在去某个地方旅行,以便去求证她们所讲的故事是否真实。出于同样的原因,分析家通常应该避免在跟精神病主体的工作中使用躺椅:对她们来说,能看到分析家要做什么好过想象分析家在他们背后要对他们做不好的事情(跟精神病主体避免使用躺椅还有其他更复杂的原因)。

以一种跟神经症主体工作时通常要避免的方式(除非,比如,神经症分析者是个儿童),与精神病主体结成联盟也是有价值的。然而,对于神经症主体,分析家应该尽可能把他自己的关于什么对分析者是好的或不好的想法悬置起来,尽可能少地干预神经症主体做出的决定和她投入的行动(事实上,只有当这些决定和行动会以危及神经症主体生命和生计的方式,有可能会使分析的持续处于危险之中时,干预才是需要的)。一旦我们获得了精神病分析者的信任,对她的生活、兴趣爱好、能力和当下的处境有了很多的了解,鼓励分析者的那些看起来能促进稳定性的追求,并且劝阻她不要做常常会在他们生活中导致相当大的冲突的事情(即使不是立刻的精神病发作),有时可能会很有帮助。在此,分析家努力地以某些方式像一个人可能一直所希望的好朋友那样行

① 请注意,尽管神经症主体可能从一开始就把分析家置于一个象征的位置上,但分析家并不同意占据那个位置,分析家更愿意占据分析者的欲望原因的位置(例如,参见 Lacan,2007,第41页,Fink,1997,第4章)。

动——一个鼓励她的追求不是出于自己的目的或利益，而是尽最大可能地，出于他所评估的对这个人自己最有利的东西的朋友。① 这样的一个评估无法很快地或明确地做出，它需要对分析者有广泛的了解，并且必须接受不断的修改。

加西亚-卡斯特利亚诺(Garcia-Castellano；IRMA，1997)在他讨论跟一位
251 女性精神病主体的工作中，为上述方法提供了一个很好的例子，在他们分析的第二年，她得出了一个“不大可能的发现”，即自己曾经被父亲、母亲和几个兄弟强奸了，即使她完全不记得这件事发生过。加西亚·卡斯特利亚诺写道：

> 她对自己关于这件事的记忆缺失困惑不已，但是在自己的身体中发现了曾经发生过什么的痕迹：一些疼痛。应当注意的是，她对这件事的推断在大多数情况下仍是限制在分析设置之内的。她设想着手进行实际的调查——一项充满暴力的计划——但是我劝阻她不要这么做。她同意了，说道，“我最好在这里哭诉被强奸的事而不是在别的地方。”几年以后，当她提及我的干预时，患者指出自己在那时“感受到了”“一只友善的手在保护着我”。(pp. 104－105)

然而与神经症主体工作时，分析家要努力避免强加或以任何方式传达自己对于好坏的看法，努力以促进分析者的爱欲(Eros)而非促进她假设的善行的方式行动(见 Lacan，1991，以及 Fink，1999)。② 在某种意义上，与精神病主体工作时，分析家所做的是相反的事情：他必须努力促进尽他所能地辨别出来的对精神病主体有好处的事情，努力帮她限制、定位她所具有的享乐并赋予其意义，当这种享乐向她袭来的时候，她发现它令人无法承受、无法理解而且

① 我怀疑，至少在英语世界，如今大多数精神分析家采取这种“好朋友”的立场面对他们所有的分析者，而不考虑诊断，基于他们自己的现实观以及什么是对人有益的，来和分析者一起工作，而不是对神经症主体和精神病主体采取不同的立场。

② 在讨论与神经症主体的工作时，拉康(Lacan，2005a，p. 19)说：“精神分析家非常清楚，并不是通过要求那些对人们有好处的东西，他们就能成功地实现它，而且大多数时候，甚至是反过来的……如果有更多的人意识到这一点——不是因为我们极度想要为自己身边的某个人行好事，我们就真的对他好——那将会是很有帮助的。”

会威胁到自己的稳定(并且有时当她相信自己在其他人身上觉察出恶毒的享乐意志时,赋予享乐一个能够让她平息的意义。)

帮助型小他者

精神病主体所要求的是一个见证者而非一个假设知道的主体。

——福布斯及其同事(Forbes et. al.,1988,p. 321)

对于精神病主体,分析家的位置应该是"帮助型小他者"(helpful other),我建议这样称呼它,而非有知识的大他者。[1] 那么,确切地讲,这个帮助型小他者是谁或者是什么样的? 当精神病主体寻求治疗时,她是在寻求这样的他者吗? 252

往往神经症主体来治疗至少寻求一件事:承认。尽管分析家不会承认她想要分析家承认的东西——比如,作为受害者或可怜人的身份——但是分析家会让她知道他*听到了*她所说的话,不过*他所承认的是她自己没有意识到的潜藏在她的话语之中的欲望*。换句话说,分析家试图凸显、激发和承认她内心对别的东西的欲望,而不是承认她在某种意义上的异化。

那么精神病主体来找治疗师讲话时想要的是什么? 分析家要像与神经症主体工作中所做的那样*拒绝*给予精神病主体想要的东西吗? 在治疗中,精神病

---

① 虽然这两个不同的他者在理论上可能很容易区分,但在实践中却并不总是如此,因为帮助型小他者可以被赋予某种知识——比如说,关于如何获得一个人想要从体制中(例如,从提供住房、食品券、医疗保健、失业救济、残障福利金等社会服务机构那里)获得的东西的知识,或者患者发现很有帮助的有关精神类药物、草药疗法、物理疗法、良好的卫生习惯、锻炼等的知识。注意,这里涉及的知识与患者的"内在生活"无关,与她的行动的原因无关,与她痛苦的想法、幻觉等的原因无关。

但是,甚至也不完全是这样的,因为患者很可能会认为她体验到的这些想法和幻觉的原因是因为她有睡眠困难,是一种可以通过教练或医生的建议——多做运动,不要在睡前吃东西,关灯前停止在床上看书或看电视——而可能得到解决的问题。换句话说,在一定程度上,这个帮助型小他者可以被赋予一个*她的问题原因的知识*。

内部与外部的区别在这里变得模糊起来:"外部的原因"可以被看作是痛苦的"内部状态"的原因。然而,我们可以注意到,患者——在她们那儿只存在帮助型小他者——似乎从来都不期待分析家了解任何有关她们生活的、可能促成了她们当前困难的那些早年事件,也不期待分析家知道造成了她们现在所抱怨的各种问题的家庭结构类型(也许除了通常的与"性虐待"和多动症有关的那些陈词滥调),等等。

主体似乎在寻求一个愿意倾听的人，并且这个人不会立刻告诉她们，她们正在说的话是疾病的一部分而且应该忘掉。精神病主体会持续与一个愿意*见证*曾经发生和仍然正发生在她们身上的事情，而不是评判、批评，也不是必须要相信或不相信这些事情的人交谈——这个人能够在一个特定的语境中接受她们讲述的事情，而该语境为分析情境划定了范围。（虽然在与神经症主体的一些预备性会谈中采取同样立场可能也是有帮助的，但如果分析家在某一时间点之后继续采取这种立场，她们可能会把分析家看作一个傻瓜或容易受骗的人）。

253 这并不是意味着分析家被要求接受精神病主体在分析设置之外的所有行为，但他必须至少接受分析者在我们称作分析设置的“括号”内不得不说的东西。这样便允许了分析处在一个与患者生活的其他部分不同的位置上——这个位置是从日常生活中被孤立出来，分离出来或者说用括号括出来的；在这个位置上即使话语无需暗含任何特定的行动也会被严肃对待。意义的织物能够被编织、被部分地被拆开和重织，以及被详尽地阐述，而不暗含在诊疗室之外要做的任何特别的事情中（一个例子，见 Fink，2001）。

我们可能会被诱使这么想：正如神经症主体来做治疗的时候，会自发地将分析家置于有知识的大他者的位置上，并试图经由分析家来解决她与这种抽象的权威人物之间的冲突那样，精神病主体也会自发地将分析家置于迫害性的大他者位置，并试图经由分析家来解决她与这种淫秽的、要命的大他者之间的冲突。但是，精神病主体并不必然寻求将这个她日常生活中的迫害者的形象或角色转移到分析家身上，以便在治疗设置中“解决它”。这种情况可能比分析家希望的更经常地发生，但这通常是分析家自己判断上的失误导致的结果，比如说，由于他在关于应该如何推进事情，患者应该谈什么样的事和不应该谈什么样的事，以及在他应该采取何种干预方面，没有把握好时机。

当分析家让自己接受神经症主体的投射时，分析家对治疗神经症是最有帮助的（假设他继而将这些投射用于解释的工作），但是，当分析家使自己接受精神病主体的投射时，对于她们而言，他却不是一个“帮助型小他者”。分析家既不接受也不拒绝神经症主体的投射，并且努力辨认出投射背后的、如其所是的东西，但是，他必须尽最大努力消除精神病主体似乎要将他定位成危险的大他者的任何投射，这个大他者以精神病主体为代价来享乐。

这可能说起来容易做起来难，尤其是分析家对分析者知之甚少时。如同我在第七章所说的那样，一旦转移性的投射已经建立，分析家随后所说的一切都会被当作来自分析者加于他的那个人；他无法找到一个置于转移之外的位置(一个元位置或“转移的转移”)，分析家可能会发现自己陷得更深，而无法如愿地缓和局面。分析家此时最好的做法就是提供坚定不移的支持性立场以及直接声明，比如“我一点也不想把你的想法从你那里拿走”“我永远不会以任何这种方式利用你”，以及“我从来没有试图让你被炒鱿鱼”，是我们通常能有的最好的做法，而且幸运的是，这样的做法往往就足够了。

治疗目标 254

> 精神病主体在话语(discourse)之外，这一观念使我们能够定位是什么制造了精神分析的绊脚石。这并不意味着精神病主体不能找分析家——经验证明她们可以——但精神病主体对分析家的使用并不是为了分析无意识。
>
> ——索莱尔(Soler，2002，pp. 97 - 98)

如我们所见，绝大多数个案中，神经症主体的自我太过强大而不利于自身。它是如此的强大和僵化，以至于每当神经症主体自己的性的或攻击的念头不符合其对自身的看法时，压抑就会产生，从而导致被压抑之物在症状中返回。如果自我太过虚弱，而无法把这种冲动推到自身之外，就不会有任何症状。因此，跟神经症主体分析的目标之一就是要松弛自我的僵化，因为正是这种僵化要求主体将许多事物抛诸脑后。为此，分析家会质疑或寻找自我持续不断重构的、试图合理化分析者的行为和冲动的那些完整性中的洞。分析家解构了分析者对自身的看法，这种看法不断地再结晶，从而排除自身的一部分。①

① 在这里，自我可以被视作像一个意识形态系统，试图以一种让人满意的方式解释所发生的一切，为那些被认为是无法解释或不可接受的事件提供专门的或可以接受的理由。

相反，精神病主体的自我在一些方面是脆弱的。在精神病中，自我从来没有被密封或被统合，因为象征维度从来没有被确立（见 Fink，1997，第七章）。从某种意义上说，自我仍然是开放的或不完整的：我们可能会说，精神病主体的自我中有一个洞，打个比方来讲，当分析者过于接近她自我中的洞时，事情便分崩离析，而且她更可能会精神病发作。[1] 分析家需要帮助分析者修补、覆盖已有的洞，而不是试图解构分析者对自己的看法，也不是试图以一种过于统合的自我观寻找出或挑出那些洞。这是谈论拉康（Lacan，2006，p. 582）所谓“增补”的一种简单化的方式。[2]

然而，对于神经症，我们试图使分析者对自己及其世界的看法不完整——由于象征界或象征轴的建立而带来自己和小他者之间的稳固区分，这些看法
255 已经被统合（见 Fink，1997，第七、八章）；对于精神病，我们设法帮助她以某种方式增补她对自己及其世界的看法。那么，如何支持或增补分析者的世界观呢？

首先，我们必须清楚缺失的到底是什么。

促进解释性原则的建立

> 拉康说：精神分裂症主体，“在没有既定话语的帮助下直接面对着自己的器官。”然而，谈及器官时，一个既定话语有什么好处呢？它有助于建立对享乐的限制和常规的屏障。这就是为什么每一个话语都带着某种阉割。
>
> ——（Soler，2002，p. 121）

对于神经症主体而言，总是存在一个模糊不清、令人困惑的小故事：为什么父母想要她，或者一开始他们也许不想要她，但后来却越发爱她。这个小故事告诉了她在父母的欲望中所占据的位置，尽管在他们的欲望里这个空间可

---

① 在这里，我们可以说，患者的意识形态框架中存在一些缺口，因而需要将这一框架扩展到可以覆盖一切。

② 拉康（Lacan，2006，p. 582）在这个语境下明确提出：“增补……由最初的除权（德语：Verwerfung；法语：foreclosure）所构成的空。”

能会很小，却是她生活的立足之处。最起码它解释了她存在于世界上的缘由，解释了为什么她存在于这里。在这个意义上，这个故事便充当了一个解释问题的原则。

但这并不是问题的全部：她被要求的是什么？这才是问题。[①] 如果她感觉到自己只是作为父母一方生命的延续，或者她被期待把自己献身给父母的"性服务"(Lacan，2006，p. 852)，麻烦便随之而来。对她而言，被要求其他东西，也许是极其模糊的什么东西，要好得多："亲爱的，我们只是想让你开心"或者"不管你想做什么，我们都希望你能做好。"对于神经症主体，父母这样的欲望往往会令人焦虑，这些欲望使孩子明白，她在某些方面与父母是分开的，在世界上可以有她自己的一个位置。她存在于这里是有理由的，这个理由不一定能达到为她的一生提供一个使命或高于一切的目的，但至少让她在这个世界有着落。

精神病主体没有这种一致的解释问题的原则，也没有什么东西能够让她着落在这个世界上。精神病主体一次又一次地讲述，他们如何从来没有被父母中的一方或双方这么对待过：仿佛他们是有权利存在的人，他们的身体不容侵犯且只属于自己，以及人们能对他们做的事情是有实在界限的，而且如果这些界限没有受到尊重，他们可以诉诸法律。在我的一个案例中，分析者的父亲声称，当他的妻子在婚姻早期怀孕时，他想留住这个孩子(而他的妻子，他坚 256
称，当时曾想要打掉孩子)；另一方面，分析者的母亲却声称，分析者的父亲曾经想让她放弃孩子且交给别人收养，但她拒绝了。这一故事的两面是不可调和的，也无法告诉分析者为什么他存在于这里，为什么父母想要他，父母有多想要他，等等。总之，故事的两面无法为他起到解释性原则的作用。

在缺乏这样一个解释性原则的情况下，一些精神病主体垮掉了，可以说，永远无法站稳脚跟；另一些精神病主体则足够幸运地找到了一个赋予生命意义的*计划*；然而，还有一些精神病主体形成了一些妄想系统，如果允许其充分发展，它们会为主体在世界上提供一个特殊的位置。这个特殊位置可能是一

① 根据拉康的说法，这个问题的答案在神经症中可以在基本幻想中找到。根据贝兰雄和他的同事(Belinchon et al.，1988，p. 294)的说法，在精神病中没有基本幻想；只有享乐。

个国际间谍，一个像基督这样的宗教人物，或者是上帝的妻子(如同弗洛伊德分析的施瑞伯)——简而言之，这个位置并不一定会被轻易赞同，而且事实上往往在一开始会受到精神病主体自己及其周围人的竭力反对。然而，这种妄想系统通常不仅提供了一点点稳定性，而且往往为主体赋予一个生活的目的和使命，至少这并不与她在地球上的时间和地点中的生活完全不相容。在最好的情况下，这一目的和使命与她周围的人所追求的目标相当合拍：她可能成为一名教育者(见 Morel & Wachsberger，2005，p. 79)、一名护士、一个传教士，或者从事任何其他的活动。

通过妄想过程，精神病主体开始着手为她的世界中所发生的事情创造出解释，特别是着手谋划一个自己的解释问题的原则。*精神病主体建构的妄想补偿了解释性原则的缺失*；它增补了这一缺失。当妄想活动被允许自行其道，而不是因治疗师的干预和/或药物而被压下去时，最终会通向——这一过程可能会需要很多年——拉康所谓的"妄想隐喻"的建构。妄想隐喻是一个新的起点，精神病主体可以基于此建立其生活和世界的意义。① 精神病主体的妄想——当被允许去继续自身的过程时——会朝着创造一个世界的方向前进，
257 在这个世界里，精神病主体被赋予了一个重要的位置，一个关键的角色。

精神病主体的妄想性的宇宙论可以用于解释其出生的缘由以及她在世界上生活的目的。如果还没有迹象表明患者有任何妄想活动(例如，如果她是前精神病主体)，分析家应力求帮助患者建构能够维持其生活的意义，而不是重新创造出那种施瑞伯式的(法语：à la Schreber)整个宇宙。并不存在可以做

---

① 拉康把这种新的世界观称为妄想隐喻，因为它代替了在神经症中找得到的更寻常的"父性隐喻"，在某些方面，允许词语和意义以一种相对稳定、持久的方式结合在一起。例如，接受弗洛伊德分析的施瑞伯花了数年时间谋划一种全新的、非常奇特的宇宙论，最终的结果是一个稳定的意义的世界——虽不是由大多数人共享的意义，但也是意义——在那里，一个空间，一个可承受的角色为施瑞伯保留了下来。施瑞伯最终在自己创造的世界里找到了一个位置。拉康(Lacan，2006，p. 571)将之称为施瑞伯的"精神病过程"的"终点"。一旦他抵达了那个"终点"，他就能够成功地提出理由说明他应该从精神病院中被放出来(不过，我认为他在几年后仍然会再次变得不稳定)。

请注意，性倒错主体，就像精神病主体一样，参与到*增补父性功能*的尝试中，该父性功能使象征大他者得以存在。性倒错主体通过搬演法则之宣告来做到这一点；精神病主体通过谋划一个妄想性隐喻来实现。关于这一点，见 Fink(1997，第九章)。

到这一点的标准化方法：也就是说，分析家必须设法分辨出是什么威胁到分析者，使其不稳定，并与她一同建构一些既令人满意又能承受负荷的意义——能够经得住分析者在她的一生中可能遇到的各种环境压力的意义。这个过程不一定是有限的，*分析家应做好准备，与分析者建立一个可能会无限持续下去的关系*。虽然工作强度一开始可能比十年或十五年后要大得多，但分析者可能会不断地感受到，几十年来时常与分析家交谈是有帮助的，让她可以渡过难关。

另一方面，如果患者已经有妄想活动的迹象，分析家绝不能自作主张让分析者摆脱妄想。正如弗洛伊德（Freud，1911a/1958，pp. 71，77）在他对施瑞伯大法官案例的评论中所指出的那样，妄想是治疗过程的一部分。幻觉与妄想对患者而言往往是非常珍贵的——正如弗洛伊德所言，精神病主体爱幻觉和妄想甚于爱自己——如果通过实施电休克疗法或药物将幻觉和妄想从她那儿拿走的话，患者可能会强烈感觉到被剥夺。她看到别人看不到的、听到别人听不到的，或者相信别人不相信的，这样的事情可以成为使她与众不同的东西的一部分，可以成为赋予她一个例外的角色和生活目标的东西的一部分。对于分析家来说，困难之处在于要去见证妄想系统的形成，并设法在其内部工作。当不去质疑这个妄想系统最重要的方面，而且在十分相异于分析家自己的一个概念世界中工作的时候，分析家有时必须设法说服分析者以稍微不同的方式看待某些事物——尤其是当分析者对某件事情做出了一个解释，而且它可能会导致她伤害自己、伤害别人、令自己被赶出家门或被解雇的时候。

分析家还必须设法驱散分析者的投射，即把恶意归咎于她周围的人，并设 258
法平息这些人对她所说的话带来的伤害性的影响。例如，倘若一个分析者开始感到她的朋友们都在迫害她，当她几天不见踪影时反复给她打电话，并且开始将恶毒的意图归咎于那些——据分析家所知——一直作为她存在的支柱的人们，此时，分析家可以（正如我的一位被督导者所做的那样）提出这样一个观点：朋友们只是在关心她，因为他们好几天没有听到她的消息了。换言之，分析家可以尝试去驱散分析者为她朋友们的行为所附加的妄想性意义，并且平息事端、缓和局势。索莱尔（Soler，1997，p. 214）将这样的技术称为"对抗大他者的享乐"，因为在这里，分析家试图阻止分析者把某人（或一些人）放在乐于吞噬她或毁灭她的邪恶大他者的位置上。

史蒂文斯(Stevens,2005,p. 193)讨论了一个案例:分析家使分析者在自己的脑海中已经开始上演的"一幕(潜在的危险的)情节变得不那么强大"。在一次会谈中,分析者说:"我觉得我正在成为老板精神上的儿子!"分析家回应道,他只是被这个老板雇去工作的,只是为了完成他的工作(不是去做他儿子的)。分析家可能已经怀疑,在分析者的头脑中,老板从"精神上的父亲"的位置到"邪恶的、迫害性的大他者"的位置,只有一步之遥。

分析家必须在见证一个新的概念系统的发展和必要时引导这一系统远离潜在的灾难性冲突之间小心行事。再一次,不存在普遍适用的做法;分析家要让他的技术适应于每一个不同的案例及其独特的展开方式。(关于这类案例如何展开的几个例子,École de la Cause Freudienne,1993,和 Fink,2001)。

然而,在所有此类案例中,我们不得不在患者已经认定的信念系统的框架内尽最大可能地工作,无论这是一个原教旨主义的宗教框架还是一个巫术的框架。尽管患者的信念系统对我们这些有着自己世界观的个体来说可能是令人不快的,但并不是通过从外部强加我们自己的观点,我们才有可能(为患者)带来任何一种稳定性。我们需要设法帮助患者在她自己的信念系统中找到一个她可以占据的位置——一个重要的、与某个使命相联系的位置,该位置能够赋予她一个计划和某个东西来指导她的行动。

259

医生要慎重

> 跟精神病主体的工作,总是涉及为主体找到一个方法,以便带来一些可以教化享乐的转变,直到享乐变得可以忍受……最容易找到的解决办法是包含一个增补性的象征界的办法,问题在于构建一种不同于俄狄浦斯式虚构的另一种虚构,并且让它起到稳定化的作用。
>
> ——索莱尔(Soler,2002,p. 189)

鉴于存在很多不同形式的精神病,不可能为所有的形式提供同一个处方。

然而，我想要简短地讨论，什么可以被认为是所谓的前精神病和以妄想为特征的精神病之间的中间阶段。我在自己的实践和对别人的督导中多次遇到过这个阶段，在该阶段，精神病主体意义系统中的缺口(gap)被一个充当解释性装置的特别的术语所增补(我们之后将会看到这个“中间阶段”可以根据拉康所说的“圣状”[sinthome]来理解)。在我熟悉的那些个案中，主体并没有像碰巧遇到的那么多地去寻找一个专门的词，而它可能是在精神健康专家把他们诊断为注意缺陷障碍*时提供的。ADD(或 ADHD)很快就为主体充当了一个解释性装置，好像某个东西解释了他们世界中的一切：他们为什么会变成这样，为什么事情会以这样的方式发生，并且为什么他们在世界上有一席之地。在一个个案中，标签甚至给这个主体提供了一个与自身存在有关的计划或者人生的使命：帮助有相同诊断的其他人，并且为像自己一样的人争取一些福利和特权而奔走。尽管帮助这些主体增补他们世界观中的洞并不一定是临床工作者的目的，由当代“科学”话语提供的意指材料(signifying material)被编织到主体赋予其世界的意义的结构当中，并且带来某种稳定性，带来稳定的信念系统。

当实践者遇到这样的主体时，他们很可能会感到挫败。实践者往往深信，自己事实上处理的是一些神经症主体，她们只是简单地抓住一个解释一切并让自己摆脱困境的标签不放，使自己免除对生活中发生的事情的责任。这当然偶尔会发生，但实践者必须谨慎，不要试图过快地质疑患者世界观中的这一特别元素，因为它可能是覆盖着一个深渊的元素，覆盖着这个人历史中的一个豁开的洞。只要它没有导致这个人接受有害的药物或其他缺德形式的治疗，这种“临时补缺”(stopgap)的解释性原则可以很好地服务于精神病主体，不应 260
该被临床工作者破坏。乔治(Georges，1997，pp. 39－47)报告说，有个年轻人咨询过他，这个人确信自己患的是一种常见的抑郁症，只是想让分析家确认他的父亲也是这样。尽管乔治很想质疑这个人的确信，但他想了想很快就决定作罢，因为考虑到这个年轻人原本就是精神病性的临床表现，而且*抑郁症*这个词似乎正在为他在这个世界上奠定基础的事实，为他在这个世界上提供了一

* 注意缺陷障碍(Attention Deficit Disorder，缩写为 ADD)，是注意缺陷/多动障碍(Attention Deficit Hyperactivity Disorder，常使用缩略形式为 ADHD)的旧称。——译者注

个可以识别的位置。[1]

“边缘(型)”

> 我必须承认，我在理论层面上不得不关注的无意识，也是分析家的阻抗经过人格化的无意识。事实上，精神分析中每一个后弗洛伊德时代的发展(在发展这个词的按时间先后顺序排列的意义上)都是对无意识的严重拒绝的结果。
>
> ——拉康(Lacan，1969b)

根据拉康派的标准那些会被认为是前精神病性(主体)的人，以当代精神分析的用语，可能会被认为是“边缘型(人格障碍)或自恋型(人格障碍)”。[2] 然而，如果我们采用如下的观点：即神经症和精神病分别通过压抑的在场和不在场进行区分，(或者，更严格地用拉康的术语，神经症被压抑界定，而精神病被除权[foreclosure]界定)，而且我们进一步接受压抑是一个全或无(all-or-nothing)的现象这个概念——要么压抑已经发生了，要么从没有发生过——那么，神经症和精神病之间就不可能存在真正的边缘地带。正如我先前提到的，有时极难可靠地形成正确的诊断，然而，是临床工作者在两种诊断之间犹豫和摇摆不定，而不是分析者。

尽管在某些理论取向中，谈及一些患者变成了精神病然后开始“缓解”是常见的说法，大概是在不再是精神病的意义上的“缓解”；并且在一些其他的传统中，谈及“人格的精神病部分和非-精神病部分”并不是不常见的(Bion，
261 1957，p. 269)，*在拉康派的传统中，神经症和精神病之间不存在连续体，存在的*

---

[1] 这里的寓意是，不管是否愿意，我们必须小心，不要试图胡乱地移除被我们当做某人的症状的东西：这很可能是一个“圣状”(sinthome，正如我们稍后会看到的那样)，它为那个人将实在界、象征界与想象界绑在一起。即便不是圣状，那它仍然可以充当一个暂时性的结扣点(稍后讨论)。这个例子表明，把症状移除作为治疗中我们的首要目标是多么的愚蠢。

[2] 根据拉康的标准，被认为是神经症(尤其被认为是癔症)的人也经常在当代精神分析用语中被视为“边缘型”。

只是一个巨大的间断——在一个人生命的不同阶段，任何跃过神经症和精神病之间界线的来回移动也不存在。

当代心理学、精神分析和精神病学的很多思想都朝着这样的方向发展，即根据患者是否使用了与更“成熟的防御”相反的“原始的防御”来对他们进行分类，以至于《*精神疾病诊断与统计手册（第四版）*》[*Diagnostic and Statistical Manual of Mental Disorders（4th Edition）*，简称DSM－4]的作者据称正在考虑为《*精神疾病诊断与统计手册（第五版）*》（DSM－V）的诊断图示增加第五轴，它将包含防御机制（Millon & Davis，2000，p. 25），然而我想要提出的建议是将防御纳入神经症和精神病的更广泛的结构性标题之下更为合理。① 压抑不应仅仅被视为神经症主体所使用的一长串防御机制中的一个，而是这些防御（如否认、移置、情感隔离、妥协形成、省略、转换、转向自身、反向形成、情感抑制和撤销）之所以可能的最根本条件。②

弗洛伊德（Freud，1894/1966）在其早期的一篇论文中说，经由压抑，一个观念与其伴随的情感相分离，而后者随后被移置到另一个观念上（在强迫症的情况下），或转换为一种身体症状（在癔症的情况下）。他接着说，这个观念因此在本质上“被削弱”（p. 52）并且“从所有联想中分离开来”，这意味着它成为“第二精神组”（second psychical group）的一部分（p. 55）——换句话说，它变成了无意识。如果无意识还没有经由弗洛伊德（Freud，1914b/1957，p. 148）称之为“原初压抑”的过程而形成的话，这些观念和情感的转变（粗略地讲，分别地对应于移置、转换和解离）都是不可能的。 262

① 注意，我在这里所说的与弗洛伊德（Freud，1926/1959，p. 163）的建议——即压抑只能被视为众多防御中的一种——相矛盾，稍后他反转了长期以来所持的观点——压抑远比各种防御机制更为关键。安娜·弗洛伊德（Freud. A，1946，p. 54）把她父亲的这一单独的、孤立的表述当作是在邀请她建立一整套防御的“时序分类”，不幸的是，这一做法的影响延续至今。然而，请注意，即使在该语境下，弗洛伊德（Freud，1926/1959，p. 164）也没有建立 个诊断与防御的连续体，而是假设“精神装置在急剧分化成自我和它我，且在超我形成之前，使用不同的防御方法，在精神装置抵达这些（心理）组织阶段之后，它仍运用这些防御方法。”换句话说，弗洛伊德假设了一套可能的防御，在自我形成之前通过原初压抑而被使用（并且在原初压抑缺位的情况下，也就是在精神病中，这些防御可能会继续被使用），并且这是一套以原初压抑为前提的独立的防御。

② 如我在第一章中指出的那样，其中许多在修辞学上有相对应的术语：移置（displacemen）对应于隐喻（metonymy），忽略（omission）对应于省略（ellipsis），等等。

观念和情感的转变不能等同于压抑，但严格地说，它们不可能出现在那些原初压抑还没有发生过的主体身上。在原初压抑未曾发生的精神病中，这些都是不可能的。弗洛伊德在他1894年的文本中，使用了*verwirft*一词（拉康早先将其翻译为“拒斥”[rejected]），后来又翻译为“除权”（foreclosed）来描述一个观念是被*废除的*，而不是被移置、被转换为身体症状，或与所有其他观念隔离开来。当这种废除发生时，这个人“表现得好像这个观念在他这儿从来没有出现过”（p. 58）。在这些情况下，凭借原初压抑而创建的无意识是不存在的，因此，对神经症主体而言可用的各种防御不起作用。① 这一理论观点导致了一种两者择一——原初压抑或除权——在两者之间没有灰色区域或边缘地带。②

圣状（Sinthome）

> 在精神病这儿，几乎永远要去做的是在一个结（knot）出现了打结困难的地方把（“三界”[the three dimensions]；即想象维度，象征维度和实在维度。——编者注）系在一起，以便当主体遭遇此种危险的时候避免结的散开；或者在之前的结已经散开的地方帮助主体重新打一个结，正如在被触发的成人精神病中那样。
>
> ——诺米内（Nominé，2005，p. 198）

在拉康的后期著作中（大概从1973年到1981年），他以相当不同的方式处理神经症和精神病：在精神病中，与其说没有真正的象征维度，因此无意识没有起作用，他提出，不如说所有三个维度——想象的，象征的和实在的——尽管通常都出现在精神病中，但它们并没有像在神经症中那样系在一起，也没

---

① 这并不是说每个单一的防御都会整齐地落在神经症一边或者精神病一边；比如，投射在两组中都存在。

② 注意，在拒绝这种两者择一的观点时，我们可以说，遵循我之前的脚注中提出的思路，精神分析避开了一种神经症的逻辑，而倾向于性倒错的（如果不是一种精神病的）逻辑。

有像在神经症中那样三个维度共同运作。[1] 简单地说，这三个维度在神经症当中通过某个结的形成被坚固地系在一起，这个结弗洛伊德称之为俄狄浦斯情结，拉康将它归纳为“父性隐喻。”这样的打结的方式并不总是妥帖的，而且这种方式对神经症主体而言可能会导致各种各样的问题，但是这个结是牢靠的，其不妥帖的影响，在最好的情况下，可以通过分析得到非常大的减轻。[2]

另一方面，在精神病中，想象、象征和实在从来没有通过俄狄浦斯情结打结在一起（从理论上讲，俄狄浦斯情结在精神病中不会发生，至少不会以任何完整的形式发生）。在有些情况下，精神病要上了年纪才会明显地表现出来，这三个维度是以其他方式连接在一起的，即通过一些“非标准的”结（从俄狄浦斯情结的角度来看的“非标准”）——精神病被触发时，这个结就会松开。事实证明，这三个不同的维度可以通过一系列的方式连接在一起的，正如我们分析那些导致了精神病不稳定或发作的事件时，我们在许多千差万别的病案例中所看到的那样：失去一个允许精神病主体在家庭中扮演一个特定角色，其身体充当了精神病主体享乐的界限的伴侣；因某种事故而丧失从事一项艺术的或其他创造性活动的能力；失去一份能给精神病主体带来人生目标的工作。在上述每一种情况下，我们可以回溯性地假设，允许这个主体保持她的身体形象、语言和享乐共同运作的东西不是俄狄浦斯情结（或父性隐喻），而分别是一个生活伴侣，一种艺术上的努力，或者某一特定职业或活动。 263

---

① 然而，拉康认为，在精神分裂症中所有的象征都是实在的；因此，在精神分裂症中，甚至不真正存在可能被扣在一起的三个维度。

② 拉康（Lacan，1973—1974，1973 年 12 月 11 日）对这一点的早期描述比我在这里已经给出的描述更细致入微些。他声称在正常人身上（*正常的*，这是他极少使用的一个词语），想象、象征和实在维度以这样一种方式打结在一起：当其中一个被切掉或被去除，另两个无法结合在一起；另一方面，在神经症中，当其中一个被切掉或被去除时，另外两个仍结合在一起。正如他所说，“在最好的情况下，当一串（对应于二个维度）中的一环丢失时，你一定会疯掉……如果有什么是正常的话，那就是当其中一个维度出于不管出于什么原因而松开了的时候，你肯定就真的会疯掉。”然而，在 20 世纪 70 年代，关于神经症他最常重复的评论是想象界、象征界和实在界结合在一起（也就是说，每一个都保持着和其他两个的连接），这是由于它们以一种持久的方式打结在一起。这种方式是带着症状的，即便是在个人分析的最后，这就是为什么一个人永远不会达到完全没有症状的阶段。但是，这并不是说，一个人不会达到不存在任何症状令他觉得烦恼的阶段。

当三个维度无法像在神经症中那样共同运作时,将是什么样子的?① 拉康(Lacan,2005b)提议说,我们可以通过看詹姆斯·乔伊斯在《一个青年艺术家的画像》(A Portrait of the Artist as a Young Man;Joyce,1916/1964)中塑
264 造的人物斯蒂芬·代达罗斯(Stephen Daedalus,主要基于乔伊斯自己),来瞥见三个维度以俄狄浦斯情结所决定的方式共同运作的失败。斯蒂芬表明拜伦是有史以来最伟大的诗人,他一度遭到同学们的嘲笑,但当他拒绝收回这句话时,却被同学们相当野蛮地打了一顿。奇怪的是,他很快"对那几个曾经折磨过他的人,已并无恶意……"并且"感到有一种力量像剥去柔软成熟的果子的果皮一样,很容易地从他身上剥去了突然发作的愤怒"(p. 82)。拉康并没有推测说斯蒂芬仅仅是个受虐狂——也就是说,他可能享受被同学揍——相反,他(Lacan,2005b,pp. 148-150)提出,斯蒂芬在这儿表现出一种跟他自己的身体不同寻常的关系,因为,人们通常会将愤怒视为一种持续时间较长的身体感受,却像香蕉皮一样被剥去了。他并没有变得激动,紧张不安,充满肾上腺素,或怒不可遏,相反,斯蒂芬像对待一条蛇蜕去的皮一样,对"那突然发作的愤怒"满不在乎——没有任何超越性的关于宽恕的想法(例如,想着"原谅他们,上帝,因为他们不知道他们做了什么")也没有坚定的决心迟早要跟他们算账(即,形成一个象征性的行动计划)。相反,这就好像遭到痛打并没有以任何方式去到他存在的核心;它没有以可能会影响大多数人那样的方式影响到斯蒂芬。似乎史蒂芬的身体——在这里,可以与想象的维度联系起来,因为想象界首先是与身体及其边界的形象(视觉的、触觉的、听觉的,等等)相关的——没有以任何根本的方式与自己关联在一起:他似乎并没有感觉到,如果他的身体受到攻击,他作为一个人正在受到威胁;看来没有任何一种未被认识到的、

① 注意,对于像鲍尔比(Bowly,1982)这样的人来说,此类问题似乎压根不可能出现,对于他们而言,身体、中枢神经系统以及本能提供了最初的和在某种意义上自动的作为人的统一性。但是,既然我们会遇到那些身体运作不协调的人——例如,一些人的双腿可以正在行走而缺乏躯干或手臂的任何协助,或者一些人可以正在竭尽全力地排便,但脸上看不出任何这种费力的迹象(见 Bettleheim,1967),那么显然我们必须解释,至少是部分统一的自我意识和部分统一的身体机能如何在一些情况下得以产生(拉康的最初尝试是通过"镜像阶段";Lacan,2006,pp. 93-100),而在另一些情况下不行。

无意识的对疼痛的享受;他似乎并不觉得自己受到了明显的委屈或侵犯;这一事件也没有导致怨恨的形成。

根据拉康,想象界、象征界和实在界之间连接的缺失是精神病的原因,在许多案例中,这会导致人格解体,灵魂出窍的经验,等等(然而,这些不应该被孤立地当作精神病的"签名",因为它们也可以在神经症那儿发生)。① 简单地说,拉康认为,正是乔伊斯的写作以及他通过写作为自己获得的名誉,对他而言,防止了想象界完全脱离象征界和实在界。在这个意义上,他的写作为他充当着拉康所说的"圣状"(sinthome,"症状"[symptom]一词的古法语拼 265
写)——一个为他替代俄狄浦斯情结的症状或结——这几乎确实让他得以维持身体和灵魂结合在一起。②

乔伊斯的圣状似乎特别稳固并不需要精神分析的帮助。其他人并不总是那么幸运,对他们来说想象界、象征界和实在界没有被我们通常所说的俄狄浦斯情结维系在一起。一个圣状可能已经被个体在某个时间点发现或建构起来,但是,在某些生活环境的压力下——这些压力威胁到个体解决把身体和灵魂结合在一起这个问题的方法的稳定性——可以这么说,圣状会断裂或开始松开。在这些案例中,分析家的目标是帮助分析者找到一种回到先前稳定性的方法,或者找到一种将会带来同样的或略有不同的稳定性的新局面。

---

① 德菲厄(Deffieux,1997,pp. 16–17)报告了一个患者的案例:患者告诉他,8岁时自己在树林里被一个陌生人拦了下来,后者狠狠地揍了他一顿,然后掏出一把刀,很明显是想把他的阴茎割下来。然后患者对德菲厄说:"我不知道它是否疼。"后来,当德菲厄要求他尽可能地多讲述当时场景的细节时,他说当那个男人开始打他的时候,他回想起他抛弃了自己的身体,和它保持距离,消失不见了:"一瞬间我看见那个小男孩,那是我,正在那时我逃离了,"精神上逃离了,而不是身体上(pp. 17–18)。在这样的情形下脱离或逃离自己身体的倾向通常与精神病有关,正如男人面对勃起形式的性兴奋时,他们会惊慌失措(远比平时更惊慌失措)的倾向一样,因为他们无法对这些赋予任何意义(见 Castanet,1997,p. 25)。

② 通过成为艺术家,乔伊斯设法做到的是成为"他自己的名字的父亲"。这是一个结扣点而不是一个隐喻,但它照样是一个使俄狄浦斯情结短路,然而增补了该情结的结扣点(Soler,2002,p. 209)。用拉康的话说,乔伊斯就是这样成功地巩固了他的自我。而用索莱尔的话说,这就是稳定化的准确定义——在该词最强烈的意义上——这与精神病主体的困难得到简单改善相对立。

在某些个案中——例如，当分析者先前的稳定性来自和已经去世的孩子或生活伴侣的亲密关系时——回到先前的稳定性将不再可能，必须要找到一些相关的或全新的东西。在其他个案中，一旦某些障碍被清除了，返回就是可能的。还有一些个案当中，“如果分析家坚持尝试去确保（由分析者所构建的）世界的新秩序，那么分析的纽带本身就可以为主体构成一个圣状。这正是主体所期望的：分析家成为见证者，他担保这个秩序”（Kizer et al ., 1988, p. 146）。正如我之前指出的，这支持了分析家与某些精神病分析者保持终生会谈的观点，在这些个案中，对一个在内部没有必要结束的分析而言，存在一个结构性的原因。

普遍化的锚定（Generalized *Capitonnage*）

> 一个安静的妄想性隐喻远比我们通常认为的更频繁地，为生活、思维、行动以及主体和其他人的关系确定方向，而且不会让主体看起来是病态的。
>
> ——德菲厄（Deffieux, 1997, p. 19）

在这一节中，对于拉康从20世纪50年代到70年代关于精神病的阐述背后的一些理论，我将提供一个非常简练的描述，而这应当仅仅被看作是一道开胃菜。我只能希望，我在这里的讨论可以激发读者进一步研究拉康关于这个
266 主题的多种多样的文本。

拉康在20世纪70年代重新阐述了“精神病理学”，他从根本上假设我们每个人（的三界），无论是神经症主体还是精神病主体，全都以一种特殊的症状化的方式被维系在一起，“结在一起”或“缝合在一起”。虽然把我们大多数人（的三界）连接在一起的结扣或针脚的类型与俄狄浦斯情结有关，但是也存在其他类型的针脚（人们可能会说这种重新阐述，类似于从狭义相对论到广义相对论的转变，并且表明了对“缺失模式”的脱离，根据该模式，人们认为精神病涉及的是缺失了神经症中存在的某个东西）。有趣的是，在20世纪50年代，拉康已经采用了一个来自编织和缝纫领域的隐喻（“结扣点”[button tie]），那

时他把弗洛伊德的俄狄浦斯情结重新表述为父性隐喻，其中父亲禁止孩子对母亲的欲望和母亲对孩子的欲望，并且确认母亲的缺失或欲望是与父亲相关的（她想要从孩子父亲那儿得到孩子无法给她的某个东西）。根据拉康，父性隐喻永远将身体享乐的丧失与一个命名绑在一起，也就是说，它将孩子与母亲紧密接触的丧失和“父之名”打结在一起（父之名，既是母亲想要的且在孩子之外的父亲的名称，也是父亲给母亲所缺失的东西起的名称）。[1]

拉康（Lacan，2006）将语言与享乐丧失的体验之间的最初且不可分割的这种关联称为“结扣点”（法语为 *point de capiton*；p. 805），这是一种由家具装饰工所使用的针脚或结扣，以防止一件家具里的填料随着覆盖家具表面的织物滑动。家具装饰工在穿过填料和织物的线头上缝一个纽扣来实现这一目的，从而使它们*彼此*连系在一起，尽管它们不一定要与家具的任何更加结构性的部件（例如，骨架）相连接。[2] 从拉康在 20 世纪 70 年代阐述的理论观点来看，我们可以发现结扣点在某种意义上已经是一个圣状，因为它是一种将语言（象征界）、身体（想象界）和享乐（实在界）打结在一起的针脚或结扣。那么，由父性隐喻构成的这个结扣点可以被认为仅仅是众多针脚中的一种可能。[3]

因此，圣状也可以被理解为*锚定*这个概念的延续或扩展（缝制、锚住、缝合、

---

① 我不会在本书中，如我在其他地方（Fink，1997，第七章）所做的那样，讨论拉康使用“父之名”和“父性隐喻”这些术语的更广泛的社会/政治蕴含。在我看来，这里最重要的是父母之外的某种东西的结构，*在其名义下*，父母对孩子提出某些要求，并且*在其名义下*，孩子和父母都做出了某些牺牲。

② 对拉康来说，这显然和索绪尔语言学中能指与所指间的连接有关，这里不包括任何指示物；理查兹和奥格登（Richards & Ogden，1923/1945）为此批评了索绪尔，并引入了一种包含了指示物的由三部分组成的处理语言学的方法。见 Lacan（2006，pp. 271、351、498、836）。

③ 我们可以说，几乎每个人都有一个圣状，以此来构想这一点，即俄狄浦斯情结（或父性隐喻）是且只是诸多圣状之一，尽管是圣状的一种特别坚固的形式。或者可以说，正如米勒（IRMA，1997，p. 156）所说的那样，存在两种形式的结扣点（或缝合）：父之名和圣状。

或者，我们也可以试着泛化拉康所说的神经症症状的“隐喻结构”（例如，神经症主体意识到自己对父亲的暴怒，但是这种暴怒的无意识的意义似乎是和母亲有关的，父亲以一种替代性的隐喻方式取代了母亲），迫使症状的语言囊括精神病性的“症状”。这就需要我们将精神病性“症状”构建为一种替代性的隐喻，在这种隐喻中，妄想取代了主体感知到的母亲要吞噬或毁灭孩子的欲望：

$$\frac{\text{对父亲的暴怒}}{\text{对母亲的暴怒}} \qquad \frac{\text{妄想}}{\text{母亲的欲望}}$$

（转下页）

系扣或打结在一起)，拉康从《研讨班 V：无意识的构形》开始详细讲述这一概念，并在 1960 年(《主体的颠覆》，Lacan，2006，pp. 804 - 819)一文中写下了这个概念。*锚定*这一概念源于他对意义是如何产生的基本洞见：正如，人们在没有听完或读完一个句子的结尾之前，句子的开头未必会有任何意义，(见 Fink，2004，pp. 88 - 91)，一个人生命中某一时刻发生的事情不到后来，未必会呈现意义或产生意义。的确，跟神经症主体的精神分析工作的一个关键部分，涉及考查一个人过去的那些关键性时刻，并且努力弄明白是什么使得它们如此关键——实际上，是什么让它们成为重大转折点。这通常需要在分析过程的不同时刻，一次又一次地回到一个特定的事件，尝试去打磨所涉及的力比多问题。

分析者一再返回的各种事件的类型，在发生的进程和年龄上大不相同。在我的一个个案中，这是一个癔症的场景，一位母亲在重新获得对她年幼的孩子的监护权后不久，因世人、特别是男人对待她的方式而痛哭；她的孩子再也不是原来的那个样子了，在那个场景期间和之后，这个孩子做出一些令人费解而复杂的选择，并且花了许多年来揭示和重建该场景。在另一个个案中，一位
268 母亲英年早逝，她丈夫几乎是立刻再婚，这导致她成年的孩子对在此之前的整个家庭基础产生了质疑：父亲真的爱过母亲吗？孩子们真的是父亲想要的吗？父亲力比多的突然复苏，以及由此引起的对孩子力比多的扰动，构成了一个重要事件，分析者一次又一次地返回该事件，以便尝试“搞明白它”。

还有在另一个个案中，事件是由酒精中毒导致的几近成功的自杀，分析者起初认为这不过是看看醉酒是什么感觉的一个早期尝试。事情很快就变得清晰，它还涉及对某个系列漫画中父亲般人物的强烈认同，因此分析者也对自己酗酒的父亲强烈认同。分析者与母亲的斗争后来导致他认识到，他毫无疑问地试图剥夺母亲的某个东西，即使不得不以自己的生命为代价，再后来，该事

(接上页) 在这种情况中出现的难题是，精神病性“症状”并不必然采取一种隐喻的形式(可能在偏执妄想狂中最常采取这种形式，但在其他形式的精神病中很少)。因此，神经症症状和精神病圣状之间的区分，或使用圣状作为一种更普遍的范畴，即替代性隐喻(像父性隐喻一样)只是圣状的一种可能形式，具有持久的价值。

米勒(Miller，1998，p. 16)也提议，应将圣状视为一个更全面的术语，这意味着在神经症的情况中，圣状既包括症状也包括基本幻想。

件被赋予的意义也涉及他可能一直在责备他的父亲。分析者和他的每个家人之间发生的斗争逐渐聚焦起来，最初的事件或情境（我在这儿将其称为 S_1），基于迄今为止在分析中所阐述的内容，被赋予了一系列的意义——这些意义并不一定相互抵消或相互矛盾，但每一个意义都呈现了问题的一条线索（换句话说，在这里，我将后来的每一个事件或情境称为 S_2）。一个神经症分析者试图通过这种方式，在事件发生数年甚至数十年后，回溯性地绑住或固定一个较早事件的意义，每一次重新解读都可以起到暂时性地锚定（法语 *capitonner*）其意义的作用，有些重新解读要比其他的重新解读更长时间地绑住其意义。要注意到，这个工作具有替代性隐喻的结构，在某种意义上，一个解释（用词语或能指来表达的）替代了另一个解释，一个新的解释替代了旧的解释。

获得的每一个新意义都充当着一个锚定（即使它只是短暂的或临时的），它将分析者的意义领域和经验领域打结在一起，每一个锚定都像拉康称为“父性隐喻”的主要的锚定那样结构的（父性隐喻用父之名替代了母亲的欲望和/或孩子对母亲的欲望；见 Lacan，2006，p. 557）。一旦由父性隐喻构成的第一个结扣点就位，其他稳定的意义（即其他结扣点）便可以建立——并且可以在必要时通过分析工作重新建立。这些意义中的每一个都对分析者的无意识产生效果，拉康用符号 $\not{S}$ 表示该效果，（$\not{S}$ 指主体，S 被分裂为意识的和无意识的， 269
拉康通常称之为“被划杠的主体”）。

这个高度缩略的讨论使我得以将拉康认为的意指（语言符号的发音和涵义的相互关系。——译者注）本身的基本结构的所有元素（被称为“数学型”）几乎都集合起来，它显然在神经症中是运作着的，但在精神病中不起作用：

$$\frac{S_1}{\not{S}} \rightarrow \frac{S_2}{a}$$

在不深入这个公式的所有细节的情况下，①让我简单地说明一下，出现在底下一行的两项，被划杠的主体和对象 a，它们与某种固定甚至固着有关：对于被

① 拉康（Lacan，2007）最终把这种构想称为“主人话语（Master's discourse）。”读者可以在 Fink（1995，第九章）以及 Fink（2004，第五章）中找到相关讨论，在那里我讨论了这种话语和拉康的“欲望图”之间的相似性，后者建立在结扣点之上。

划杠的主体，是意义的固定；对于对象 a，是主体欲望的固着。对象 a 是拉康的术语，指的是最原始的引起一个人欲望的东西，是最根本的唤起一个人欲望的东西（而不是一个人的欲望可能会突然落于其上的在大千世界中的一大堆具体对象）。根据拉康的观点，一般来说，神经症主体欲望的原因是相当特定的，即使描述起来极其困难；对象 a 的范例包括曾经被看的特殊的方式（“目光”），声音的特殊腔调或音色、乳房，等等。这里的基本概念是，神经症主体的欲望是被一个特定的对象（即使，比如目光，在质上不那么像对象），而非其他的对象唤起的。

在神经症中被确立的意指的基本结构，既包含意义的固定，也包含欲望的固着。意义的固定意味着对一个人是谁、是什么的限制，换句话说，从该术语的精神分析的意义上来看，是[对一个人是谁、是什么的]阉割；而欲望的固着意味着对享乐的限制，而不是让享乐不受限制、无穷无尽的、不受控制。

在精神病中，我们经常找不到这样的固定或固着。精神分析家轻蔑地称为“自恋”（比如在“自恋型人格障碍”中）和“自大狂（夸大）”的东西，更应该理解成*限制的缺乏*。因为在精神病中，最初的结扣点从未被建立——父性隐喻从来没有被确立，这意味着俄狄浦斯化没有发生——这意味着在经验和意义领域之间，也没有任何其他特定的意指关联可以建立起来。在跟精神病主体的分析工作中，我们发现他们不会一次又一次地回到同一个事件，更不会每一
270 次都赋予它新的意义，来充实该经历其他方面。① 精神病主体无法产生出一个 S_2，该 S_2 可以回溯性地绑住一个先前事件的意义（想象一下，在我刚刚描述的意指的基本结构中，一个箭头从 S_2 向回指向 S_1），一个新的解释将会取代旧的解释，从而构成一个替代性隐喻。他们所能表达的仅仅构成了一系列新的事件（可以说是一系列的 S_1），每一个事件似乎都独立于其他事件运作，没有一个事件能以“封闭意指”的方式回溯性地影响先前的事件——也就是说，暂时确定它们的意指（Soler，2002，pp. 95－96）。另一方面，在神经症主体的案例中，一个新的 S_2 在分析过程当中的产生，对主体具有重要的影响，比如意识和无意识之间的分裂，只要新的解释击中先前一直是无意识的东西。

① 当然，妄想性隐喻可以提供一种特定的意义。

相反，我们在精神病中经常发现的是，难以使其思维的流动或运动停在任何一个特定的点上——因此，很难找到某个合适的位置（一个 S_2），即任何已产生的重要意义，以便我们在这里切分会谈（正如我在第 4 章当中提到的）。事实上，在躁狂中，我们发现了一种常被称为"思维脱轨"或"思维奔逸"的言语运动，它似乎永远无法回溯性地确定或限定任何可以使精神病主体感到满足的特殊意义（法语：jouis-sens[对意义的享乐]）。在精神病学当中，这种无能有时被列于"思维障碍"这个标题下面，在我看来思维障碍是一个模糊不清的一篮子分类，这一点需要根据意义产生的结构本身才能清楚说明。[①] 虽然似乎有可能消除与精神病分析者过去的某些痛苦事件相连的病态享乐，但要固定它们的意义却困难得多——就像一旦精神病被触发，固定或限制她的享乐会非常困难一样，因为在那个时候，她的"身体，被一种无法言语和无法解读的享乐包围和穿越，而不是变成（神经症主体）荒漠般的身体"（Soler，2002，p. 113）。[②]

对象 *a* 也出现在前面描述的意指基本结构的下面一行，它以一种持续且持久的方式，为神经症主体定位了享乐——实际上，神经症主体经常抱怨说，除了在幻想中，她找不到任何人会以她想要听到的语气跟她说话，或者以她想要被看（待）的方式看（待）她，对她来说，似乎没有别的方式来体验享乐。另一方面，在精神病中，对象 *a* 并不以同样的方式运作，当出现发作时，精神病主体 271
的享乐可能很难（如果不是不可能的话）定位和限制。[③] 这经常导致精神病主体试图通过毁伤或切掉"有问题的器官"来定位和限制她自己的享乐，她体

---

① 不能提供 S_2 并因此关闭意指，可能与比昂（Bion，1959）所说的"对连接的攻击"有关。

② 这在精神分裂症中尤其如此，在精神分裂症中，享乐侵入身体。在偏执妄想狂中，主体最常在大他者那里识别出享乐（即认为别人会以吞噬或杀死她为乐）。

③ 在神经症中，对象 *a* 包含拉康写作"负 phi"（minus phi）的、和阉割有关的某种东西（Lacan，2006，pp. 823 - 826），而"在精神病中，小 *a* 中包含负 phi 是成问题的……在精神病中以减法的形式有一种对阉割的恳求，但是因为在象征辖域中这是无法得到实现的，所以会在实在中不停地重述"（Miller，IRMA，1997，p. 227）。

拉康（Lacan，2004，p. 388）评论道："在躁狂中……对象 *a* 的不起作用才是关键，而不仅仅是它的误认。主体在这里没有被任何小 *a* 压舱，这意味着他被递交到能指链的纯粹、无限和顽皮的换喻中，通常没有任何被释放出来的可能性。"

验到自己身体的这些部分正在被享乐入侵。正如米勒(IRMA,1997,第222页)所说,“当阉割没有被象征化时,它寻求在实在界中执行,”这表明,我们在今天的临床中遇到的许多切割和自残行为,可以很好地反映精神病主体试图在“象征性的阉割”从未发生过的地方执行一种“实在的阉割”(一种身体上的阉割)。

分析家的目标显然是帮助精神病主体限制和界定享乐,而不是把她自己切成碎片,并帮助她找到一种方式,使精神病发作期间可能出现的所有稳定意义的突然撤离停下来。然而,由于精神病主体并不是在之前描述的意指的基本结构中运作,所以必须以不同于在跟神经症主体的工作中被发现的方式,来找到界限和意义。跟精神病主体的工作是不可预测的,如同在所有的精神分析工作中一样,精神分析家必须永远对惊奇保持开放的态度,并随时准备好使用它自身呈现的任何东西。在想象性增补的帮助下实现的稳定——也就是说,在想象的维度上可以增补或者连接起没有一起运作的三界——是一条相当为人所知且有文献依据的途径;为了促进一种想象性的增补,分析家可以鼓励分析者已经有所倾向的艺术追求,无论是摄影、绘画、雕塑、舞蹈、音乐,还是其他艺术(例如,见 Cambron,1997,p. 100)。在象征性增补的帮助下实现的稳定是另一条为人所熟知的途径,即分析家可尝试利用在精神病主体当中常见的书写倾向(写小说、诗歌等),当他并非必须这么做的时候,比如通常在被触发的精神病案例中这么做不是必须的,分析家可以尝试只是去见证并协助精神病主体制作一个妄想性的意义系统——更概括地说,一个替代了父性隐喻的妄想隐喻,将象征维度构建为一个整体。

20世纪70年代,拉康的精神病理论在治疗上的蕴含拓宽了他先前的治
272 疗方法:分析家不仅仅需要努力防止发作的出现,或者将一个妄想的计划引导到一个不危险的方向上;其他的选择现在也浮出地平线,比如使分析者回到先前的稳定状态(也就是说,将结恢复到它早先的形式),或者朝着新的稳定状态来工作,而这种稳定状态不一定是建立在对整个宇宙的妄想性重构之上。虽然关于如何进行的具体指导方针很少是由拉康提供的,但在这一方面新的治疗策略至少是可以想象得到的。

值得注意的是,与一些分析家不同,拉康不相信我们可以把来找我们的成

年精神病主体转变成神经症主体。在他看来，如果父性隐喻在六至八岁之前没有被确立，那么，或多或少，它就永远不会被确立。不像温尼科特、斯伯特尼(Spotnitz)和其他一些分析家，拉康不相信患者可以“退行”到所有先前的“发展阶段”，并与分析家一起重新经历它们。一个已经成年并且已经成为精神病主体的人，在她分析的最后，理论上是不可能变成一个在无意识和意识之间分裂的主体。尽管拉康对精神病治疗的观点可能不像其他分析家那样乐观，但他似乎对偏执妄想狂的预后相比于精神分裂症的预后更抱有希望。

结 束 语

面对一个疯狂且带有妄想的人，不要忘记你曾经也是一个分析者，你也谈论过那些不存在的东西。

——米勒(Miller，1993，p. 13)

应当明确的是，我在这里对拉康派精神病治疗方法的讨论是非常粗略的，因为这仅仅简述了在治疗中分析家应该如何定位自己，以及一些关于他应该做什么和不应该做什么的基本概念。虽然我先前在这本书中对拉康派治疗神经症的方法的讨论要详尽得多，它涵盖了治疗的早期阶段，远比治疗的后期阶段更加适用，并且这个讨论肯定不能被当作一个全面的指南/指导：会有一些个案它不适用，有一些个案它不奏效，而且还有一些个案，基本规则必须在某一点或另一点上经过变通，以便使分析得以开始或继续。我在这里对精神病治疗的讨论更是如此，我希望能在另一本书中提供更完整的指南/指导。

273 # 后记

阅读弗洛伊德的著作本身对我们就是一种训练。

——拉康(Lacan,1977b,p. 11)

在我试图与其他流派的精神分析家对于精神分析理论和实践进行对话时,我注意到,分析家们对其他人的著作往往知之甚少。在参考文献的格式中,就透露出一种懒散,其中只写出了作者的姓名和出版日期,不包括任何页码,许多分析家和心理学家都采用这种方式——这显然意味着他们认为这个作者的作品是无需注解的,也是被广泛认同的,因此没有必要指出任何特定的段落或对此做一些评论。在准备这本书的过程中,我一次又一次地发现,作者们所说的东西根本不是不言而喻的或被广泛认同的,只需将评论者的解释和原文做一个粗略的比较,就会发现它们之间往往大相径庭。

在精神分析协会和其他类型的培训项目的发展过程中,学生和培训师似乎都专注于越来越快地通读材料(然而该领域却在继续增长,并不是缩小),并且倾向于只阅读二手材料,我认为有必要强调,阅读重要分析家的原著是不可替代的。毕竟,重要的分析家并不是桑德拉(Sandler)、米歇尔(Mitchell)、布莱克(Black),也不是西格尔(Segal),他们是对著名的精神分析思想家评论的作者——他们被认为是临床专家和理论家(更不用说那些越来越流行的教科书作者了,这些书基本上是基于其他评论而做的评论),而是弗洛伊德、克莱因、温尼科特、比昂等等。分析家们似乎很少以一种认真的态度去阅读彼此的作品。

这不仅适用于评论的作者,甚至适用于一些著名的理论家:例如,当温尼

科特(Winnicott,1967/2005)在提到拉康(Lacan,2006,pp. 93－100)论述镜子 274
阶段的文章时,他几乎没有保留拉康的原创概念,而是使用"镜子"这一术语去谈论完全不同的东西。事实上,我们可以说,他只借用了"镜子"这个词而已。同样,当海曼(Heimann)、瑞克和比昂在克莱因的作品中遇到了"投射性认同"一词时,他们明确地读出了其中的含义,但是这个含义是属于他们自己的,而不是克莱因的。看来,我们最多可以说,当某个分析家在阅读另一位分析家的文章时,他(她)突然想到了一个想法,然后将其归于文章的作者(拉康,似乎偶尔也会对弗洛伊德这样做)。至少可以说,这是一个相当奇怪的过程,因为我们可能期望分析家会宣称自己概念的独创性,而在这些情况下,我们至少看到了他们在"大牌"分析家的背后寻找掩护,通过后门偷偷隐藏自己的想法,因为他们在使用同样的术语表达完全不同的东西。

这使得学生的任务变得非常复杂：几乎每一个精神分析流派的分析家都使用相同的词汇,但它们的意思却大不相同！研究精神分析概念的历史和演变,似乎是对这一领域的深刻理解所不可或缺的。

对技术导论著作的学习并不能替代对精神分析理论和实践的主要著作的深入研究。我希望我对弗洛伊德和拉康的引用和讨论,能激励读者去阅读我所引用的许多作品——而不仅仅是随意地翻阅,因为我们往往能够从一次又一次阅读这些作品的过程中获得更多的东西,与其他人一起阅读这些作品也会让我们获得更多的东西,因为我们被迫要将文献的主要观点讲给别人听。每个临床实践者的技术必须随着病理学本身的发展,随着时间的推移,通过学习和实践而发展,只有在对精神分析的基础有深刻了解的基础上,实践者才能将技术运用到新的方向上,而不是简单地拒绝精神分析或回归前分析的观点(那些无法从历史中吸取经验的人注定要重复它)。

技术必须不断发展

当然,我们不需要习惯于此,甚至不需要习惯分析中的任何其他政策,因为一旦患者掌握了新的想法,他就立即发挥出来,试图愚弄我们。

——格洛夫(Glover,1955,p. 177)

275 据说讲英语的分析家喜欢谈论技术，而讲法语的分析家对它却像对待瘟疫一样避而不谈。而对拉康派的分析家来说尤其如此，但我认为，他们最好能够花更多的时间来说明，他们丰富的精神分析理论在实践层面上的含义。他们对讨论技巧的反感导致一些没有受过正规拉康派精神分析训练的英语临床实践者认为，他们是以拉康派的方式实践临床的，然而，至少在我看来，他们所做的根本就不是拉康派的临床。当被追问这个问题时，他们很可能会声称有以下理由：(1) 他们正在做的事情也是拉康派的分析家在做的，但只是称它为别的东西；(2) 没有人真正知道拉康派的技术是什么，因为从来没有人描述它；而且(3) 毕竟，既然我们都面临着同样的问题，难道我们不能对患者做同样的事情吗？如果法国人知道那些自称拉康派人的人在做什么的话，或者如果他们知道自己的术语——包括大他者(Bollas，1983，pp. 3 and 11)以及辩证法和主体性(dialectics and subjectivity；Ogden，1992，pp. 517ff)这样的术语——被使用的目的完全是为了将象征维度的异质性缩减为想象维度的同质性的话，法国人可能会屈尊将他们的理论转化为实践(或者像美国专利法所说的那样“将其简化为实践”)。这似乎主要发生在关系、人际和主体间的学派中。例如，奥格登的(Ogden，1994)所谓的分析的第三项，并没有超越想象的维度；事实上，它很可能等同于想象轴本身(奥格登本人承认，它不是拉康意义上中断了二元关系的象征“第三项”；p. 464)。

关键是要表明什么样的实践从逻辑上服从于某人的理论——否则，临床实践者可能会认为他们的实践是基于某个特定的理论，而实际上根据理论来看他们的实践是不恰当的。因此，我们被要求提供一个“实践的理论”，正如我们被要求讨论理论的实践(建设)一样。同一种实践方法有可能遵循几个不同的理论，但我怀疑这往往是例外，而不是常规(在我看来，不同的实践往往源于不同的理论)。目前在英语世界，某些对拉康的工作感兴趣的临床实践者开始声称，他们的实践形式源于拉康派的理论，而我怀疑在这两者之间根本无法建立一致的概念联系。

理论转化为实践在对精神病结构的主体的治疗中显得更加迫切；在最好的情况下，分析家中的大多数人并不是研究精神病结构的，他们可以相对容易
276 地从自己的个人分析中推导出许多技术元素，但他们不能从自己的神经症结

构的分析经验中推导出适用于精神病结构的患者的技术。换句话说，在自己的个人分析的探险过程中，训练中的分析家更多会学习到关于神经症结构的治疗知识，而对精神病结构的治疗却鲜有了解。

也许每一种具体的技术，每一个具体的技巧，都会在某个时候被耗尽：一旦患者对某种精神分析的概念和方法非常熟悉，它们就不会再产生之前的影响。在精神分析的最初几十年的实践中所作出的一种解释就是这种情况，这种解释针对的是非常特别的俄狄浦斯意义。到了1920年代，弗洛伊德发现，这样的解释已经完全不像之前那样令人感到震撼了。因此，技术必须不断发展，但这并不意味着——某些分析家在寻找"下一个大事件"——婴儿必须与洗澡水一起倒掉：与神经症结构的患者工作的通常目标（即：了解被压抑之物）是必须被保持的。在分析家一生学习精神分析（也希望是喜欢它）的过程中，从学习和他（她）所进行的每一个新的分析的探险过程中，主要的原则——对无意识产生影响必须保留。

在哪里可以找到客观性？

无论你如何表达精神分析，你的表达总是倾向于逐渐消失，但这仍然不能阻止分析变成其他的东西。

——拉康（Lacan，1998b，p. 434）

大量的分析传统在某种完全可知的、与现实的关系中，寻求临床工作客观性的基础——一个被认为独立于分析家和分析者的现实，从而构成对双方行为和思考的限制。在分析的开始，对这种被认为是可知的现实，分析家比分析者了解的更多，但它对他们双方来说都是某种大他者或客观参考，在许多实践者看来，它确保了分析不会成为一种双人妄想（délire à deux）——关于独角兽和矮精灵的没有根据的、不靠谱的、疯言疯语的对话。

解构主义和后现代主义渗入了分析的传统，"现实"不再是一个确定的参照点，而精神分析"框架"本身被当作分析者唯一剩余的防护措施，不让分析家的全能自行运作，不让他们的反转移自行其是。（在温尼科特看来，这个框架 277

让分析家表达了对他们患者的恨，这样他们大概就不会用其他方式来表达了。）分析家担心，如果没有框架，他们会在没有护栏、没有网的情况下工作。

拉康派精神分析建议我们在象征的维度寻找安全的地标——即，分析者所说的实际内容和它在“大他者”中可以包含的所有意义——以及在抵抗象征化的实在中寻找可靠路标（对象 *a*）。这些为我们提供了一个比客观的、可知的外部现实这样捏造出来的概念，更值得信赖和有用的指导方针；认为只要遵守工作框架，就可以确保分析家和分析者会在一定的时间内共同待在一个房间里的信念；和认为精神分析实践的唯一固定参照点是患者的声明，认为自己感觉更好了并且正在“经历所渴望的生活变化”的想法（Renik，2001，p. 237）。这些概念中的第一个在 20 世纪上半叶的精神分析中占主导地位，第二个在下半世纪占主导地位，第三个概念是在 21 世纪提出来的。对于雷尼克来说，第三种概念为分析家提供了“一个相对独立于他/她自己的理论和相应的专业知识的产出评判标准”（p. 238），但这似乎表明，如果我的一个分析者想要有凌驾于所有人之上的权力，并可以羞辱那些让他感到自卑的人，而只有我跟他的分析让他能够真的这样做了，并且为此而感觉良好，这个分析才算成功。这等于最终采取了资本主义的信条“客户永远是正确的”。

正如我早先指出的那样，我们在精神分析中唯一可以向往的客观形式是基于象征维度的材料的工作：分析者的话语及其为我们提供的象征性坐标。毕竟，这让我们可以与其他分析家讨论我们的个案，也可以让他们对这些个案形成自己观点——这些观点可能与我们自己的观点有所不同。它们的潜在有效性取决于它们解释个案象征性材料的程度。

即将到来的融合？

> 理论本身的特点就是压抑。
>
> ——米勒（Miller，2002，p. 21）

肯伯格（kernberg，2001，pp. 534 - 538）提供了一个有趣的描述：“英语精神分析主流中的两大潮流”，他称之为“当代精神分析主流”和“主体间-人际-

自体心理学”主流。我在这本书中提出的拉康派方法与肯伯格认为是当代精神分析主流的几乎所有技巧(早期和系统性地解释转移,对于反转移的焦点分析、系统特征的分析、情感支配、技术中立等)都背道而驰,也与他所认为的主体间-人际-自体心理学的许多技巧(强调反转移及其与患者偶尔的沟通、强调共情、强调早期发展的不足模式,等等)背道而驰。肯伯格接着简要介绍了他所谓的“法国精神分析学派”,提到但从未实际引用或引证拉康本人,并得出了如下结论:“如果对于各自防御性的差异相互修改的趋势继续的话,我们可以期待未来法国和英国学派会有一定程度的融合”(p. 543)。我希望基于我在这本书中的叙述,人们可以清楚地看到,拉康派的精神分析的技术方法不可能与我所知道的任何英语学派或肯伯格提到的任何一个英语学派相融合。似乎它们之间的分歧过于结构性、过于基础,是理论观点上无法弥补的分歧。 278

索 引

(索引中数字为英文原版书页码,即本书页边码)